Sitzungsberichte

der

Heidelberger Akademie der Wissenschaften

Mathematisch-naturwissenschaftliche Klasse

Jahrgang 1985

Springer-Verlag Berlin Heidelberg GmbH

ISBN 978-3-540-15758-8   ISBN 978-3-642-82579-8 (eBook)
DOI 10.1007/ 978-3-642-82579-8

Inhalt

Jahrgang 1985

Sitzungsberichte der Heidelberger Akademie der Wissenschaften
Mathematisch-naturwissenschaftliche Klasse
Jahrgang 1985, 1. Abhandlung

Heinz A. Staab

Zur Entstehung des Neuen in den Naturwissenschaften – dargestellt an einem Beispiel der Chemiegeschichte

Springer-Verlag Berlin Heidelberg GmbH

Sitzungsberichte der Heidelberger Akademie der Wissenschaften
Mathematisch-naturwissenschaftliche Klasse
Jahrgang 1985, 1. Abhandlung

Heinz A. Staab

Zur Entstehung des Neuen in den Naturwissenschaften — dargestellt an einem Beispiel der Chemiegeschichte

Mit 12 Abbildungen

Vorgetragen in der Sitzung vom 12. Januar 1985

Springer-Verlag Berlin Heidelberg GmbH

Professor Dr. Heinz A. Staab
Max-Planck-Institut für Medizinische Forschung
Abteilung Organische Chemie
Jahnstraße 29, 6900 Heidelberg

ISBN 978-3-540-15758-8   ISBN 978-3-642-82579-8 (eBook)
DOI 10.1007/ 978-3-642-82579-8

2125/3140-543210

Zur Entstehung des Neuen in den Naturwissenschaften – dargestellt an einem Beispiel der Chemiegeschichte

Das Thema dieses Vortrags bedarf einer eingrenzenden Vorbemerkung: Auf die Frage nach der „Entstehung des Neuen" kann es keine Antwort geben, die für alle kreativen Bereiche menschlichen Schaffens allgemein gültig ist. Selbstverständlich gibt es großartige schöpferische Leistungen, die – wie z. B. in der Musik, der Bildenden Kunst oder der Literatur – ganz anders entstehen wie der wissenschaftliche Fortschritt, der im folgenden allein behandelt werden soll. Unser Thema ist also der Prozeß der Entwicklung neuer Vorstellungen und Erkenntnisse in den Wissenschaften. Aber selbst für die *Wissenschaften insgesamt* glaube ich nicht sprechen zu können; denn die Geisteswissenschaften unterscheiden sich in vielen Aspekten ihrer wissenschaftstheoretischen und methodischen Grundlagen von den experimentellen Naturwissenschaften, und Ähnliches gilt – wenn auch aus anderen Gründen – für die Entstehung des Neuen in der unmittelbar auf die praktische Anwendung orientierten Forschung, also für die Ingenieurwissenschaften und die Technik im weiteren Sinne. Ich habe daher mein Thema eingeengt auf die *„Entstehung des Neuen in den Naturwissenschaften"*, und ich will weiter durch den Zusatz *„dargestellt an einem Beispiel der Chemiegeschichte"* deutlich machen, daß ich dieses Thema nicht abstrakt vom wissenschaftstheoretischen Standpunkt aus diskutieren kann, sondern daß ich mich damit ausgehend von dem mir vertrauten und sicheren Boden meines eigenen Faches auseinandersetzen möchte.

I

An den Anfang unserer Überlegungen möchte ich die Frage stellen, wie weitgehend die Entstehung des Neuen in den Naturwissenschaften von erkenntnistheoretischen Ergebnissen der Philosophie beeinflußt worden ist. Dazu wollen wir zunächst die Phasen betrachten, in denen sich aus Vorstufen heraus, die zum Teil bis ins klassische Altertum zurückgehen, die Bildung der modernen experimentellen Naturwissenschaften vollzogen hat. In der Physik geschah dies etwa im 17. und 18. Jahrhundert, in der Chemie Ende des 18. und Anfang des 19. Jahrhunderts und in den biologischen Wissenschaften einschließlich der Medizin noch etwas später. Es ist wohl unumstritten, daß der Boden hierfür bereitet wur-

de durch die allgemeine geistige Haltung der späteren Renaissance und der Aufklärung. Eine besondere Förderung der experimentellen Naturwissenschaften
ging insbesondere von der englischen Schule des klassischen Empirismus – von
FRANCIS BACON über JOHN LOCKE zu DAVID HUME – aus, aber natürlich auch
von IMMANUEL KANT. Trotzdem ist festzustellen, wie überraschend gering der
unmittelbare Einfluß war, den die philosophische Erkenntnistheorie auf den in
der ersten Hälfte des 19. Jahrhunderts erfolgenden Aufschwung der Naturwissenschaften hatte. JUSTUS VON LIEBIG, der einer der Gründer der wissenschaftlichen Chemie und wohl einer der umfassendsten Kenner der Entwicklung der
Naturwissenschaften in der ersten Hälfte des 19. Jahrhunderts war, sagt dazu in
einer berühmten Rede vor der Bayerischen Akademie der Wissenschaften am
28. März 1863: „Es erscheint als ein eigenes Verhängnis, daß die Bemühungen
der modernen Philosophen, der geistreichsten Männer unseres Jahrhunderts, den
Naturforschern auf ihren schwierigen, mit Hindernissen aller Art besäeten Pfa-
den Hülfe zu leisten und ihre Einsicht in das Wesen der Dinge zu erweitern und
tiefer zu begründen, völlig gescheitert sind. Ihre eigenthümlichen, von dem Boden der wahren Erkenntnis sich völlig ablösenden Anschauungen konnten in der
That auf die Forschung keinen Einfluß ausüben. In der Geschichte der Naturwissenschaften haben ihre Namen keinen Platz erhalten" [1]. Diese Bemerkung LIE-
BIGS gilt sicher für die deutschen Philosophen der Romantik und des metaphysi-
schen Idealismus; denn FICHTE, HEGEL, SCHOPENHAUER – aber auch SCHEL-
LING, der einer spekulativen Naturphilosophie anhing – haben sich für die zeit-
genössischen Entwicklungen der Naturwissenschaften nur wenig interessiert, und
sie haben diesen kaum Orientierungshilfen leisten können. Dagegen scheint
KANT auf die Entwicklung der Naturwissenchaften wohl stärker eingewirkt zu
haben; zumindest ist bekannt, daß bedeutende Naturwissenschaftler des 19.
Jahrhunderts wie JOHANNES VON MÜLLER, der Begründer der modernen Physio-
logie, und HERMANN VON HELMHOLTZ in ihrem wissenschaftlichen Denken von
KANT geprägt waren.

Festzustellen bleibt aber doch, daß der große Aufschwung der experimentellen Naturwissenschaften im vorigen Jahrhundert nicht mit einer eingehenderen
wissenschaftstheoretischen Diskussion der methodischen Grundlagen der Forschung verbunden war. Offenbar bestand unter den Naturwissenschaftlern ein
weitgehender Konsens darüber, wie bei wissenschaftlichen Arbeiten methodisch
vorzugehen war: die aus Beobachtung und Experiment gewonnenen empirischen
Daten hatten reproduzierbar und allgemein nachprüfbar, ihre Beschreibung hatte sorgfältig, vollständig und möglichst wahrheitsgetreu zu sein. Aus Beobachtung und Experiment als den einzigen zuverlässigen Quellen der Erkenntnis versuchte man, induktiv verallgemeinernde Interpretationen abzuleiten, aus denen
sich Prognosen für andere Einzelfälle ergaben, die wiederum durch Experiment
und Beobachtung zu überprüfen waren. Verliefen diese Überprüfungen erfolgreich, so konnte man einen solchen Verallgemeinerungsversuch als eine wissen-
schaftlich fundierte Hypothese, im Falle einer umfassenderen Gültigkeit als

Theorie bezeichnen. Diese Methode des wissenschaftlichen Fortschritts erwies sich in der gesamten modernen Naturwissenschaft als so überaus erfolgreich, weil es ihr Grundprinzip war und ist, daß der Prüfstein für jede Theorie, außer daß sie in sich selbst widerspruchsfrei sein muß, Experiment und Beobachtung zu sein habe.

Es ist im Rückblick überraschend, daß diese einfachen Verfahrensregeln ausgereicht haben, die gewaltige Entwicklung der Naturwissenschaften in den vergangenen anderthalb Jahrhunderten als methodisches Fundament zu tragen. Aber der Erfolg dieser Regeln beruht wohl darauf, daß sie als ein *wissenschaftsinternes* Ethos allgemein anerkannt wurden, von dem es im Laufe der Zeit nur erstaunlich wenige Abweichungen gegeben hat und das bis heute die wissenschaftliche Forschungsarbeit ganz wesentlich bestimmt. Wenn in unserer Zeit schwerwiegende Probleme gesehen werden, die in dem Begriffspaar „*Wissenschaft und Ethik*" thematisiert werden, dann handelt es sich dabei − zumindest in den Naturwissenschaften − nur selten um das wissenschafts*interne* Ethos, sondern es handelt sich um Probleme, die dort entstehen, wo Ergebnisse der Wissenschaft aus der Wissenschaft hinaus in die Gesellschaft wirken, und die daher außerhalb unseres heutigen Themas liegen.

Erst in den letzten Jahrzehnten sind zum Prozeß der *wissenschaftlichen Erkenntnis selbst* neue Vorstellungen entwickelt worden, die unter Wissenschaftstheoretikern erbitterte Diskussionen ausgelöst haben, ohne aber bisher − und das ist typisch für die entstandene Situation − auf die naturwissenschaftliche Forschungspraxis größeren Einfluß gewinnen zu können. Ich möchte mich mit einigen dieser Strömungen hier kurz auseinandersetzen[2].

Zunächst war es KARL POPPER, der in seiner „Logik der Forschung" zu dem Prozeß der Prüfung von Theorien an der Erfahrung mit großem Nachdruck auf den folgenden Gesichtspunkt hingewiesen hat[3]: Theorien lassen sich auch bei einer großen Zahl verifizierender Ergebnisse nicht wirklich als „wahr" bezeichnen, da ein einziger gegenteiliger Befund diesen Schluß jederzeit hinfällig machen kann. So wird − um erneut eines seiner vielzitierten Beispiele heranzuziehen − der Satz „Alle Schwäne sind weiß", auch wenn er zuvor durch eine große Fülle von Einzelbeobachtungen gestützt war, durch die Beobachtung eines einzigen schwarzen Schwáns eindeutig und definitiv widerlegt. Während sich also ein Theoriensystem durch Verifikation immer nur *vorläufig* stützen läßt, führt eine allgemein nachprüfbare Falsifikation zu einem *endgültigen* Ergebnis im Sinne der *Widerlegung* der Theorie. Wegen dieser weitergehenden Aussage sind zur Prüfung einer Theorie gezielte Falsifikationsversuche von größerer Aussagekraft als Bestätigungsversuche. Je mehr Falsifikationsversuche aber eine Theorie in diesem Prozeß von „trial and error" erfolgreich überstanden hat, desto sicherer ist sie, ohne jedoch als endgültig wahr gelten zu können. POPPER verbindet also, ohne daß dies ein Widerspruch wäre, die Vorstellung von der Fehlbarkeit und Vorläufigkeit allen Wissens mit der Idee des ständigen Fortschritts der Erkenntnis. Nach seinen Worten macht „nicht der Besitz von Wissen, von unumstößlichen Wahrheiten den Wissenschaftler aus, sondern das rücksichtslos kritische, das unablässige Suchen nach Wahrheit"[4]. Der Übergang von dem klassischen Verifikationsgebot zu POPPERs Falsifikationsgebot, der oft als ein nicht besonders originelles Spielen mit Worten mißverstanden wurde, ist in meinen Augen ein grundsätzlicher Fortschritt auch für die praktische Arbeit des naturwissenschaftlichen Forschers. Ich bin sicher, daß jeder von uns aus seinem eigenen Gebiet eine Fülle von Beispielen dafür kennt, daß aus Experimenten abgeleitete Hypothesen als in abgeschlossenem Sinne richtig angesehen wurden, nachdem sie die Ergebnisse von Experimenten, die mit dem Ziel einer *Verifikation* angelegt waren, befriedigend zu erklären vermochten. Nach dem „schwarzen Schwan" der *Falsifikation* wurde gar nicht gesucht, und es dauerte oft lange Zeit, bis er durch Zufall — wenn überhaupt — gefunden wurde und zu einer Korrektur der ursprünglichen Annahmen führte. Demgegenüber macht es einen beträchtlichen Unterschied, wenn mit der Aufstellung einer Hypothese von vornherein gefordert wird, daß systematisch nach ihrer Falsifikation gesucht werden sollte, und wenn dies mit Hilfe von Experimenten geschieht, die nicht auf *Bestätigung*, sondern auf *Widerlegung* angelegt sind, was übrigens auch psychologisch für die Interpretation solcher Experimente durch das menschliche Subjekt einen Unterschied macht. POPPERs kritischer Rationalismus hat ohne Zweifel einen Weg aufgezeichnet, der unser Wissen zuverlässiger machen kann, einen Weg im übrigen, der durch seine enge Verwandtschaft zu den klassischen Methoden der empirischen Wissenschaften dem praktizierenden Naturwissenschaftler näher steht als manche anderen wissenschaftstheoretischen Vorstellungen unserer Zeit.

Von diesen ist die „anarchistische und dadaistische Erkenntnistheorie" PAUL FEYERABENDs hier nur deshalb zu erwähnen, weil sie an die Stelle unseres traditionellen Wissenschaftsbegriffs eine durch Relativismus, Skepsis und Unverbindlichkeit gekennzeichnete Auffassung der Wissenschaft setzt, die gerade *wegen* dieser Eigenschaften in der jüngeren Generation, auch unter Wissenschaftlern, eine für unsere Generation kaum verständliche Resonanz findet. FEYERABEND sieht die Wissenschaft als eine von vielen Formen mythischen Denkens, auf derselben Stufe stehend wie Magie, Astrologie oder etwa die Regentänze der Hopi-Indianer. Zur Methode der Wissenschaft sagt er in seinen Büchern „Wider den Methodenzwang"[5], „Erkenntnis für freie Menschen"[6] und an zahlreichen anderen Stellen sinngemäß, daß der Gedanke, die Wissenschaft könne und solle nach festen und allgemeinen Regeln betrieben werden, sowohl wirklichkeitsfern als auch schädlich sei. Dementsprechend empfiehlt er als einzigen Grundsatz, der den Fortschritt nicht behindere, sein berühmt gewordenes „Anything goes!", das er selbst mit „Mach, was du willst!" übersetzt hat. Es ist klar, daß wir als experimentelle Naturwissenschaftler mit solchen Handlungsanleitungen nicht viel anfangen können. Ich erwähne sie nur, weil die weitverbreiteten Thesen FEYERABENDs in der Öffentlichkeit den Eindruck einer Orientierungslosigkeit der Wissenschaft hervorrufen und weil ich es für ganz bedenklich halte, daß sich unter unseren Augen das Bild unserer Wissenschaft für den Außenstehenden verändert, während wir als Naturwissenschaftler diese Entwicklung kaum bewußt zur Kenntnis nehmen und uns schon gar nicht aktiv damit auseinandersetzen.

Sehr viel größere Aufmerksamkeit aus der Wissenschaft heraus verdienen, und finden selbstverständlich auch, die Ansichten des amerikanischen Wissenschaftshistorikers THOMAS KUHN, die er zuerst 1962 in seinem Buch „The Structure of Scientific Revolutions" [7] entwickelt hat. Nach KUHN spielt sich die „normale Wissenschaft" im Rahmen allgemein von der wissenschaftlichen Gemeinschaft akzeptierter Grundannahmen ab, die KUHN als Paradigmen bezeichnet. Die Arbeit des Forschers in dieser Phase zielt nicht so sehr auf die Entdeckung von grundsätzlich Neuem, sondern man trägt wie bei einem Puzzle-Spiel viele Einzelteile zu einem Bild zusammen, das man in seinen großen Zügen schon kennt. Diese Phase ist nach KUHN von so starrer, monolithischer Struktur, daß alles, was sich an experimentellen Befunden dem Paradigma nicht einordnen läßt, durch den Konsens der herrschenden theoretischen Meinung zunächst einmal unterdrückt wird. Erst wenn größeren Anomalien nicht länger ausgewichen werden kann, komme es in einem traditionserschütternden Prozeß, den KUHN eine „wissenschaftliche Revolution" nennt, zu einem Paradigmen-Wechsel, der *nicht* in einer Modifikation oder Ergänzung der alten Theorien bestehe, sondern in deren Ersatz durch *neue* Grundannahmen, die mit den alten *nicht kompatibel* seien. Deswegen könne der Paradigmen-Wechsel auch nicht Schritt für Schritt erfolgen, und er führe wegen der Unvereinbarkeit des alten und des neuen Wissens auch nicht zu einer Koexistenz der beiden Systeme, sondern er ende in der Regel mit dem totalen Sieg des neuen Paradigmas, wobei — für mich eine außerordentlich unbefriedigende Annahme! — offenbleibt, nach welchen rationalen Kriterien sich dieses durchsetzt. Unter dem neuen Paradigma etabliere sich dann wieder eine „normale Wissenschaft" mit den genannten strukturellen Eigenschaften, aber einem veränderten wissenschaftlichen Inhalt.

Nach KUHN ist die Entwicklung der Wissenschaften also kein kontinuierlich fortschreitender Prozeß mit einer ständigen Folge einzelner Entdeckungen und Erfindungen und einer damit parallel gehenden Anpassung der Theorien, sondern KUHN nimmt eine scharfe Trennung der Entwicklung in die normale und die revolutionäre Phase an, die mir künstlich und realitätsfremd erscheint. KUHNs Ansichten werden verständlicher, wenn man berücksichtigt, daß die wissenschaftshistorischen Paradebeispiele für sein Paradigmen-Modell die Ablösung des ptolemäischen Weltbilds durch KOPERNIKUS und die Überwindung der Phlogistontheorie in der Chemie durch LAVOISIER waren — beides Beispiele für Entwicklungen *ganz am Anfang der Reifung* neuer wissenschaftlicher Disziplinen, die tatsächlich nach dem KUHNschen Muster wissenschaftlicher Revolutionen verliefen [7, 8]. Aber selbst so große Veränderungen, wie sie mit den Namen DARWIN und EINSTEIN verbunden sind, entsprechen der KUHNschen Definition eines Paradigmen-Wechsels im strengen Sinne nicht, und noch weniger gilt dies für die vielen in kleineren Schritten sich vollziehenden Fortschritte der modernen Naturwissenschaften. Diesem Umstand hat KUHN später Rechnung zu tragen versucht, indem er statt von wenigen großen von vielen kleinen Revolutionen gesprochen und das *Experiment* in seiner führenden Rolle für die Entwicklung der Wissenschaften wieder stärker betont hat[9].

Trotz dieser neueren Abschwächungen hat auch der Wissenschaftsbegriff KUHNs etwas Unverbindliches, das zu akzeptieren uns Naturwissenschaftlern schwer fällt; denn wir sehen den wissenschaftlichen Fortschritt viel eher als eine Folge kontinuierlicher Schritte, in denen das jeweilige Wissen zwar korrigiert, modifiziert oder ergänzt wird, ohne daß es aber durch einen revolutionären Prozeß vollständig beseitigt und durch grundsätzlich Neues ersetzt wird, das unbeeinflußt von dem Vorausgegangenen wie Phoenix aus der Asche steigt.

II

Ich möchte jetzt im zweiten Teil meines Vortrags diese wissenschaftstheoretischen Überlegungen konfrontieren mit einem historischen Beispiel meines Faches. Dazu habe ich die wohl folgenreichste Entdeckung der organischen Chemie im vorigen Jahrhundert gewählt, die Aufstellung der *Benzolformel* durch AUGUST KEKULÉ im Jahre 1865, also vor genau 120 Jahren. Sie schuf die Basis für die Entwicklung der Chemie der *aromatischen* Verbindungen, die die organische Chemie im letzten Drittel des 19. Jahrhunderts beherrscht hat. Dieser Entdeckung widerfuhr die in den Naturwissenschaften wohl einmalige Anerkennung, daß schon ihr 25jähriges Jubiläum im Jahre 1890 in großem internationalen Rahmen als das Berliner „Benzolfest" gefeiert wurde. An dieser Einschätzung der Aufklärung der Struktur des Benzols als des Grundkörpers der aromatischen Verbindungen hat sich bis heute nichts geändert: zum 100jährigen Jubiläum der Benzolformel fanden ganze Serien von Festsymposien in allen Teilen der Welt statt, und Sonderbriefmarken — sonst zur Würdigung von Ereignissen der Chemie äußerst selten — unterstrichen zumindest in der Bundesrepublik und in Belgien auch für eine breitere Öffentlichkeit die Bedeutung dieses Jubiläums. Diese ungewöhnliche Anerkennung einer Leistung, die zunächst mit der Aufklärung der Benzolstruktur für KEKULÉ selbst ein rein theoretisches Interesse hatte, hängt damit zusammen, daß KEKULÉs Entdeckung der Benzolformel ein wesentlicher Faktor für die dramatische Entwicklung der organischen Chemie und übrigens auch der chemischen Industrie im letzten Quartal des 19. Jahrhunderts geworden ist. Wenn sich in der zweihundertjährigen Geschichte meines Faches, der organischen Chemie, irgendwo überhaupt die Frage stellt, ob es sich bei einer wissenschaftlichen Entdeckung um eine „Revolution" im Sinne von THOMAS KUHN gehandelt haben könnte, dann ist dies nach meiner Meinung hier der Fall.

Zur Beantwortung dieser Frage möchte ich Sie zunächst kurz mit dem persönlichen Werdegang KEKULÉs bekannt machen[10]. Wir wollen uns dann mit dem Stand der Erkenntnis in seinem Fach, aus dem heraus es zu der mit seinem Namen verbundenen Entdeckung kam, auseinandersetzen und schließlich diese Entdeckung selbst in ihren verschiedenen Entwicklungsstadien und in ihrer Wechselwirkung mit dem Wissen ihrer Zeit genauer betrachten.

AUGUST KEKULÉ wurde 1829 in Darmstadt als Sohn einer hessischen Beamtenfamilie geboren. Während seines Studiums in Gießen gab er unter dem Einfluß JUSTUS LIEBIGs sein Architektur-Studium auf und begann, Chemie zu studieren. Noch vor seiner Promotion war er für ein Jahr in Paris, wo er von der französischen Chemiker-Schule um DUMAS und WURTZ stark beeinflußt wurde, besonders aber von CHARLES GERHARDT, auf dessen Typentheorie sich zahlreiche spätere Gedanken KEKULÉs zurückführen lassen. Nach einem weiteren Lehr- und Wanderjahr in der Schweiz ging KEKULÉ auf Empfehlung LIEBIGs für anderthalb Jahre nach London in das Laboratorium von JOHN STENHOUSE, wo er zwar nach seinen eigenen Angaben in der Chemie nicht viel lernen konnte, aber dies in reichem Maße kompensiert fand durch den außerordentlich fruchtbaren und freundschaftlichen Kontakt, den er in London mit den nahezu gleichaltrigen Chemikern ALEXANDER WILLIAMSON und WILLIAM ODLING hatte. Im Frühjahr 1856 kehrte KEKULÉ nach Deutschland zurück, wo er in Heidelberg bei BUNSEN die Möglichkeit zur Habilitation fand und sich schon im Wintersemester 1856/57 als 27jähriger habilitieren konnte. BUNSEN, der gerade kurz zuvor seinen für die damaligen Verhältnisse außerordentlich großzügigen Institutsneubau in der Heidelberger Akademiestraße bezogen hatte, gab grundsätzlich seinen Privatdozenten in seinem Institut keine Arbeitsmöglichkeit und nicht einmal die Möglichkeit zum Halten ihrer Vorlesungen. So mietete sich KEKULÉ in der Hauptstraße 4 in einem Privathaus ein, in dem er einen Raum gemeinsam mit dem in gleicher Situation befindlichen EMIL ERLENMEYER als Hörsaal teilte; die Küche wurde als Laboratorium benutzt. Eine drastische Schilderung der unter diesen Umständen äußerst primitiven Arbeitsverhältnisse verdanken wir KEKULÉs erstem Doktoranden ADOLF BAEYER, dessen spätere glänzende Karriere hier beinahe durch eine schwere Arsen-Vergiftung ein vorzeitiges Ende gefunden hätte. Schon 1858 folgte KEKULÉ einem Ruf als Professor für Chemie an die Universität Gent in Belgien, von wo er 1867 an die Universität Bonn berufen wurde − schon damals, obwohl erst 38 Jahre alt, einer der angesehensten Professoren der Chemie in Deutschland. Es war daher nicht überraschend, daß er wenige Jahre später nach dem Tode von JUSTUS VON LIEBIG im Jahre 1873 die Berufung als LIEBIGs Nachfolger an die Universität München erhielt. KEKULÉ entschied sich, in Bonn zu bleiben, wo er die folgenden Jahrzehnte hochgeehrt lebte, ohne jedoch in seiner Wissenschaft die Kraft zu weiteren herausragenden schöpferischen Leistungen zu finden. Er starb in Bonn am 13. Juli 1896. Den unvergänglichen wissenschaftlichen Ruhm KEKULÉs begründeten die Arbeiten eines einzigen Jahrzehnts von 1857 bis 1867, das er zunächst in Heidelberg, dann in Gent verbrachte. Es ist dieser Zeitraum, mit dem wir uns näher beschäftigen wollen.

Zuvor möchte ich Ihnen mit einigen Bildern einen Eindruck von der Persönlichkeit KEKULÉs vermitteln: Das erste Bild (Abb. 1) zeigt KEKULÉ auf der Höhe

Abb. 1. AUGUST KEKULÉ im Jahre 1862

Abb. 2. KEKULÉ und Mitarbeiter in Gent 1866

Abb. 3. Heidelberger Schloß, Zeichnung des 18jährigen KEKULÉ

Abb. 4. August Kekulé 1889 (Gemälde von Heinrich von Angeli)

seiner Schaffenskraft im Jahre 1862. Aus der gleichen Zeit ist das nächste Bild (Abb. 2), das ihn mit einigen seiner Mitarbeiter in Gent zeigt, darunter CARL GLASER (vorn rechts), WILHELM KÖRNER (hinten 2. v. l.) und ALBERT LADEN-BURG (hinten rechts)[11]. Wegen des lokalen Bezugs zur unmittelbaren Nachbarschaft unserer Akademie zeige ich noch eine Zeichnung des Heidelberger Schlosses, die KEKULÉ, der ein begabter und in seiner Jugend passionierter Zeichner war, im Alter von 18 Jahren anfertigte (Abb. 3). Schließlich möchte ich Ihnen noch das Bildnis des gealterten KEKULÉ zeigen, das von dem Porträtisten HEINRICH VON ANGELI im Jahre 1889 gemalt wurde (Abb. 4).

Wir wollen uns jetzt dem Entwicklungsstand der organischen Chemie in der Mitte des vorigen Jahrhunderts zuwenden, also in der Zeit, in der AUGUST KEKULÉ sich anschickte, als einer der Hauptakteure diesen Entwicklungsstand unseres Faches entscheidend zu verändern. Die Zahl der organisch-chemischen Verbindungen, teils aus pflanzlichem oder tierischem Material isoliert, teils synthetisiert, war noch nicht sehr groß. Aber dank vor allem der hervorragenden experimentellen Gießener Schule LIEBIGs besaß man die Kenntnis, Substanzen durch Kristallisation oder Destillation rein zu erhalten, und man beherrschte — wiederum vor allem durch LIEBIG — die Bestimmung von Elementaranalysen, die schon damals ein Routine-Verfahren war. Dadurch kannte man die Elementarzusammensetzung zahlreicher Verbindungen mit großer Genauigkeit. Aber schon über die aus den Elementaranalysen abzuleitenden Summenformeln gab es wegen der Verwirrung, die bezüglich der Begriffe Äquivalent, Atom und Molekül herrschte und die noch bis zu dem ersten internationalen Chemikerkongreß in Karlsruhe im Jahre 1860 anhalten sollte, keine Übereinstimmung. Zum Beispiel war es weit verbreitet, für Kohlenstoff, Sauerstoff und Schwefel Atomgewichte anzunehmen, die nur halb so groß waren wie die uns heute geläufigen. Wasser wurde also als HO statt H_2O formuliert, das Sumpfgas, heute Methan, als C_2H_4. Erst unter dem Einfluß von GERHARDT und WILLIAMSON gewöhnte man sich daran, für Kohlenstoff, Sauerstoff und Schwefel die höheren Atomgewichte anzunehmen, die man zur Unterscheidung von den früheren Elementsymbolen mit quer durchstrichenen Elementsymbolen ($\mathrm{\mathcal{C}}$, Θ, S usw.) bezeichnete. KEKULÉ schloß sich als einer der ersten in Deutschland dieser Formulierung an, von der wir heute wissen, daß sie richtig ist. Dies war eine entscheidende Vorausetzung für die Postulierung der Vierwertigkeit des Kohlenstoffs. Aber die Formulierung des Methans als $\mathrm{\mathcal{C}}H_4$ war noch keineswegs gleichbedeutend mit der Annahme der „Vieratomigkeit" des Kohlenstoffs und der Gleichwertigkeit dieser „Atomigkeiten" des Kohlenstoffs gegenüber den vier Wasserstoffatomen; denn nach der Radikaltheorie, die besonders von LIEBIG in Deutschland propagiert war, folgerte man aus der Tatsache, daß häufig bei chemischen Umsetzungen bestimmte Atomgruppierungen erhalten bleiben, daß in den Verbindungen diese Gruppen als sog. Radikale präformiert sind. Aus der Reihe CH_3OH (Methylalkohol), CH_3Cl (Methylchlorid), CH_3Br (Methylbromid) usw. schloß man z. B. auf ein solches präformiertes Methyl-Radikal CH_3, das mit der Atomigkeit 1 weitere

Bindungen eingehen kann. Methan CH_4 konnte danach als Methylwasserstoff $(CH_3)H$ aufgefaßt werden. Am Anfang seiner Arbeiten zur Strukturtheorie organischer Verbindungen [12] wendet sich KEKULÉ gegen diese Idee der präformierten Radikale und schreibt in der in Heidelberg im Sommer 1857 entstandenen Arbeit „Über die s. g. gepaarten Verbindungen und die Theorie der mehratomigen Radikale" [13]: „Nach unserer Ansicht sind Radicale nichts weiter als die bei einer bestimmten Zersetzung gerade unangegriffen bleibenden Reste. In ein und derselben Substanz kann also, je nachdem ein größerer oder geringerer Theil der Atomgruppe angegriffen wird, ein kleineres oder größeres Radical angenommen werden." Diese Arbeit enthält bereits in einer Fußnote die Bemerkung: „Der Kohlenstoff ist, wie sich leicht zeigen läßt und worauf ich später ausführlicher eingehen werde, vierbasisch oder vieratomig; d. h. 1 Atom Kohlenstoff ist äquivalent 4 At. H". Was die Radikaltheorie betrifft, so waren die Bemerkungen KEKULÉs nicht originell; denn er hat mit Sicherheit eine Veröffentlichung WILLIAM ODLINGS gekannt, in der dieser unter dem Titel „On the Constitution of Hydrocarbons" sich gegen präformierte Radikale gewandt und festgestellt hatte: „The conception of self-existent constituent compound radicals is not only unnecessary but irrational" [14]. Dies war 1855, als KEKULÉ noch in London war und in engem Kontakt zu ODLING stand.

Mit der nächsten, im Frühjahr 1858 ebenfalls in Heidelberg geschriebenen und gleichfalls in den „Annalen" publizierten Arbeit [15] wird aber nun KEKULÉ zu einem eigenständigen Begründer der organischen Strukturchemie. Zunächst wiederholt er die schon in der zitierten Fußnote getroffene Feststellung, „daß allgemein die Summe der chemischen Einheiten der mit einem Atom Kohlenstoff verbundenen Elemente gleich 4 ist. Dies führt zu der Ansicht, daß der Kohlenstoff vieratomig ist." Ich möchte hier einschieben, daß der von KEKULÉ entsprechend dem Sprachgebrauch seiner Zeit verwendete Begriff der „Atomigkeit der Elemente" unglücklich war und auch zu Mißverständnissen geführt hat; er wurde übrigens schon bald — 1868 durch WICHELHAUS — durch den Ausdruck „Valenz" ersetzt; heute würden wir „Wertigkeit" oder besser „Kovalenzbindigkeit" sagen. In KEKULÉs eben genannter Heidelberger Arbeit, die den Titel „Über die Constitution und die Metamorphosen der chemischen Verbindungen und über die chemische Natur des Kohlenstoffs" trägt, geht KEKULÉ aber jetzt über die Vierwertigkeit des Kohlenstoffs weit hinaus, indem er annimmt, daß sich Kohlenstoffatome miteinander zu geraden oder verzweigten Ketten verbinden können. Er schreibt dazu: „Für Substanzen, die mehrere Atome Kohlenstoff enthalten, muß man annehmen, ... daß die Kohlenstoffatome selbst sich aneinander lagern, wobei natürlich ein Theil der Affinität des einen gegen einen ebenso großen Theil der Affinität des anderen gebunden wird. Der einfachste und deshalb wahrscheinlichste Fall einer solchen Aneinanderlagerung von zwei Kohlenstoffatomen ist nun der, daß eine Verwandtschaftseinheit des einen Atoms mit einer des anderen gebunden ist. Von den 2×4 Verwandtschaftseinheiten der 2 Kohlenstoffatome werden also zwei verbraucht, um die beiden Atome selbst zusammenzuhalten;

es bleiben mithin 6 übrig, die durch Atome anderer Elemente gebunden werden können. Treten mehr als zwei Kohlenstoffatome in derselben Weise zusammen, so wird für jedes weiter hinzutretende die Atomigkeit (im Text „Basizität") der Kohlenstoffgruppe um zwei Einheiten erhöht. Die Anzahl der mit n Atomen Kohlenstoff, welche in dieser Weise aneinandergelagert sind, verbundenen Wasserstoffatome ... wird also ausgedrückt durch 2 n + 2." Damit hatte KEKULÉ das allgemeine Bauprinzip der sog. aliphatischen Chemie richtig erkannt: alle Kohlenwasserstoffe der aliphatischen Reihe folgen in ihrer Elementarzusammensetzung der von KEKULÉ angegebenen allgemeinen Formel C_nH_{2n+2} (z. B. Methan, Ethan, Propan, Butan, Isobutan, Isooctan usw.). Da sich ferner von diesen Kohlenwasserstoffen durch Substitution des Wasserstoffs durch andere Elemente oder funktionelle Gruppen die Klassen der Alkohole, der Ether, der Carbonsäuren, der Aldehyde, der Amine, der Nitro-Verbindungen usw. ableiten lassen, hat KEKULÉ das strukturelle System der *gesamten* aliphatischen Verbindungsklassen in der noch heute gültigen Form beschrieben. Es sind Hunderttausende verschiedener, wohldefinierter Verbindungen, die dem KEKULÉschen Strukturprinzip entsprechen. Tatsächlich ist es ja gerade die Kombination der von KEKULÉ 1858 zum ersten Male abgeleiteteten beiden Eigenschaften des Kohlenstoffatoms – der *Vierwertigkeit* und der *Fähigkeit zur Bindungsbildung* mit sich selbst –, die die Vielfältigkeit und den strukturellen Formenreichtum der organischen Chemie ausmachen. In einer von heute zurückblickenden Betrachtungsweise mögen uns KEKULÉs neue Ideen relativ einfach, ja – man könnte fast sagen – banal erscheinen, aber aus ihrer Zeit heraus betrachtet, waren sie es nicht. Zum Beispiel war der Entwurf einer Strukturtheorie, die auf der Verbindungsbildung durch Verknüpfung *gleich*artiger Atome beruhte, in den 50er Jahren des vorigen Jahrhunderts recht ungewöhnlich; denn die vor allem auf BERZELIUS zurückgehende dualistische Theorie der Verbindungsbildung aus elektrochemisch *un*gleichen Elementen war noch keineswegs überall überwunden. Trotzdem lagen auch in diesem Falle die von KEKULÉ zuerst formulierten Ideen gewissermaßen in der Luft: Unabhängig von KEKULÉ hat der schottische Chemiker ARCHIBALD SCOTT COUPER in einer Abhandlung „On a New Chemical Theory" ebenfalls die Vierwertigkeit des Kohlenstoffs und die Selbstverknüpfung der Kohlenstoffatome vorgeschlagen; er arbeitete 1858 in Paris bei WURTZ, dem er sein Manuskript zur Vorlage bei der Akademie der Wissenschaften einreichte. Aufgrund einer Verzögerung durch WURTZ, deren Gründe sich nicht rekonstruieren lassen, wurde diese Arbeit erst am 14. Juni 1858 der Akademie durch DUMAS präsentiert [16], nur knapp vier Wochen nach dem Erscheinen von KEKULÉs „Annalen"-Arbeit. So weit ich weiß, war dies der letzte und der einzige bedeutende wissenschaftliche Beitrag des damals 27jährigen COUPER, der kurz darauf geistig schwer erkrankte und nach Jahrzehnten der Unfähigkeit zu wissenschaftlicher Arbeit 1892 in völliger Vergessenheit starb. Erst sehr viel später stieß RICHARD ANSCHÜTZ, der Biograph KEKULÉs, auf COUPERs frühere Arbeiten und sorgte für deren verdiente Anerkennung [17].

In Gent begann KEKULÉ eine ausgedehnte Untersuchungsreihe über organische Säuren, von der in unserem Zusammenhang besonders die Darstellung und die Beschreibung der Eigenschaften und Reaktionen der beiden isomeren Dicarbonsäuren Fumarsäure und Maleinsäure zu erwähnen sind[18]. KEKULÉ stellte fest, daß beide Säuren zwei Wasserstoffatome weniger enthalten als die Bernsteinsäure und daß sie sich zur Bernsteinsäure hydrieren lassen. Gleichzeitig beobachtet er, daß beide Säuren auch ungewöhnlich leicht Brom addieren, wobei allerdings zwei *verschiedene* Dibrombernsteinsäuren entstehen, die KEKULÉ auf die beiden bekannten Weinsäuren, die entsprechenden Hydroxy-Derivate der Bernsteinsäure, zurückführen konnte. Die Additionsfähigkeit der Fumar- und Maleinsäure veranlaßt KEKULÉ, zum ersten Male Kohlenstoff-Kohlenstoff-*Doppel*bindungen anzunehmen, und er beschreibt dies 1861 in den „Annalen" so: „An der Stelle des Molecüls, wo die beiden Wasserstoffatome fehlen, sind zwei Verwandtschaftseinheiten des Kohlenstoffs nicht gesättigt; es ist an der Stelle gewissermaßen eine Lücke", und er bemerkt hierzu in einer Fußnote: „Man kann natürlich eben so gut annehmen, ... daß zwei Kohlenstoffatome sich durch je *zwei* Verwandtschaftseinheiten binden. Es ist dies nur eine andere Form für denselben Gedanken." Im Text fährt er dann folgendermaßen fort: „Daraus erkärt sich die ausnehmende Leichtigkeit, mit welcher solche gewissermaßen lückenhafte Substanzen sich durch Addition mit Wasserstoff oder mit Brom vereinigen. Die freien Verwandtschaftseinheiten des Kohlenstoffs haben ein Bestreben sich zu sättigen und so die Lücke auszufüllen." Mit dieser Vorstellung von „ungesättigten", Doppelbindungen enthaltenden Strukturen vervollständigt KEKULÉ sein System der aliphatischen Verbindungen. Gleichzeitig ist dies aber die Brücke, die ihn zu der zweiten großen Gruppe der organischen Verbindungen führt, den aromatischen Substanzen, deren Grundtypus das Benzol ist.

Obwohl KEKULÉ die leichte Isomerisierung der Maleinsäure zu Fumarsäure in Gegenwart von Jodwasserstoff beobachtete und auch beschrieb, daß Maleinsäure ein Anhydrid bildet, die Fumarsäure dagegen nicht, hat er die *Natur der Isomerie* bei diesem Isomerenpaar als cis-trans-Isomerie noch nicht erkannt. Er hätte nur anzunehmen brauchen, daß die Valenzen der Doppelbindung in einer Ebene angeordnet sind und daß die Carbonsäure-Gruppen in der Maleinsäure in cis-Stellung − also benachbart zueinander −, die der Fumarsäure in trans-Stellung stehen. Aber die Vorstellung, die Struktur der Moleküle auf eine bestimmte räumliche Lagerung der sie konstituierenden Atome im Raum zurückzuführen, war damals gerade erst im Begriffe des Entstehens. Erst im selben Jahre, in dem KEKULÉ die oben zitierten Sätze schrieb, also im Jahre 1861, prägte der russische Chemiker ALEXANDER MICHAILOVICH BUTLEROW auf der Versammlung der Gesellschaft Deutscher Naturforscher und Ärzte in Speyer den Begriff „chemische Struktur", den er als „Art und Weise der gegenseitigen Bindung der Atome in einem zusammengesetzten Molekül" und durch „die topographische Position der Atome" definierte. Aber noch wesentlich später warnte HERMANN KOLBE, der bissige Kritiker aller Strukturvorstellungen in der Chemie: „Hüten wir uns zu glauben, wir könnten wissen, wie die Atome aneinander hängen oder aneinander gelagert sind!" Auch hier war KEKULÉ an der Spitze der Entwicklung seiner Zeit, zum Beispiel als er schon 1861 in der erwähnten Arbeit „Über einige organische Säuren" in Bezug auf die Weinsäuren schrieb, „daß man ... die Möglichkeit isomerer Modificationen einsieht, bei welchen die Stellung der Atome im Molecül so weit gleich ist, daß die chemischen Eigenschaften dieselben sein müssen, bei denen aber dennoch eine gewisse Verschiedenheit der Anordnung der Atome stattfindet, aus welcher sich vielleicht später jene merkwürdigen Erscheinungen der Moleculardissymmetrie werden erklären lassen, die gerade die Weinsäure in so auffallendem Maße zeigt[18]." KEKULÉ war also in dieser Arbeit nicht nur schon ganz nahe an eine Erklärung der Doppelbindungsisomerie herangekommen, sondern man spürt förmlich an seinen Worten, wie auch das Verständnis der Enantiomerie optisch aktiver „asymmetrischer" – heute würden wir sagen: „chiraler" – Verbindungen in ihm reift. Zu einer definitiven Klärung dieser beiden Arten von Stereoisomerie kam es dann allerdings erst 1874 unabhängig voneinander durch VAN'T HOFF[19] und LE BEL[20], wobei unbestritten ist, daß jedenfalls VAN'T HOFF, der in Bonn im Jahre zuvor KEKULÉs Vorlesungen gehört hatte, in seinen stereochemischen Vorstellungen von KEKULÉ unmittelbar beeinflußt war.

Mit der Erkenntnis, daß der Kohlenstoff vier gleichwertige Bindungen bilden kann, und mit der Annahme der gegenseitigen Verknüpfung von Kohlenstoffatomen, auch unter Bildung von Doppelbindungen, hatte KEKULÉ die Grundstruktur der meisten zu seiner Zeit bekannten organisch-chemischen Verbindungen erklärt. Die einzige große Gruppe von Kohlenstoff-Verbindungen, deren Struktur sich einem Verständnis auf der Grundlage dieser Annahmen noch entzog, war die Gruppe der „aromatischen" Verbindungen. Unter aromatischen Verbindungen verstand man zunächst – ich zitiere aus „Meyers Konversations-Lexikon" jener Zeit[21] – „eine Gruppe kohlenstoffreicher und wasserstoffarmer Verbindungen, von denen viele durch aromatischen Geruch ausgezeichnet sind und zur natürlichen Familie der aetherischen oder aromatischen Oele gehören". Da alle aromatischen Kohlenwasserstoffe mindestens sechs Kohlenstoffatome enthalten und sich zahlreiche von ihnen auf das Benzol oder auf substituierte Benzole zurückführen lassen, sah man bald im Benzol das entscheidende Strukturelement der aromatischen Verbindungen. Benzol selbst war schon 1825 von FARADAY aus Leuchtgas isoliert und später in größeren Mengen im Steinkohlenteer aufgefunden worden. Seine Summenformel war als C_6H_6 bestimmt worden. Vergleicht man diese mit der KEKULÉschen Formel für aliphatische Kohlenwasserstoffe C_nH_{2n+2}, die für sechs C-Atome C_6H_{14} ergibt, so war offensichtlich, daß hier ein ganz anderer Strukturtyp organischer Verbindungen vorliegen mußte.

Die damals und für viele Jahrzehnte als sensationell empfundene Lösung der Benzolstruktur durch KEKULÉ muß uns heute beinahe als für ihn naheliegend erscheinen; denn sie baute konsequent auf seinen eigenen bisherigen Beiträgen zur Struktur organischer Verbindungen auf – erstens der *Vierwertigkeit* des Kohlenstoffs, zweitens der *Selbstverknüpfung* von Kohlenstoffatomen zu Kohlenstoffketten und drittens der Annahme von Kohlenstoff-Kohlenstoff-*Doppelbindungen* in solchen Ketten. KEKULÉ nahm − zuerst in einer im Januar 1865 im „Bulletin" der französischen chemischen Gesellschaft veröffentlichten Arbeit[22], dann etwa ein Jahr später in einer weitgehend identischen Veröffentlichung in den „Annalen"[23] − für das Benzol an, daß eine Kette von sechs Kohlenstoffatomen zu einem Ring geschlossen ist und daß in diesem Sechsring drei Einfach- und drei Doppelbindungen alternieren, so daß sich die Summenformel C_6H_6 ergibt. Die uns heute so geläufige symmetrische Sechseck-Formel des Benzols war damit aber noch nicht geschaffen. Um dies zu verstehen, müssen wir uns vergegenwärtigen, daß es zu dieser Zeit in unserem heutigen Sinne noch keine Strukturformeln gab, die dadurch ausgezeichnet sind, daß sie Valenzstriche zwischen den unmittelbar miteinander verbundenen Atomen enthalten. Erste Vorschläge in dieser Richtung machten ALEXANDER CRUM BROWN und FRANKLAND 1865 und 1866. Frühere Versuche zur graphischen Darstellung von Strukturformeln, darunter von dem schon erwähnten COUPER, blieben ohne Resonanz. Gleiches gilt auch für die sehr eigenwilligen Symbole, die JOSEPH LOSCHMIDT, uns allen durch die LOSCHMIDTsche Zahl bekannt, 1861 in einem wenig bekanntgewordenen Privatdruck für mehrere hundert chemische Verbindungen angegeben hat. Dabei wurde übrigens das Benzol ohne näheren Kommentar als Kreis dargestellt; in diesem Zusammenhang ist nicht uninteressant, daß KEKULÉ diese LOSCHMIDTschen Formeln, die er in einem Brief an ERLENMEYER als „Confusionsformeln" bezeichnet hat, gekannt hat. KEKULÉ selbst benutzte von 1857 bis 1865 eine eigene Art der graphischen Darstellung von Molekülen, bei denen die *Wertigkeiten* der Elemente ganz im Vordergrund stehen. Abb. 5 zeigt einige Beispiele: beim Methan ist das Symbol für das vierwertige C viermal so lang wie das Symbol des einwertigen H, Stickstoff ist dreimal, Sauerstoff doppelt so lang wie der Wasserstoff. Diese Formeln − von englischen Chemikern damals als „sausage formulas" etwas belächelt − geben in der Tat weder die Bindungsverhältnisse zwischen den Atomen eindeutig wieder (auch Atomsymbole von nicht aneinander gebundenen Atomen berühren sich!), noch sagen sie natürlich irgendetwas über die Form der Moleküle aus. Trotzdem hält KEKULÉ auch noch in seiner berühmten Benzol-Arbeit 1865/66 an dieser Darstellung fest, so daß wir in dieser Arbeit Benzol in einer uns gänzlich ungewohnten Form präsentiert bekommen (Abb. 6). Aber außer der geometrischen Form enthält die Formel alles, was für die KEKULÉsche Benzolstruktur typisch ist: die sechs Kohlenstoffe, die jeweils mit einem Wasserstoffatom verbunden sind und die alternierend durch Einfach- und Doppelbindungen verbundene Kette, die − wie die beiden Pfeile an den Enden andeuten sollen − zu einem Ring geschlossen ist. Schon in derselben Arbeit aber ist an späterer Stelle von einem völlig symmetrischen Ring und von einer vollständigen Äquivalenz der sechs Wasserstoffe die Rede, und wir finden die Passage: „Man könnte dann das Benzol durch ein Sechseck darstellen, dessen sechs Ecken durch Wasserstoffatome gebildet sind". Auf der Grundlage dieser Darstellung (Abb. 7) leitet KEKULÉ bestimmte Voraussagen über die Zahl möglicher Substitutionsprodukte

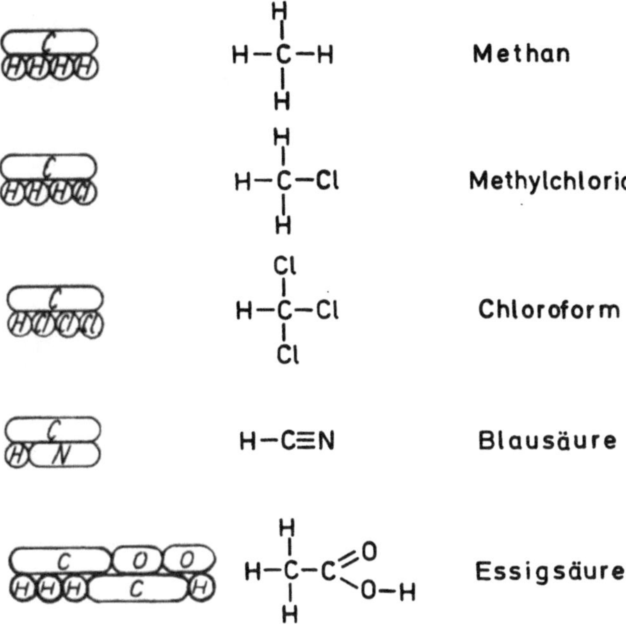

Abb. 5. KEKULÉs graphische Molekülformeln 1857–65

Abb. 6. Erste graphische Darstellung des Benzols durch A. KEKULÉ 1865

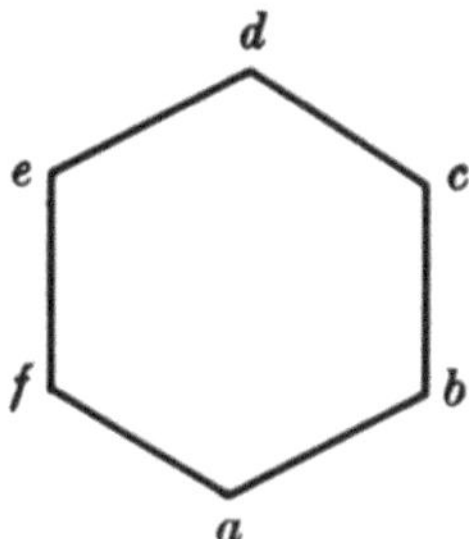

Abb. 7. Erste Sechseckdarstellung des Benzols 1865/6

des Benzols ab: wenn alle sechs Wasserstoffatome gleichwertig sind, dann kann die Substitution eines von ihnen durch Brom, Methyl oder einen anderen Substituenten natürlich nur zu einem einzigen Monosubstitutionsprodukt führen; jede offenkettige Struktur des Benzols hätte — wie man sich leicht überlegt — *mehrere* Monosubstitutionsprodukte je nach der Stellung des Substituenten in der Kette zur Folge.

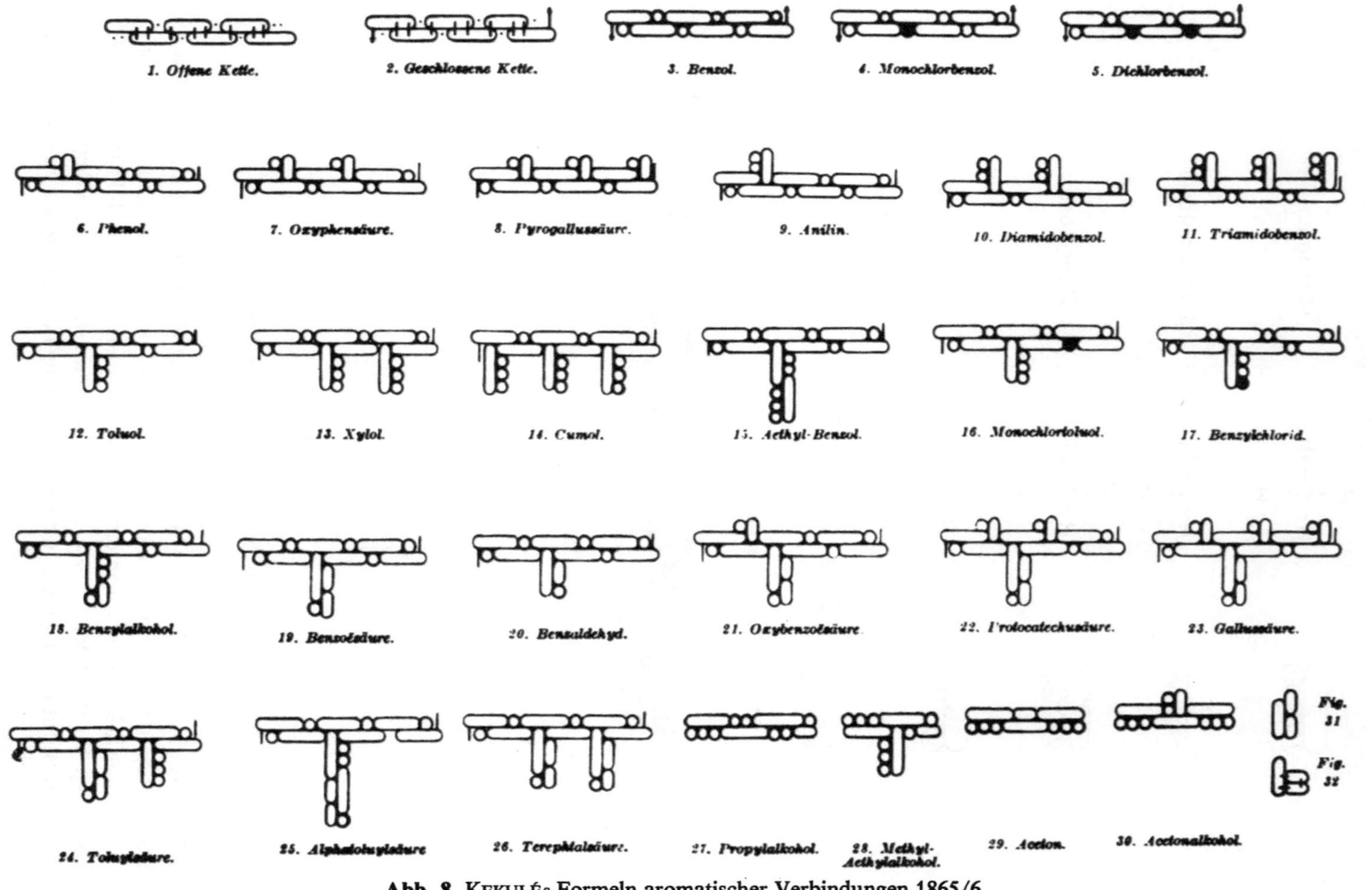

Abb. 8. KEKULÉs Formeln aromatischer Verbindungen 1865/6

Für *Di*substitutionsprodukte des Benzols gibt es drei Strukturisomere, nach der KEKULÉschen Sechseckbezeichnung *a b,* die also der benachbarten Stellung der Substituenten entspricht; *a c,* wo die Substituenten durch *ein* unsubstituiertes CH getrennt sind, und schließlich *a d,* wo sie durch *zwei* unsubstituierte CH-Einheiten getrennt sind; KEKULÉs Schüler WILHELM KÖRNER hat diese Isomeren später als *ortho-, meta-* und *para*-Isomere bezeichnet. Ähnlich konnte KEKULÉ für drei, vier, fünf und sechs Substituenten am Benzolring die Zahl der möglichen Isomeren ganz präzise ableiten, wobei sich je nachdem, ob es sich um gleiche oder verschiedene Substituenten handelt, unterschiedliche Isomerenzahlen ergeben. Ganz überraschend und wohl nur durch eine noch nicht völlig überwundene Unsicherheit bezüglich der Gültigkeit der Sechseckstruktur des Benzols zu erklären ist freilich, daß KEKULÉ am Ende dieser selben Arbeit für die Darstellung einer größeren Zahl substituierter Benzole wieder zu seiner früheren Darstellungsform zurückkehrt (Abb. 8). Aber schon im nächsten Jahr verwendet er Formeln, die uns mit ihrem Sechseck aus Einfach- und Doppelbindungen viel geläufiger erscheinen (Abb. 9)[24].

Die Tatsache, daß immer die für die Sechseck-Struktur vorausgesagte Isomerenzahl experimentell gefunden wurde und nicht ein einziges Mal eine größere Zahl von Isomeren, die KEKULÉs Formel natürlich sofort zu Fall gebracht hätte, war der wichtigste experimentelle Beweis für KEKULÉs Benzolformel. Da damals aber nur eine relativ geringe Zahl substituierter Benzole bekannt war, erforderte dies die synthetische Darstellung einer sehr großen Zahl mehrfach substituierter Benzole, die KEKULÉ selbst begann, der sich dann aber vor allem KEKULÉs Schüler ALBERT LADENBURG und besonders WILHELM KÖRNER annahmen, von denen KÖRNER allein 126 neue substituierte Benzole darstellte und für sie nach einem eindeutigen Verfahren die Ortsbestimmung der Substituenten durchführte. Neben der umfassenden Bestätigung, die die KEKULÉsche Benzolformel dadurch erfuhr, haben diese Arbeiten zur synthetischen Erschließung substituierter aro-

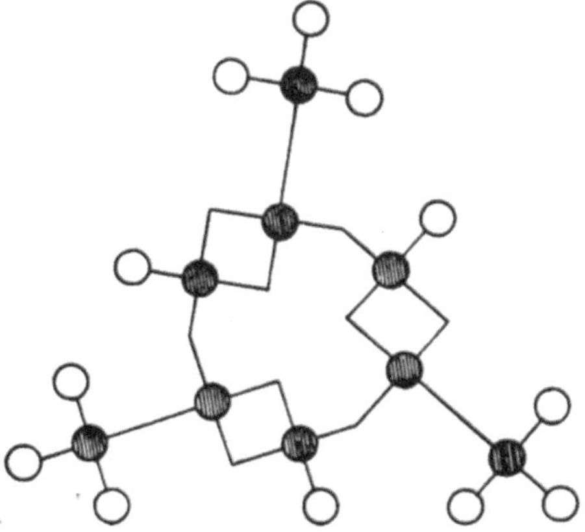

Abb. 9. KEKULÉs Formel des Mesitylens (= 1,3,5-Trimethylbenzol) 1867

matischer Verbindungen einen wichtigen Beitrag geleistet, der der Chemie der aromatischen Verbindungen große Impulse gab.

KEKULÉ hat einige Jahre später, im Jahre 1872, seine Vorstellung von der Benzolstruktur — ohne inhaltliche Änderungen gegenüber 1865 — in einer Formulierung zusammengefaßt[25], die klarer, knapper und präziser auch heute nicht möglich wäre. Ich möchte diese Formulierung hier zitieren (wobei nur jeweils „Verwandtschaften" durch „Valenzen" ersetzt sind):

1. In allen aromatischen Substanzen kann eine gemeinschaftliche Gruppe, ein *Kern*, angenommen werden, der aus sechs Kohlenstoffatomen besteht.
2. Diese sechs Kohlenstoffatome sind so gebunden, daß noch sechs Kohlenstoff-Valenzen verwendbar bleiben.
3. Durch Bindung dieser sechs Valenzen mit anderen Elementen, welche ihrerseits weitere Elemente in die Verbindung einführen können, entstehen alle aromatischen Substanzen.
4. Zahlreiche Fälle von Isomerie unter den Benzolderivaten erklären sich durch die relativ verschiedene Stellung der die verwendbaren Valenzen des Kohlenstoffkerns bindenden Atome.
5. Die Art der Bindung der sechs Kohlenstoffatome in dem sechswertigen Benzolkern, also die Struktur dieses Kerns, kann man sich so vorstellen, daß man annimmt, die sechs Kohlenstoffatome seien abwechselnd durch je eine und durch je zwei Valenzen zu einer ringförmig geschlossenen Kette vereinigt.

In dieser selben Publikation[25] setzt sich KEKULÉ mit anderen Vorschlägen auseinander, die in der Zwischenzeit für die Struktur des C_6-Kerns des Benzols gemacht worden waren (Abb. 10). Alle Alternativen zu seiner eigenen Benzolformel, die wir in dieser Arbeit schon in der hier abgebildeten vertrauten Formulierung sehen, weist er mit Argumenten zurück, die sich in der Folge als völlig berechtigt erwiesen haben.

KEKULÉ muß sich in dieser Arbeit aber auch mit einem Einwand auseinandersetzen, der — vor allem von LADENBURG — gegen seine eigene Benzolformel erhoben wurde. KEKULÉ hatte zunächst ganz offensichtlich übersehen, daß seine Formel impliziert, daß es eigentlich jeweils *zwei* ortho-disubstituierte Isomere geben müßte: eines mit einer Doppelbindung und eines mit einer Einfachbindung zwischen den beiden Substituenten (Abb. 11). Gefunden wurde aber bei allen ortho-disubstituierten Benzolen nur jeweils *eine* Verbindung. KEKULÉ erklärt dies

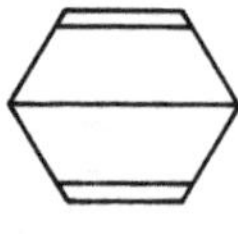

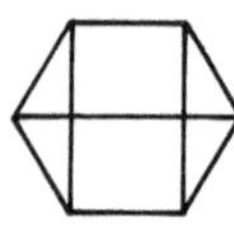

Abb. 10. Verschiedene Strukturformeln für Benzol (1869)

Abb. 11. „Oszillationshypothese" KEKULÉs (1872)

mit der Annahme, daß die Atome entlang ihrer Atomverbindungslinie schwingen und daß dabei in einem Prozeß, den er mit der Zahl der Stöße der Kohlenstoffatome aufeinander in Verbindung bringt, aus den Doppelbindungen Einfachbindungen werden und umgekehrt. Diese sog. „Oszillationshypothese" war zu ihrer Zeit eine im Grunde unbefriedigende ad-hoc-Erklärung. Trotzdem hat KEKULÉ mit seiner Erklärung rechtbehalten, daß sich Einfach- und Doppelbindungen im Benzol nicht unterscheiden lassen; aber es dauerte noch mehr als 60 Jahre, bis man anfing, dies zu verstehen.

Ein weiteres Problem, dem KEKULÉ eigentümlicherweise keinerlei Bedeutung beimaß, ist der hohe Grad an Ungesättigtheit, der für das Benzol als Folge seiner drei Doppelbindungen zu erwarten sein sollte. KEKULÉ selbst hatte ja die Doppelbindungen aufgrund ihres ungesättigten Charakters postuliert und darauf hingewiesen, daß solche Doppelbindungen außerordentlich leicht Wasserstoff, Brom, Bromwasserstoff und andere Reaktionspartner addieren. Dies alles tut das Benzol nicht, sondern es hat − wie alle aromatischen Verbindungen − eine außerordentlich geringe Neigung, Additionsreaktionen am aromatischen Ring einzugehen. Auch dies war erst zu verstehen, als man begann, quantenmechanische Ergebnisse auf die Struktur chemischer Moleküle anzuwenden und in der Folge dieser Entwicklung lernte, das Benzol als ein *mesomeres* Bindungssystem aufzufassen. Damit hängt im übrigen außer der Stabilität auch der oben erwähnte Ausgleich von Doppel- und Einfachbindungen zusammen.

Trotz dieser Mängel, die aus ihrer Zeit heraus als unvermeidlich anzusehen sind, hat KEKULÉs Benzolformel sich dann außerordentlich schnell durchgesetzt. Von den eigentlichen Benzol-Derivaten wie Phenol, Anilin, Benzoesäure, Salicylsäure usw. wurde sie in kurzer Zeit auch auf andere Verbindungsreihen übertragen, die sich wie Benzol durch hohen Kohlenstoffgehalt relativ zu Wasserstoff auszeichnen und ebenso wie Benzol eine besonders große chemische Stabilität aufweisen. Einige Beispiele zeigt die letzte Abbildung (Abb. 12), in der nur weni-

Abb. 12. Einige andere aromatische Verbindungstypen, die sich vom Benzol ableiten

ge besonders wichtige Typen angegeben sind: zunächst die sog. kondensierten Aromaten wie Naphthalin, Anthracen, die man erweitern könnte auf Phenanthren, Pyren, Benzpyren und sehr viele analog aus *mehreren* Benzolringen zusammengesetzte Verbindungen sowie jeweils alle ihre Substitutionsprodukte; dann aber stickstoffhaltige, heterocyclische Aromaten wie Pyridin und seine Abkömmlinge, Chinolin und viele andere Verbindungen, die durch KEKULÉs Benzolformel in ihrer Struktur verständlich wurden, deren Verwandtschaft mit dem Benzol man erst jetzt erkannte und auf die man nun die am Benzol studierten Reaktionen übertragen konnte.

So ergab sich als Folge der Klärung der Benzolstruktur innerhalb zweier Jahrzehnte eine stürmische Entwicklung der aromatischen Chemie in diesem erweiterten Sinne. Sie blieb nicht auf die chemische Grundlagenforschung beschränkt, sondern wurde unmittelbar von der damals noch jungen chemischen Industrie aufgenommen. Der dramatische Aufschwung der chemischen Industrie in den letzten zwei Jahrzehnten des vorigen Jahrhunderts wurde nahezu ausschließlich durch die Chemie der aromatischen Verbindungen getragen. Anilinfarben, Alizarin, Indigo sind nur einige Beispiele, für die sich zahlreiche andere mit gleicher Berechtigung aufführen ließen. Ähnliches gilt für die pharmazeutisch-chemische Industrie: vom Aspirin und Pyramidon über Salvarsan bis zu den Sulfonamiden und den Psychopharmaka reicht hier die Palette aromatischer Verbindungen. In all diesen Bereichen geht heute mehr und mehr vergessen, daß die Struktur des Benzols der Grundstein für diese Entwicklung war.

War nun der Mann, der diese Entwicklung ausgelöst hat, war AUGUST KEKULÉ ein „Revolutionär der Wissenschaft" im Sinne THOMAS KUHNs? Meines Erachtens war er es nicht! Er war vielmehr ein Wissenschaftler, der von dem Wissen seiner Zeit ausging und der es mehrte durch die Klarheit seiner Gedanken und durch eine ausgeprägte Gabe der Assoziation und Intuition. Seiner Persönlichkeit nach wird er unter den Chemikern – sicher zu Recht – den Romantikern zugeordnet, wozu nicht zuletzt die in vielen Lehrbüchern und Vorlesungen immer wieder zitierten Träume beigetragen haben, die KEKULÉ selbst mit der Entwicklung seiner Gedanken über die Kettenbildung der Kohlenstoffatome und die Strukturformel des Benzols in ursächlichem Zusammenhang gebracht hat. KEKULÉ beschrieb diese Träume so:

„Während meines Aufenthaltes in London wohnte ich längere Zeit in Clapham Road in der Nähe des Common. An einem schönen Sommertage fuhr ich wieder einmal mit dem letzten Omnibus durch die zu dieser Zeit öden Straßen der sonst so belebten Weltstadt; „outside", auf dem Dach des Omnibus, wie immer. Ich versank in Träumereien. Da gaukelten vor meinen Augen die Atome. Ich hate sie immer in Bewegung gesehen, jene kleinen Wesen, aber es war mir nie gelungen, die Art ihrer Bewegung zu erlauschen. Heute sah ich, wie vielfach zwei kleinere sich zu Pärchen zusammenfügten; wie größere zwei kleinere umfaßten, noch größere drei oder selbst vier der kleinen festhielten, und wie sich Alles in wirbelndem Reigen drehte. Ich sah, wie größere eine Reihe bildeten und nur an den Enden noch kleinere mitschleppten. Der Ruf des Conducteurs „Clapham Road" erweckte mich aus meinen Träumereien, aber ich verbrachte einen Teil der Nacht, um wenigstens Skizzen jener Traumgebilde zu Papier zu bringen. So entstand die Strukturchemie.

Ähnlich ging es mit der Benzoltheorie. Während meines Aufenthaltes in Gent wohnte ich ... in der Hauptstraße. Mein Arbeitszimmer aber lag nach einer engen Seitengasse und hatte während des Tages kein Licht. Da saß ich und schrieb an meinem Lehrbuch; aber es ging nicht recht; mein Geist war bei anderen Dingen. Ich drehte den Stuhl nach dem Kamin und versank in Halbschlaf. Wieder gaukelten die Atome vor meinen Augen. Kleinere Gruppen hielten sich diesmal bescheiden im Hintergrund. Mein geistiges Auge, durch wiederholte Gesichte ähnlicher Art geschärft, unterschied jetzt größere Gebilde von mannigfacher Gestaltung. Lange Reihen, vielfach dichter zusammengefügt; Alles in Bewegung, schlangenartig sich windend und drehend. Und siehe, was war das? Eine der Schlangen erfaßte den eigenen Schwanz und höhnisch wirbelte das Gebilde vor meinen Augen. Wie durch einen Blitzstrahl erwachte ich; auch diesmal verbrachte ich den Rest der Nacht, um die Consequenzen der Hypothese auszuarbeiten."

Diese von KEKULÉ berichteten Träume, bis heute fast allen Chemikern bekannt, sind ganz eigenartige Zeugnisse eines scheinbaren Einflusses des Unterbewußten auf den Erkenntnisprozeß. Psychoanalytiker haben sich an ihrer Deutung versucht; zum Beispiel hat sich ALEXANDER MITSCHERLICH in einem Essay mit KEKULÉs Träumen auseinandergesetzt[27]. Wichtiger erscheint mir die skeptische Frage, wann denn KEKULÉ über diese Träume zum ersten Mal berichtet hat. Nach meiner Kenntnis war dies bei dem Berliner „Benzolfest" am 11. März 1890, also 33 Jahre nach der Formulierung der Strukturtheorie und 25 Jahre nach der Entdeckung der Benzolformel. Weder in Briefen noch in persönlichen Gesprächen, z. B. mit seinem späteren Biographen RICHARD ANSCHÜTZ, mit dem er zwei Jahrzehnte eng zusammengearbeitet hat und persönlich befreundet war, scheinen diese Träume vorher je erwähnt worden zu sein. Wenn dies zutreffend ist, sind wir dann als Wissenschaftler nicht gezwungen, an die Möglichkeit einer vielleicht unbewußten Mystifikation zu denken, mit der aus der Retrospektive des Alters zwei ganz herausragende Leistungen der Jugend verklärt werden?

Ich habe daher bewußt diese Träume aus der Schilderung der Entwicklung der KEKULÉschen Beiträge zur organischen Strukturchemie herausgelassen. Ich habe stattdessen versucht, diese Beiträge Schritt für Schritt aus der gedanklichen Entwicklung KEKULÉs im Umfeld des Wissens seiner Zeit zu erklären und verständlich zu machen. Im Zusammenhang mit unserem wissenschaftstheoretischen Ausgangspunkt war es mir wichtig zu zeigen, daß diese Entwicklung kontinuierlich vor sich gegangen ist und daß sie ihrer Natur nach nicht revolutionär war.

Für seine Zeit war zwar das Problem der Benzolstruktur durch KEKULÉ abgeschlossen worden, aber dies war nur ein *vorläufiger* Abschluß. Der Begriff der Aromatizität ist bis heute in Bewegung geblieben, und es wäre − gerade auch im

Hinblick auf das Thema, das wir uns heute gestellt haben – eine äußerst faszinierende Aufgabe zu untersuchen, wie sich im engen Wechselspiel von Theorie und Experiment unsere Vorstellungen von der Natur des aromatischen Bindungszustands Schritt für Schritt weiter verändert haben. Es gibt in der organischen Chemie kaum ein anderes Gebiet, in dem sich theoretische Überlegungen so fruchtbar auf neue experimentelle Untersuchungen ausgewirkt und wo andererseits experimentelle Befunde eine so große Rückwirkung auf theoretische Vorstellungen gehabt haben.

Aber auch hier gilt, daß dies kontinuierliche Prozesse waren und sind, die sich wie auch die Entwicklung von KEKULÉs Benzolformel aus dem Wissen ihrer Zeit in kleinen Schritten ergeben haben. Lassen Sie mich mit KEKULÉ selber schließen, der über seine Benzoltheorie sagte[26]: „Unsere jetzigen Ansichten stehen nicht, wie man öfters behauptet hat, auf den Trümmern früherer Theorien. Keine der früheren Theorien ist durch spätere Geschlechter als vollständig irrig erkannt worden; alle konnten ... in den späteren Bau aufgenommen werden und bilden mit ihm ein harmonisches Ganzes. Wir alle stehen auf den Schultern unserer Vorgänger; ist es da auffallend, daß wir eine weitere Aussicht haben als sie? Wenn wir auf den von unseren Vorgängern gebahnten Wegen mühelos zu den Punkten gelangen, welche jene mit Überwindung zahlreicher Schwierigkeiten als die äußersten erreicht haben: ist es da ein besonderes Verdienst, wenn wir noch die Kraft besitzen, weiter wie sie in das Gebiet des Unbekannten vorzudringen?"

Literatur

1. J. V. LIEBIG, Reden und Abhandlungen, C. F. Winter Prien/Chiemsee 1874, Neudruck M. Sändig, Wiesbaden 1965, S. 220

2. Der folgende Abschnitt folgt zum Teil früheren Ausführungen zum gleichen Thema: H. A. STAAB, Zwischen Hoffnung und Zweifel – zur Bewertung des wissenschaftlichen Fortschritts in unserer Zeit, in: H. A. STAAB, W. GEROK, H. MARKL, W. MARTIENSSEN und H. GIBIAN (Hgb.), Fortschrittsberichte aus Naturwissenschaft und Medizin, Verhandlungen der Gesellschaft Deutscher Naturforscher und Ärzte, 112. Versammlung Mannheim 1982, Wissenschaftliche Verlagsgesellschaft, Stuttgart 1983

3. K. R. POPPER, Logik der Forschung, 5. Aufl., J. C. B. Mohr (Paul Siebeck), Tübingen 1973

4. K. R. POPPER, a. a. O., S. 225

5. P. K. FEYERABEND, Wider den Methodenzwang, Skizze einer anarchistischen Erkenntnistheorie, Suhrkamp, Frankfurt/Main 1979

6. P. K. FEYERABEND, Erkenntnis für freie Menschen, Suhrkamp, Frankfurt/Main 1979

7. TH. S. KUHN, The Structure of Scientific Revolutions, University of Chicago Press, Chicago 1962

8. TH. S. KUHN, The Copernican Revolution, Harvard University Press, Cambridge 1957; Die Kopernikanische Revolution, Vieweg, Braunschweig 1981

9. TH. S. KUHN, The Structure of Scientific Revolutions, 2nd Ed., Enlarged, University of Chicago Press, Chicago 1970; s. a. TH. S. KUHN, Die Entstehung des Neuen, Studien zur Struktur der Wissenschaftsgeschichte, Suhrkamp, Frankfurt/Main 1977

10. Biographische Angaben zu A. Kekulé: R. ANSCHÜTZ, August Kekulé, Verlag Chemie, Berlin 1929; R. WINDERLICH, Kekulé (1829–1896), in: G. BUGGE (Hgb.), Das Buch der Großen Chemiker, Band 2, Verlag Chemie, Berlin 1929; R. ANSCHÜTZ, August Kekulé, in E. FARBER (Ed.), Great Chemists, Interscience Publishers, New York – London 1961; K. HAFNER, August Kekulé – dem Baumeister der Chemie zum 150. Geburtstag, J. v. Liebig Verlag, Darmstadt; dort weitere Hinweise

11. Ein Originalabzug dieses Bildes ist über KARL FREUDENBERG in den Besitz des Verfassers gelangt

12. Vergl. hierzu H. A. STAAB, 100 Jahre Organische Strukturchemie, Angew. Chem. **70**, 37 (1958)

13. A. KEKULÉ, Ann. Chem. **104**, 129 (1857)

14. W. ODLING, Royal Institution of Great Britain, Vol. II, 63 (1855)

15. A. KEKULÉ, Ann. Chem. **106**, 129 (1858)

16. A. SC. COUPER, Compt. Rend. hebd. Séances Acad. Sci. **46**, 1157 (1858)

17. R. ANSCHÜTZ, Life and Chemical Work of Archibald Scott Couper, Proc. Roy. Soc., Edinburgh **29**, 193 (1909); R. ANSCHÜTZ, Archibald Scott Couper, Arch. Gesch. Naturwiss. Techn. **1**, 219 (1909); O. TH. BENFEY, Archibald Scott Couper, in: E. FARBER (Ed.), Great Chemists, Interscience Publishers, New York, London 1961

18. A. KEKULÉ, Ann. Chem. Suppl. **1**, 129 (1861)

19. J. H. VAN'T HOFF, Voorstel tot uitbreiding der structuurformules in de riumte, Rotterdam 1874

20. J. A. LE BEL, Bull. Soc. Chim. France (2) **22**, 337 (1874)

21. Meyers Konversations-Lexikon. Eine Encyklopädie des allgemeinen Wissens, 3. Aufl., 1. Band, Bibliographisches Institut, Hildburghausen 1874, S. 944

22. A. KEKULÉ, Bull. Soc. Chim. France (2) **3**, 98 (1865)

23. A. KEKULÉ, Ann. Chem. **137**, 129 (1866)

24. A. KEKULÉ, Z. f. Chem. (N. F.) **3**, 214 (1867)

25. A. KEKULÉ, Ann. Chem. **162**, 77 (1872)

26. Zitiert nach G. SCHULTZ, Ber. dt. chem. Ges. **23**, 1263 (1890)

27. A. MITSCHERLICH, Kekulés Traum. Psychologische Betrachtung einer chemischen Legende, Die Zeit Nr. 38 v. 17. 9. 1965, S. 19

Sitzungsberichte der Heidelberger Akademie der Wissenschaften
Mathematisch-naturwissenschaftliche Klasse

Die Jahrgänge bis 1921 einschließlich erschienen im Verlag von Carl Winter, Universitätsbuchhandlung in Heidelberg, die Jahrgänge 1922–1933 im Verlag Walter de Gruyter & Co. in Berlin, die Jahrgänge 1934–1944 bei der Weißschen Universitätsbuchhandlung in Heidelberg. 1945, 1946 und 1947 sind keine Sitzungsberichte erschienen.
Ab Jahrgang 1948 erscheinen die „Sitzungsberichte" im Springer-Verlag.

Inhalt des Jahrgangs 1979/80:
1. H. P. Schmitt. Akute und intervalläre Strahlenschäden des Zentralnervensystems. DM 84,–.
2. W. v. Engelhardt. Phaetons Sturz – ein Naturereignis? DM 26,–.
3. R. Haas. Influenza – Bagatelle oder tödliche Bedrohung? DM 19,80.
4. T. Kirsten (Hrsg.). Geophysik in Heidelberg. DM 52,–.
5. M. Becke-Goehring. Anorganische Chemie zwischen gestern und morgen. DM 24,–.

Inhalt des Jahrgangs 1980:
1. F. Duspiva. Das Problem der Determination und Differenzierung in der Biologie. DM 20,–.
2. E. Hinz. *Schistosoma intercalatum*-Infektionen in Afrika. Saisonkrankheiten in Nigeria. DM 42,–.
3. J. C. Vogel. Fractionation of the Carbon Isotopes During Photosynthesis. DM 18,80.
4. W. Doerr, W.-W. Höpker, W. Hofmann, K. Kayser, C. Tschahargane. Onkologisches Panorama. Krebsregister, Früherkennung, Phylogenie. DM 18,20.

Inhalt des Jahrgangs 1981:
1. F. Kirchheimer. Die Medaillen der Kurpfälzischen Akademie der Wissenschaften. DM 23,–.
2. S. Berking. Zur Rolle von Modellen in der Entwicklungsbiologie. DM 24,50.
3. Th. Wieland. Moderne Naturstoffchemie am Beispiel des Pilzgiftstoffes Phalloidin. DM 19,–.
4. S. Sambursky. Religion und Naturwissenschaft im spätantiken Denken. DM 10,50.

W. Doerr, W. Hofmann, A.J. Linzbach, K. Rother, F. Seitelberger. Neue Beiträge zur Theoretischen Pathologie. Herausgegeben von H. Schipperges. Supplement. DM 62,–.

Th. Henkelmann. Zur Geschichte des pathophysiologischen Denkens. John Brown (1735–1788) und sein System der Medizin. Supplement. DM 54,–.

Inhalt des Jahrgangs 1982:
1. E. G. Jung. Licht und Hautkrebse. Modelle und Risikoerfassung. DM 26,–.
2. H. H. Schaefer. Georg Cantor und das Unendliche in der Mathematik. DM 17,50.
3. G. Greiner. Spektrum und Asymptotik stark stetiger Halbgruppen positiver Operatoren. DM 18,50.
4. W. Doerr. Cancer à deux. DM 13,80.
5. W. Jaeger. Untersuchungen zu Farbkonstanz und Farbgedächtnis. DM 12,80.
6. H. Habs. Die sogenannte Pest des Thukydides. Versuch einer epidemiologischen Analyse. DM 24,80.

B. M. Thimm. Brucellosis. Distribution in Man, Domestic and Wild Animals. Supplement. DM 45,–.

G. Breitfellner. Der Sekundenherztod. Ein morphologisches, funktionelles und sektions-statistisches Profil. Supplement. DM 128,–.

Sitzungsberichte der Heidelberger Akademie der Wissenschaften
Mathematisch-naturwissenschaftliche Klasse
Erschienene Jahrgänge (s. auch 3. Umschlagseite)

Springer-Verlag Berlin Heidelberg New York Tokyo

Sitzungsberichte der Heidelberger Akademie der Wissenschaften
Mathematisch-naturwissenschaftliche Klasse
Jahrgang 1985, 2. Abhandlung

Shmuel Sambursky

Proklos, Präsident der platonischen Akademie, und sein Nachfolger, der Samaritaner Marinos

Springer-Verlag Berlin Heidelberg New York Tokyo

Sitzungsberichte der Heidelberger Akademie der Wissenschaften
Mathematisch-naturwissenschaftliche Klasse
Jahrgang 1985, 2. Abhandlung

Shmuel Sambursky

Proklos, Präsident der platonischen Akademie, und sein Nachfolger, der Samaritaner Marinos

Vorgelegt in der Sitzung vom 6. Juli 1985

Springer-Verlag
Berlin Heidelberg New York Tokyo

Professor Dr. Shmuel Sambursky
The Israel Academy of Sciences and Humanities
Albert Einstein Square, P.O. Box 4040
91040 Jerusalem, Israel

ISBN 978-3-540-15758-8   ISBN 978-3-642-82579-8 (eBook)
DOI 10.1007/ 978-3-642-82579-8

2125/3140-543210

Proklos, Präsident der platonischen Akademie, und sein Nachfolger, der Samaritaner Marinos

Die platonische Akademie in Athen ist die erste Institution, die wissenschaftliche Forschung und Lehrtätigkeit miteinander verband. Mit diesem Ziel im Auge hat PLATON sie um 385 v. Chr. gegründet, und über 900 Jahre danach, im Jahre 529 n. Chr., wurde sie auf Befehl des Kaisers JUSTINIAN geschlossen. Die Athener Akademie war somit nicht nur die erste, sondern auch die langlebigste aller wissenschaftlichen Institutionen, denn die ältesten Universitäten des heutigen Europa, die von BOLOGNA und MONTPELLIER, sind vor etwa 850 Jahren gegründet worden. Während ihrer langen Lebenszeit hatte die platonische Akademie manches Auf und Ab. In den ersten dreihundert Jahren war sie ein internationales Zentrum höchst aktiven Forschungs- und Lehrbetriebs im Geiste der platonischen Tradition; sie gab auch den Antrieb zur Gründung anderer Forschungszentren in Athen, z.B. des aristotelischen Lykeions, der von EPIKUR gegründeten Lehranstalt und der Stoa, die von ZENON gegründet und von KLEANTHES und CHRYSIPPOS zu großer Blüte gebracht wurde. Von den bedeutendsten Gelehrten, die in der Akademie lernten und lehrten, seien nur ARISTOTELES, XENOKRATES, EUDOXOS und HERAKLEIDES genannt.

Als Athen im Kriege von SULLA gegen MITHRIDATES VI. im Jahre 87 v. Chr. zerstört wurde, war die Akademie schon im Niedergang. Im dritten Jahrhundert n. Chr. wurde Athen wieder durch den Einbruch nördlicher Völkerstämme verwüstet, jedoch vom Ende des vierten Jahrhunderts an blühte die Akademie zugleich mit der Stadt wieder auf, und zu den berühmtesten Namen derer, die zu ihrer neuen Blüte beitrugen, gehört der des PROKLOS. Seine Lehre beeinflußte die christliche Philosophie des Mittelalters und das philosophische Denken der Neuzeit von der Renaissance an bis HEGEL, der ihn bewunderte und als den größten Dialektiker aller Zeiten erklärte. PROKLOS amtierte beinahe 50 Jahre als Präsident der Akademie, vom Tode seines Lehrers SYRIANOS im Jahre 437 an, und als er vor 1500 Jahren, am 17. April 485, starb, wurde sein langjähriger und treuer Schüler MARINOS zu seinem Nachfolger gewählt. MARINOS war Samaritaner, im palästinänsischen Nablus geboren, also wahrscheinlich jüdischer Abkunft, jedenfalls aber zu der Sekte gehörig, die ABRAHAM als ihren religiösen Stammvater ansah. Die folgenden Ausführungen sollen über das Leben und Wirken dieser beiden Philosophen kurz berichten.

600 Jahre nach PLATONS Tod erwachte seine Lehre zu neuem Leben, als PLO-TIN (207 – 271) in Rom die letzte Phase des Platonismus begründete, den Neuplatonismus, der in den drei Jahrhunderten seines Bestehens, bis zu DAMASKIOS und SIMPLIKIOS in der Mitte des sechsten Jahrhunderts, sich als Fortsetzer der ursprünglichen platonischen Lehre betrachtete – in mancher Hinsicht mit Recht. PLATON hatte, wie bekannt, die Existenz zweier getrennter Regionen statuiert, der intelligiblen, der Welt der Ideen, der unveränderlichen Urbilder der sinnlichen Dinge, welche die wahre Realität darstellt, und der unvollkommenen Welt der Sinneswahrnehmungen, deren Objekte die veränderlichen Abbilder der Ideen sind. Als Zwischenregion nahm er den Bereich der Seele an, also der Weltseele, zu der auch die des Menschen gehört, und die rationale und irrationale Elemente enthält. Parallel dazu schrieb PLATON auch der Mathematik ein Zwischen-Dasein zu, unterhalb der intelligiblen Welt und über derjenigen der materiellen Objekte. Mathematik sowohl wie Astronomie wurden zu grundlegenden Forschungsbereichen der Akademie, neben dem philosophischen Denken.

Das platonische Prinzip der Realitätsstufen erweiterte sich im Gefolge der neuplatonischen Philosophie und wurde zu einer Realitätsleiter, deren oberste Stufe die Region der höchsten Einheit war, deren spezifische Stellung ihr eine begriffliche Verwandtschaft mit der göttlichen Einheit der monotheistischen Religionen oder der höchsten Gottheit der polytheistischen Religionen verlieh, wie z.B. dem ZEUS der Griechen. Unterhalb der Stufe des Einen befand sich die Region des Intellekts, gespalten in die intelligible Welt, die der Objekte des Intellekts, d.h. der Ideen, und die intellektuelle Welt, die der Subjekte, die den Gedanken der Ideen hegen. Die darunter liegende Stufe war die Region der Weltseele mit ihren verschiedenen Variationen, und schließlich kam die unterste Stufe, die der materiellen Welt, welche die Himmelsregion und unsere sublunare Welt umfaßte.

Andererseits darf man nicht den Einfluß der zahlreichen philosophischen Systeme auf den Neuplatonismus übersehen, die in dem langen Zeitraum von PLATON bis PLOTIN das griechische Denken geformt und beherrscht hatten – ARISTOTELES' Lehre und die peripatetische Schule, die STOA, die Wiedergeburt des Pythagoreismus und seiner Doktrin der Harmonie und kosmischen Sympathie, die im Verein mit den Schriften des Stoikers POSEIDONIOS die Philosophie der ersten Jahrhunderte unserer Zeitrechnung so gewaltig beeinflußt hat. Die Folge dieser vielfachen Einwirkungen war der Synkretismus, die Tendenz der Verschmelzung von PLATONS Lehre mit anderen Doktrinen, vor allem der aristotelischen, und des Verwischens ihrer Gegensätze. So z. B. versuchte man, ARISTOTELES als Fortsetzer und Kommentator von PLATON darzustellen, unter völliger Ignorierung seines Realismus, der die platonische Ideenlehre ablehnte und eine andere Dichotomie im Rahmen seiner realistischen Doktrin aufstellte – den Gegensatz zwischen der ewig unveränderlichen, äthererfüllten Himmelsregion mit der Periodizität ihrer Gestirne und der sublunaren Welt mit ihrem Wechsel und ihrer Ungewißheit.

Ferner sei daran erinnert, daß der Neuplatonismus durch einen Wandlungsprozeß anderer Art wesentlich geprägt worden ist: es war die graduelle Verschmelzung der Metaphysik mit der Theologie, die verstärkte Bindung philosophischer Thesen an die religiöse Tradition. Die besondere Eigenart dieses Prozesses bestand darin, daß die Elemente der griechischen Religion in allen ihren Schichten sich mit denen östlicher Religionen vereinigten, deren hervorstechende Merkmale ausgesprochen mystische Tendenzen waren, und die von Magie und Theurgie beherrscht wurden.

Vom dritten Jahrhundert an konzentrierten sich die neuplatonischen Schulen in vier geographischen Bezirken: Italien (PLOTIN lehrte in Rom, PORPHYR in Sizilien), Syrien, wo u. a. der originelle und kühne Denker JAMBLICH lehrte, Athen und Alexandrien. In der Athener Akademie, der klassischen Wirkungsstätte PLATONS, war die Einstellung der großen Mehrzahl der Gelehrten vom Ende des vierten Jahrhunderts an eine sozusgen „rein platonische"; sie lehnten die aristotelische Lehre und ihren Rationalismus ab. Zu Anfang des sechsten Jahrhunderts erneuerte SIMPLIKIOS den platonisch-aristotelischen Synkretismus in Athen, und in ALEXANDRIEN lehrte sein Zeitgenosse und christlich-neuplatonischer Rivale Johann PHILOPONOS, ein scharfer Gegner des Aristoteles.

In diesem Zeitraum vom Ende des dritten bis zum Ende des fünften Jahrhunderts wurden drei Biographien verfaßt, die uns wertvolles Quellenmaterial zur Geschichte des neuplatonischen Denkens liefern:

1. Das Leben PLOTINS, geschrieben von seinem Schüler PORPHYR [1];
2. Das Leben von PROKLOS, geschrieben von seinem Schüler MARINOS [2];
3. Das Leben von ISIDOROS, des etwa gleichaltrigen und gegnerischen Zeitgenossen des MARINOS, geschrieben von DAMASKIOS, dem Schüler des ISIDOROS [3].

Diese letzte Biographie ist uns nur fragmentarisch in byzantinischen Schriften erhalten, die Jahrhunderte später verfaßt wurden. MARINOS' Buch über PROKLOS' Leben, das gleich nach seinem Tode geschrieben wurde, ist eine wichtige Quelle zur Kenntnis seiner Persönlichkeit und des geistigen Klimas von Athen im fünften Jahrhundert, während seine zahlreichen noch erhaltenen Schriften uns über seine Lehre Auskunft geben.

Indem ich mich auf diese Quellen stütze, beginne ich mit PROKLOS, der in Konstantinopel am 8. Februar 412 geboren wurde, wie wir aus seinem in MARINOS' Biographie angegebenen Horoskop erfahren [4]. Sein Vater war ein wohlhabender Advokat, der nach Xanthos in Lykien übersiedelte, wo PROKLOS seine Jugendjahre verbrachte. PROKLOS ging nachher nach Alexandrien, um dort nach dem Willen des Vaters Jurisprudenz zu studieren, jedoch schon damals hörte er philosophische Vorlesungen, die ihn aber nicht befriedigten. Nach kurzem Aufenthalt in seiner Geburtsstadt Konstantinopel beschloß der junge Mann, seine Studien in Athen fortzusetzen, dem seit PLUTARCHS Wirken in der Akademie um das Jahr 400 herum anerkannt wichtigsten Zentrum von philosophischen und

klassischen Studien. Wie MARINOS uns berichtet, kam der achtzehnjährige PRO-
KLOS im Piräus an, und auf seinem Weg nach Athen stillte er seinen Durst aus einer Quelle neben dem Grab des SOKRATES [5], was sozusagen von symbolischer
Bedeutung für seine Zukunft in Athen war. Unmittelbar nach seiner Ankunft
dort bestieg er die Akropolis, und als er auf das Tor zuging, traf er den Torhüter,
der im Begriff war zu schließen und ihm sagte: „Wärest du nicht jetzt gekommen, so hätte ich das Tor geschlossen" [6]. Auch diese Worte waren ihm ein
Symbol, wie manches andere, was PROKLOS in seinem langen Leben erfahren
hat.

Eines der ersten Akademiemitglieder, deren Bekanntschaft PROKLOS machte,
war der gelehrte SYRIANOS, der ihn dem greisen PLUTARCH vorstellte, dem damaligen Präsidenten der Akademie. PLUTARCH war derart von dem jungen
Mann beeindruckt, daß er, trotz seines hohen Alters, mit ihm ARISTOTELES' „De
anima" und PLATONS „Phaidon" las, und seine geistige und körperliche Entwicklung förderte. PLUTARCH starb im Jahre 432, nachdem er PROKLOS seinem
Nachfolger SYRIANOS warm empfohlen hatte. In den fünf Jahren, die SYRIANOS
bis zu seinem Tode im Jahre 437 als Präsident der Akademie beschieden waren,
verband ihn eine enge Freundschaft mit seinem Schüler PROKLOS [7]. Er studierte
mit ihm sämtliche Werke PLATONS und ARISTOTELES' und führte ihn in die My-
sterienlehre ein, die sogenannten chaldäischen Orakel, eine mystische Schrift des
zweiten Jahrhunderts, die in der neuplatonischen Lehre eine große Rolle spielte.

Im jugendlichen Alter von 25 Jahren wurde PROKLOS Präsident der Akademie und versah sein Amt bis zu seinem Tode im Jahre 485. Wie seine zahlreichen
Schriften und MARINOS' Lebensbeschreibung bezeugen, war seine Persönlichkeit
das Produkt extremer Gegensätze. Mit scharfem Intellekt begabt, war er ein großer Logiker, und gleichzeitig zeichnete ihn ein grenzenloser Wunderglaube aus,
ein Glaube an Magie und Zauberkünste, eine ausgesprochene Vorliebe für My-
stik und theurgische Praxis. Vor allem aber war er ein hervorragender Systemati-
ker, der die ganze neuplatonische Philosophie und Religion in ein einheitliches
und in sich geschlossenes System verwandelte, und dem es gelang, ihre Prinzipien
als ein festumrissenes Gedankengebäude darzustellen. In der gesamten Antike
hatte diese konsequente Systematik nichts ihresgleichen aufzuweisen, und in der
Neuzeit gibt es nur wenige Beispiele, die sich ihr an die Seite stellen können. PRO-
KLOS leitete die Lehrsätze der neuplatonischen Philosophie more geometrico als
Glieder einer formal-logischen Kette ab, ähnlich wie es SPINOZA in seiner Ethik
machte, HEGEL in seiner Encyclopädie der philosophischen Wissenschaften und
WITTGENSTEIN in seinem Tractatus Logico-Philosophicus. Diese perfekte Systematik bildet den Kern von PROKLOS' philosophischer Originalität. Gedanken,
die gelegentlich und aphoristisch von PLOTIN, PORPHYR, JAMBLICH und anderen
seiner Vorgänger geäußert wurden, erscheinen bei ihm als eine notwendige Folge
logischer Behauptungen. PROKLOS' „Elemente der Theologie" (Theologie im
Sinne von Metaphysik) sind das klassische Beispiel dieser Systematik, und in etwas geringerem Maße seine ausführlichere Schrift „Die platonische Theologie".

Zwei Beispiele mögen genügen, um PROKLOS' philosophische Denkweise zu illustrieren. Das erste ist seine These vom Kreislauf alles Geschehens, der aus seinem Fortschreiten und seiner Rückkehr zum Ausgangspunkt besteht. Diese These war einer der zentralen Stützpfeiler seiner Philosophie, einschließlich seiner naturphilophischen Ideen. Er wandte dies Prinzip auf alle Antithesen des Neuplatonismus an, so z. B. die Gegensätze Eines-Viele, Ruhe-Bewegung, das Ganze und seine Teile, und auf die Stufenleiter der Realitäten. Dieser Kreislauf birgt in sich das dialektische Verhältnis von Ursache und Wirkung, das PROKLOS aufs eingehendste entwickelte. Die Realitätsstufen oder Hypostasen, vom höchsten Einen bis zur materiellen Welt, sind miteinander durch die Emanation verbunden, die eine höhere Stufe auf die niedere ausstrahlt, ohne daß diese Ausstrahlung ihren Rang irgendwie vermindert. Man kann demnach sagen, daß jedes Objekt einer derartigen Ausstrahlung oder eines solchen Einflusses, kurz — jede Wirkung, schon in der Ursache weilt, weil Ursache und Wirkung eine Gemeinsamkeit aufweisen oder einander ähnlich sind. Andererseits jedoch tritt die Wirkung aus der Ursache heraus, weil beide voneinander verschieden sind, und schreitet von ihr fort. Die Tendenz der Rückkehr zum Ausgangspunkt bringt schließlich die Wirkung zurück zur Ursache. Diese dialektische Triade: Verweilen, Fortschreiten, Rückwendung (μov$\acute{\eta}$, $\pi\rho\acute{o}o\delta o\varsigma$, $\dot{\epsilon}\pi\iota\sigma\tau\rho o\phi\acute{\eta}$) wird so zu einem Kausalprinzip, das alle Stufen der Realität miteinander verbindet [8]. Ein wichtiger Sonderfall der dritten Phase dieser Triade ist das Gebet, eine von PROKLOS allen Göttern gegenüber geübte Handlung, denn das Gebet ist ja eine Rückwendung zu einer höheren Realität, die den Betenden auf sozusagen magische Weise zur Vereinigung mit der Gottheit führt. Als Mittel zu dieser Vereinigung bediente sich der neuplatonische Gläubige auch der Theurgie, die jeder menschlichen Weisheit und jedem rationalen Handeln überlegen ist, und von deren Technik wir aus PROKLOS' Schriften lernen. Für PROKLOS war das Studium der chaldäischen Orakel einer der wirksamsten Wege zum Aufstieg der menschlichen Seele auf der Realitätsleiter bis zu ihrer Vereinigung mit dem göttlichen Prinzip auf der höchsten Stufe dieser Leiter.

Ein zweites Beispiel ist ebenfalls der PROKLOSschen Schrift „Elemente der Theologie" entnommen, deren 211 Sätze gemäß der strikten formalen Logik voneinander abgeleitet werden. PROKLOS beweist (Satz 122), daß die Transzendenz des über alle Vernunft der Sterblichen erhabenen Gottes, der nach ARISTOTELES sich selbst denkt und erkennt, mit seiner höchsten, jedes Individuum betreuenden Vorsehung vereinbar ist [9]. Mit anderen Worten: es besteht kein Widerspruch zwischen ARISTOTELES' Auffassung und der stoischen Behauptung, daß Gott sämtliche Geschicke aller Menschen lenkt — eine These, die EPIKUR für lächerlich hielt. PROKLOS' Beweisführung läuft auf den Schluß hinaus, daß der transzendente Gott seine Fügung in dem Sinne automatisch ausübt, daß jedes Individuum unbewußt an den Gesetzen der Vorsehung mitwirkt, so daß diese Gesetze in allen Fällen Geltung haben. In seiner „Platonischen Theologie" betont PROKLOS, daß die Vereinbarkeit der Transzendenz Gottes mit seiner höchsten Vorsehung das glanzvollste Ergebnis der platonischen Metaphysik sei.

Zu PROKLOS' Systematik und logischer Schärfe gesellten sich seine mathematische Begabung und sein intensives Interesse an dieser Wissenschaft, wovon sein Kommentar über das erste Buch von EUKLIDS „Elementen" Zeugnis ablegt [10]. Dieser Kommentar beginnt mit einer Apotheose der Mathematik, einem Bekenntnis zu ihrer Allmacht, die sich in der Gesamtheit ihrer Anwendungen auf die verschiedensten Disziplinen kundgibt, wobei neue Horizonte in allen Zweigen menschlichen Denkens eröffnet werden, die ausnahmslos mathematisierbar sind. PROKLOS führt aus, daß in der Theologie die Sätze der Mathematik uns die göttliche Wahrheit als eine ewige und unerschütterliche Tatsache enthüllen. In den physikalischen Wissenschaften erklärt die Mathematik die kosmischen Gesetze, zeigt die Wechselwirkung voneinander entfernter Objekte auf und ermöglicht die Berechnung der Planetenbahnen. In den Staatswissenschaften kann man den günstigen Moment für politische Aktionen mathematisch berechnen und die Ursachen politischer Ereignisse aufdecken. In der Ethik können wir mit Hilfe der Mathematik zu einem klaren Verständnis der Gesetze gelangen, auf denen die verschiedenen menschlichen Tugenden beruhen, und so unsere Sitten und Gebräuche wieder in Schick und Ordnung bringen. Und schließlich erinnert uns PROKLOS an den Nutzen der Mathematik für die Rhetorik, die unsere Gedankengänge klar und harmonisch darstellen kann, und für die Poetik, in der die Gesetze der Metrik durch bestimmte Proportionen gegeben sind.

PROKLOS' Gedanken weisen eine verblüffende Ähnlichkeit auf mit denen der Begründer der Kybernetik des 20. Jahrhunderts. Sein Schüler MARINOS hat dies kybernetische Bekenntnis mit einem Satz ausgedrückt, der 200 Jahre nach ihm zitiert wurde: „O wäre doch alles Mathematik!" [11]. In beiden Fällen ist die prinzipielle Einstellung dieselbe, nur daß auf die Überlegungen der modernen Kybernetiker das Zeitalter des Komputers folgte, während das kybernetische Credo des PROKLOS in seinem religiösen Empfinden zum Ausdruck kam, seinem Glauben an den positiven Einfluß des mathematischen Studiums auf den Menschen, ähnlich den Meditationen der Buddhisten oder Kabbalisten. Einige Zeilen aus PROKLOS' Kommentar zum Euklid mögen hier zur Erläuterung zitiert werden: „Die Mathematik reinigt das Denken und enthüllt die reinen Bilder, die das Wesen unserer Existenz ausmachen [...]. Sie befreit uns von den Fesseln des Irrationalen mit Hilfe des Gottes, der der wahre Hüter dieser Wissenschaft ist, welche die geistigen Werte offenbart und alles mit göttlichen Formen erfüllt und die Seele zum Intellekt führt und sie aus ihrem tiefsten Schlummer weckt [...], und indem sie diese zum reinen Geiste hinleitet, beschenkt sie dieselbe mit einem Leben der Glückseligkeit" [12].

In seinem Kommentar spricht PROKLOS ausführlich über den Kreis und seine symbolische Bedeutung. Sein Mittelpunkt bezeichnet das höchste Eine und symbolisiert gleichzeitig das Verweilen der bewirkten Realität in der höchsten Ursache. Die vom Mittelpunkt ausstrahlenden Radien sind das Symbol der Gesamtheit aller Wirkungen, die von dem Einen emanieren und fortschreiten, und der Kreisumfang ist die Rückwendung all dieser Aktionen, die zum Einen zurückstreben und auf das Eine konvergieren. Der Kreis ist demnach das vollkommene Symbol des triadischen Prinzips, des Verweilens, des Fortschreitens und der Rückwendung, also des Kreislaufs der Kausalität im Universum [13]. Diese neuplatonische Version vom Primat des Kreises als vollkommener Form war schon in ihrer ursprünglichen Fassung seit dem fünften vorchristlichen Jahrhundert im Bewußtsein der Griechen verankert; dadurch wurde die gleichförmige Kreisbewegung zur Grundlage der Himmelsbewegungen in der griechischen Astronomie. Hier sei auch PROKLOS' Studium der Kosmologie erwähnt, vor allem seine „Grundzüge der astronomischen Hypothesen" [14]. In diesem Buch werden die astronomischen Theorien des antiken Griechenlands bis zu denen des HIPPARCH und PTOLEMAIOS ausführlich behandelt (in einem Punkt, der Präzession der Tag- und Nachtgleichen, nicht fehlerfrei). Auch in PROKLOS' Kommentar zum Timaios, dem kosmologischen Dialog PLATONS, kommt dies Thema zur Sprache.

PROKLOS' zusammenfassendes Werk über die klassische Astronomie ist in mancher Hinsicht die interessanteste seiner Schriften. Es ist 300 Jahre nach dem Erscheinen des „Almagest" von PTOLEMAIOS verfaßt worden, und 1100 Jahre vor KOPERNIKUS' „De revolutionibus", das der geozentrischen Theorie ein Ende bereitete. PROKLOS beschreibt ausführlich die verschiedenen Hilfskonstruktionen, die im Laufe der klassischen Epoche zur Erklärung der Abweichungen aufgestellt wurden, welche die Bewegungen und Bahnen der Planeten von der gleichförmigen Drehung des Himmelsgewölbes aufweisen. Gemäß den wesentlichen von HIPPARCH und PTOLEMAIOS durchgeführten Konstruktionen bewegen sich die Planeten auf exzentrisch zur Erde gelegenen Kreisen, oder auf Nebenkreisen (Epizykeln), deren Mittelpunkt sich gleichförmig auf der Peripherie des Hauptkreises um die Erde bewegt; schließlich wurden auch beide geometrischen Kunstgriffe kombiniert. Die Epizykelnhypothese konnte vor allem die auffallenden Schleifenbewegungen erklären, welche je und je die kreisförmigen Bahnen der „äußeren" Planeten Mars, Jupiter und Saturn unterbrechen. Das intuitive Gefühl von PROKLOS war, daß das geozentrische System die wahre physikalische Realität nicht widerspiegelt. Diese mathematischen Konstruktionen, so betont er, können trotz ihres Scharfsinns weder intellektuelle noch seelische Befriedigung gewähren. Seine Zweifel wurden dadurch bestärkt, daß die Astronomen an all diesen Konstruktionen immer wieder Verbesserungen vornahmen, sobald sich die Ergebnisse mit der Verfeinerung der Beobachtungen veränderten. Die Astronomie sei also keine exakte Wissenschaft, wie die Mathematik, die von Postulaten ausgeht, von denen ein für alle Mal die gegebenen Tatsachen abgeleitet werden können.

Aus der Lektüre der relevanten Stellen in PROKLOS' Timaioskommentar, den er nach dem Bericht von MARINOS im Alter von 27 Jahren, also im Jahre 439 verfaßt hatte, erfahren wir einiges von den prinzipiellen Konsequenzen, die er aus den astronomischen Befunden zieht. Ihm steht es fest, daß einzig und allein die Himmelskugel samt ihren Fixsternen sich durch eine vollkommen reguläre Bewegung auszeichnet, d. h. durch perfekte Periodizität, und durch Gleichförmigkeit aller Bahnteile, die nur dem Kreise eignet. Diese Vollkommenheit steht in polarem Kontrast zu den Bewegungen in unserer irdischen Welt, die weder Regularität noch Gleichförmigkeit aufweisen und somit keine zuverlässigen Voraussagen ermöglichen. PROKLOS führt aus, daß die Planetenbewegungen eine Mittelstellung zwischen der völlig regulären Bewegung des Himmels und den völlig irregulären Bewegungen der irdischen Region einnehmen, und daß sie somit ein Symbol der gesamten Natur seien, die einen Mittelzustand zwischen der göttlichen Ordnung und der irdischen Unordnung darstellt [15]. Die Gesamtnatur, gleich den Planetenbewegungen, ist regulär und wiederum nicht regulär, zugleich gesetzmäßig und nicht gesetzmäßig, sie kombiniert Gesetzmäßigkeit mit Willkür.

Im „Timaios" erzählt PLATON vom Krieg der Bewohner von Atlantis gegen die Athener, der allegorisch den Gegensatz des Bösen und Guten auf Erden verbildlicht. PROKLOS' Kommentar zur Stelle verleiht dieser Allegorie kosmische Bedeutung. Das ganze Universum, so heißt es da, ist voller Widersprüche wie dem von Gut und Böse, so z. B. dem Widerspruch von Regularität oder Gesetzmäßigkeit, und Irregularität oder Willkür [16]. Dieser philosophische Gedanke des PROKLOS ist zweifellos einer der tiefsten in der Geschichte der Naturphilosophie, der auch heute noch Gültigkeit hat, wie ein Beispiel zeigen möge. Immer wieder gelingt es uns, schon bekannte oder neu entdeckte Naturvorgänge mathematisch exakt zu formulieren. Diese Formulierungen enthalten aber verschiedene numerische Daten, die nicht von den mathematischen Gesetzen ableitbar sind, sozusagen brutale Tatsachen, die eventuell im Lauf der wissenschaftlichen Entwicklung erklärt werden können. Eine derartige Erklärung wird aber wiederum neue numerische Daten enthalten, die im Rahmen der neuen Theorie willkürliche Gegebenheiten darstellen. Man denke nur an die „Anfangsbedingungen" oder „Randbedingungen" mathematisch-physikalischer Differentialgleichungen. Allgemein kann man behaupten, daß *allen* Gesetzen der Physik, sei es derer von NEWTON oder EINSTEIN, PLANCK, BOHR oder HEISENBERG, ein Rest von Willkür anhaftet. In seiner „Encyclopädie der philosophischen Wissenschaften" (1818) hat HEGEL diesen Gedanken des PROKLOS übernommen, ohne seinen Namen zu erwähnen. Er sagt dort in der ihm eigenen Formulierung: „Die Natur zeigt [...] in ihrem Dasein keine Freiheit, sondern Notwendigkeit und Zufälligkeit. [...] Sie ist der unaufgelöste Widerspruch" [17].

PROKLOS' Kommentar zum „Timaios" ist eine sehr ergiebige Quelle für das Studium des spätantiken Neuplatonismus und eine wahre Fundgrube philosophischer Ideen und religiöser Vorstellungen der gesamten paganischen Welt in den ersten nachchristlichen Jahrhunderten. PROKLOS selbst hielt ihn für die wichtigste seiner Schriften. Er hat über fünfzig Werke verfaßt, von denen mehr als die Hälfte noch erhalten ist. Seine außergewöhnliche Fruchtbarkeit war die Folge einer unermüdlichen, fast fünfzigjährigen Arbeit voller Fleiß und Ausdauer. MARINOS erzählt uns in seiner Biographie Einzelheiten von PROKLOS' Arbeitsprogramm, das den größten Teil eines 24-Stundentages ausfüllte, von denen er sich nur wenige Stunden Schlaf gönnte [18]. Forschungs- und Lehrtätigkeit und religiöse Kulte wechselten dabei ununterbrochen ab. Dreimal täglich, bei Sonnenaufgang, zur Mittagsstunde und bei Sonnenuntergang, betete er zur Sonne. Der Vormittag war dem Studium der Kommentare neuplatonischer Autoren gewidmet, sowie dem Verfassen seiner eigenen Schriften, wobei er nicht weniger als 700 Zeilen täglich schrieb. Nach dem Mittagsgebet begannen philosophische Diskussionen mit Kollegen, und im Laufe des Nachmittags folgten fachliche Gespräche mit Hörern und Schülern, woran sich noch etwa fünf Vorlesungen anschlossen, nach deren Abhaltung er ihren Inhalt sofort schriftlich festlegte. Tags und nachts nahm er mehrere Tauchbäder, beobachtete andere Reinigungsriten und dichtete religiöse Hymnen und Lobgesänge. Selbstverständlich zelebrierte er alle üblichen Gedenktage der Akademie, wie den Todestag des SOKRATES oder PLATONS Geburtstag. PROKLOS war der toleranteste, man kann sagen der liberalste aller paganischen Philosophen. Aufgrund seiner prinzipiellen Einstellung zum Ursprung und Wesen des Gebets verehrte er die Götter aller Religionen, derjenigen Roms, Ägyptens, Syriens und natürlich Griechenlands, wobei Athene, die Schutzgöttin Athens, den Vorrang hatte. Er pflegte zu sagen, daß es einem Philosophen nicht obliege, für irgendeine Stadt oder die Riten einzelner Völker Sorge zu tragen, sondern er solle Hoherpriester für die ganze Welt sein [19].

MARINOS berichtet auch von PROKLOS' Fürsorge und Hilfsbereitschaft, so z. B. der Heilung schwerkranker Menschen durch Theurgie und sogar seinem Einfluß auf das Wetter und seiner Verhütung von Erdbeben [20]. Ferner kümmerte er sich um bürgerliche Angelegenheiten, wobei er sich insbesondere um das Wohl der neuplatonischen Gemeinschaft Athens bemühte, so z. B. wenn es galt, böswilligen Machenschaften der christlichen Beamtenschaft entgegenzutreten. Diese Wirksamkeit führte zu Spannungen mit der römischen Administration, und PROKLOS mußte aus Athen fliehen und verbrachte ein Jahr in Lydien, bis die Verhältnisse sich wieder normalisiert hatten [21]. In Griechenland wurden die Paganen von den Christen viel weniger verfolgt als in anderen Bezirken des römischen Imperiums, in denen die Unterdrückung vielfach grausame Formen annahm. MARINOS erzählt von einem Fall, der sich um das Jahr 470 ereignete, als die christliche Administration das Standbild der Athene vom Parthenon entfernte und es nach Konstantinopel überführte. Er spricht nur andeutungsweise von diesem Übergriff, den jene verübten, „die das Unberührbare berührten" [22] und fügt hinzu, daß Athene dem PROKLOS im Traum sagen ließ, daß sie in seinem Hause bleiben wolle.

PROKLOS heiratete nie, trotz vieler Bemühungen seitens vornehmer und reicher Familien. Sein Leben war der Forschung und dem Gottesdienst geweiht; es war in jeder Beziehung das Leben eines Asketen, das seine Kräfte derart schwächte, daß er im siebzigsten Lebenjahr kaum noch arbeitsfähig war. Er wurde in SYRIANOS' Grab beigesetzt, gemäß dem Wunsch beider Freunde, und PROKLOS selber verfaßte die Inschrift auf dem gemeinsamen Grabmal [23]. Sein Leben war ein typisches Beispiel jenes Widerspruchs, von dem er geschrieben hat,

des Widerspruchs, der den ganzen Kosmos erfüllt. Gelehrsamkeit und Forschung
einerseits, Magie und Theurgie andererseits waren hier in einer bedeutenden Persönlichkeit vereinigt, deren Bedeutung auch in ihren verschiedenen Tugenden zu-
tage trat, die ihr Leben zu einem glückseligen im Sinne der aristotelischen Ethik
gestaltete, wie es der Titel von MARINOS' Biographie andeutet: „PROKLOS, oder
über die Glückseligkeit". Diese Biographie schrieb er unmittelbar nach dem Tode
des verehrten Meisters mit dem doppelten Vorhaben, als Lebensbeschreibung
und als Verherrlichung der Tugenden eines Menschen, dem ein Leben geistigen
und körperlichen Glücks beschieden war.

Nunmehr möchte ich zum Samaritaner MARINOS übergehen, der nach PRO-
KLOS' Tod die Leitung der Akademie übernahm. Es sei von vornherein betont,
daß wir fast nichts von seinem Leben wissen und daß alles im Folgenden über ihn
Gesagte lediglich Vermutungen sind, deren Wahrscheinlichkeitsgrad allerdings
kein geringer ist. Die wichtigste uns zur Verfügung stehende Quelle ist die von
DAMASKIOS verfaßte Biographie seines Lehrers ISIDOROS, des Kollegen und Wi-
dersachers von MARINOS. Fragmente dieser Biographie sind vom Konstantino-
pler Patriarchen PHOTIUS um 860 zusammengestellt und um das Jahr 1000 in das
enzyklopädische Lexikon „Suda" aufgenommen worden, das vermutlich ebenfalls in Konstantinopel verfaßt wurde. Aus diesen Fragmenten erfahren wir, daß
MARINOS in Nablus am Berge Gerisim geboren wurde, und daß er seinen samaritanischen Glauben aufgab, aus Opposition zu den religiösen Reformen, die damals durchgeführt wurden. „Er wurde zur Religion der Griechen hingezogen",
wie DAMASKIOS es ausdrückte, d. h. er wurde Neuplatoniker [24]. In seiner Jugend zog er nach Athen und wurde Schüler des PROKLOS. Sein ganzes Leben lang
litt er an einer chronischen Darmkrankheit, die ihn derart schwächte, daß PRO-
KLOS häufig um sein Leben ernstlich besorgt war. MARINOS' zerrütteter Gesund-
heitszustand war auch der Grund, warum sein Studienkollege ISIDOROS zögerte,
ihm mit Fragen über seine Jugendzeit in Palästina zur Last zu fallen [25]. Diese
gewiß löbliche Rücksichtnahme auf den kränkelnden Kollegen ist vom Standpunkt des Historikers bedauerlich, denn so wurden uns wichtige Einzelheiten von
MARINOS' früherer Lebensgeschichte vorenthalten, z. B. sein Geburtsjahr, das
wir aus indirekten Daten auf das Jahr 440 ansetzen können.

Die religiösen Reformen, von denen DAMASKIOS spricht, sind wohl die etwa
100 Jahre vorher von Baba RABBA, einem der geistigen Führer der Samaritaner
durchgeführten Maßnahmen, die eine religiöse Erneuerung des samaritanischen
Lebens durch Intensivierung des Gottesdienstes zum Ziele hatten. Zahlreiche
neue Synagogen wurden damals gebaut und religiöse Gebräuche eingeführt, um
die samaritanische Theologie zu fördern und ihre Liturgie zu bereichern. Besonderes Gewicht wurde auf das Reinigungsritual gelegt, z. B. das rituelle Bad vor
dem Synagogendienst [26]. Diese Tendenz einer Stärkung der Religion durch ihre
Institutionalisierung war, wie es scheint, ganz und gar nicht im Sinne des MARI-
NOS. Institutionelle Maßnahmen dieser Art konnten natürlich die Samaritaner
vor den grausamen Verfolgungen der Römer nicht bewahren, die sich im 5. Jahr-

hundert verstärkten. Ihre Enttäuschung und Verzweiflung wuchs, und vielleicht hat auch die hoffnungslose politische Lage im samaritanischen Palästina den letzten Anstoß dazu gegeben, daß MARINOS seinen Glauben aufgab und zum Neuplatonismus übertrat. Wahrscheinlich verließ er auch seine Heimatstadt, die, was klassische Studien anlangte, eine Provinzstadt war und ging in eine der Hafenstädte des östlichen Mittelmeers, die damals Zentren derartiger Studien waren, möglicherweise Caesarea, das jahrhundertelang ein solches Zentrum und der Sitz einer großen Bibliothek war und außerdem zu jener Zeit eine bedeutende samaritanische Gemeinde hatte. Dort konnte sich der junge MARINOS gründliche Kenntnisse der klassischen Schriften und der Mathematik aneignen.

Als MARINOS um das Jahr 460 nach Athen kam und von PROKLOS als Schüler aufgenommen wurde, war er schon ein aufstrebender Gelehrter, der, wie DAMASKIOS berichtet, sein Lehrer in Mathematik und ISIDOROS' Lehrer in aristotelischen Studien war. DAMASKIOS betont, daß MARINOS' unermüdlicher Fleiß ihn schon in seinen Jugendjahren um ein beträchtliches bekannter gemacht hat als viele seiner älteren Kollegen [27]. Diese lobende Anerkennung des DAMASKIOS ist von großem Gewicht, wenn man bedenkt, daß MARINOS vielleicht der einzige entschiedene Aristoteliker seiner Generation in Athen war. Jedenfalls distanzierte er sich, im Gegensatz zu PROKLOS und noch ausgesprochener zu ISIDOROS und DAMASKIOS, von Magie und Theurgie, und seine wissenschaftliche Einstellung war eine rationalistische, wie auch seine Platonkommentare bezeugen. Er zeigte seinen offenbar streng philologisch gehaltenen Kommentar zum „Philebos" seinem Kollegen ISODOROS, der ihm nach der Lektüre sein negatives Urteil kurz und bündig mit den Worten ausdrückte: „Der Kommentar unseres Lehrers PROKLOS genügt", worauf MARINOS seine Schrift verbrannte [28]. In seinem (ebenfalls nicht erhaltenen) Kommentar zum schwierigsten platonischen Dialog, dem „Parmenides", betonte MARINOS, gemäß dem Bericht von DAMASKIOS, daß diese Schrift von Ideen handele, und nicht von Göttern, wie seine athenischen Kollegen glaubten [20]. Auch diese einfache und rationale Deutung mißfiel den Kollegen, und wiederum war MARINOS drauf und dran, diesen Kommentar zu verbrennen, ließ sich aber von seinem Vorhaben zurückhalten, weil ihm angeblich PROKLOS im Traum erschien und ihm seine Zufriedenheit mit dieser Schrift ausdrückte. Auch hier zeichnet sich offenbar die geistige Gestalt des MARINOS als die eines Denkers ab, der sich von mystischen, PLATONS ursprüngliche Lehre verzerrenden Deutungen zurückhielt. PROKLOS selber scheint seinen Schüler gestützt und als Gelehrten und Lehrer geschätzt zu haben, obwohl MARINOS manchen irrationalen Aspekten der Doktrin und Persönlichkeit seines Lehrers ablehnend gegenüberstand.

Außer seinen Kommentaren zum „Philebus" und „Parmenides", die nicht erhalten sind, hat MARINOS auch einige aristotelischen Schriften kommentiert, und auch diese Kommentare sind leider verlorengegangen. Wir besitzen aber einen ausführlichen Bericht über seinen Kommentar zu ARISTOTELES' „De anima", insbesondere über seine Ausführungen, die das fünfte Kapitel des dritten Buches dieser Schrift betreffen. Dieser Bericht, der fälschlich dem PHILOPONOS zugeschrieben wurde und in dessen Kommentar zu „De anima" zu finden ist, hat ein anderer neuplatonischer Philosoph des sechsten Jahrhunderts verfaßt [30]. Es werden da die Ausführungen einiger Denker über dieses komplizierte Kapitel von ARISTOTELES' Psychologie wiedergegeben, darunter die von PLOTIN, ALEXANDER von Aphrodisias und MARINOS. Der Abschnitt behandelt das Denken des Menschen, das einen anderen Charakter hat als seine Wahrnehmung. Die Sinneswahrnehmung wird durch äußere Objekte mittels der menschlichen Sinnesorgane angeregt, die in ihm ein Bild der Außenwelt hervorrufen. Wie aber entsteht das menschliche Denken, wie entstehen die Allgemeinbegriffe im Gehirn des Menschen? Hier unterscheidet ARISTOTELES zwischen zweierlei Arten von Verstand, der aktiven und der passiven Intelligenz. Die aktive Intelligenz entspricht der aristotelischen wirkenden Ursache, die passive — der ungeformten Materie, der diese Ursache Form verleiht. Die aktive Intelligenz ist also diejenige Kraft, die es der passiven ermöglicht, sich die intelligiblen Formen der Denkobjekte anzueignen. ARISTOTELES vergleicht die aktive Intelligenz mit dem Licht. So wie das Licht die potentiellen Farben eines Körpers in aktuelle, sichtbare, verwandelt, überführt auch die aktive Intelligenz die passive aus einem Zustand der Potentialität in den der Aktualität, in einen erfassenden und denkenden Verstand.

ARISTOTELES bemerkt hierzu ganz allgemein, „daß das Aktive immer von höherem Wert sei als das Passive, und der (formende) Ursprung höher als die Materie" [31]. ALEXANDER von Aphrodisias, der große peripatetische Kommentator des dritten Jahrhunderts, deutet diese Bemerkung dahin, daß die aktive Intelligenz transzendent, also göttlich sei, vor allem weil ARISTOTELES auch betont hat, daß sie von der Materie abgetrennt, demnach reine Aktualität ist. Derselben Ansicht war auch Giacomo ZABARELLA aus Padua, der bedeutende Aristotelesforscher in der zweiten Hälfte des 16. Jahrhunderts. PLOTIN war entgegengesetzter Meinung; er erklärt, daß die aktive Intelligenz, gleich der passiven, eine menschliche sei. MARINOS' Auffassung nahm eine Art Mittelstellung ein; sie geht dahin, daß das Niveau der aktiven Intelligenz zwar höher ist als das des Menschen, daß sie jedoch nicht das der höchsten Gottheit, der reinen Aktualität erreicht. MARINOS beruft sich dabei auf den aristotelischen Vergleich der aktiven Intelligenz mit dem Licht; das Licht ist ja eine Wesenheit, die sich zwischen der leuchtenden Lichtquelle und dem beleuchteten Objekt befindet. Er kommt daher zum Schluß, daß die aktive Intelligenz „die Intelligenz von Dämonen und Engeln" sei [32], daß also ihr Niveau auf dem sekundärer Gottheiten oder von Vertretern der wahren Götter liege. Die islamischen Philosophen schlossen sich der Auffassung von MARINOS an, wie man u. a. aus den Schriften von Al-Farabi und Ibn-Sina ersehen kann [33]. Auch im Timaioskommentar von PROKLOS werden die diesbezüglichen Worte von MARINOS erwähnt [34]. Der Umstand, daß MARINOS ausführlich von einem der letzten Neuplatoniker zusammen mit so bedeutenden Gelehrten wie PLOTIN und ALEXANDER zitiert wird, zeugt von seiner Wertschätzung als Philosoph von Gewicht, und wir haben deshalb allen Grund, dem abfälligen Ur teil von DAMASKIOS in seiner Isidorosbiographie mit großem Mißtrauen zu begegnen.

Zwei Schriften des MARINOS sind vollständig erhalten: Seine Proklosbiographie und die Einleitung zu EUKLIDS „Data" ($\delta\epsilon\delta o\mu\acute{\epsilon}\nu\alpha$) [35]. Hier beschäftigt sich MARINOS ausführlich mit den verschiedenen Definitionen des Terminus „gegebene Größe" (Datum), der in den geometrischen Werken EUCLIDS eine wesentliche Rolle spielt. Er analysiert einige dieser Definitionen, wie $\tau\epsilon\tau\alpha\gamma\mu\acute{\epsilon}\nu o\nu$ (festgelegt), $\gamma\nu\acute{\omega}\rho\iota\mu o\nu$ (bekannt), $\pi\acute{o}\rho\iota\mu o\nu$ (einleuchtend), $\dot{\rho}\eta\tau\acute{o}\nu$ (präzise ausgedrückt), sowie deren Gegenteil. Der Kommentar selbst ist offenbar nicht erhalten, aber aus der Einleitung geht hervor, daß er mehrere Beispiele von „gegebenen Größen" anführte, z. B. den Flächeninhalt oder die Form des Vielecks, von denen mathematische Sätze abgeleitet und bewiesen werden können. Die Einleitung allein zeugt von MARINOS' mathematischer Begabung und seinem Interesse an der Philosophie der Mathematik. In dieser Hinsicht folgte er seinem Lehrer PROKLOS und dessen kybernetischer Einstellung. Seinen klassisch gewordenen Ausruf „O wäre doch alles Mathematik!" habe ich schon früher zitiert.

Alle Anzeichen sprechen dafür, daß PROKLOS den wohl ältesten seiner Schüler schätzte und liebte, trotz seiner rationalistischen Einstellung und seiner offenkundigen aristotelischen Tendenz. PROKLOS' Besorgnis um MARINOS' Gesundheit, von der DAMASKIOS berichtet [36], ist auch aus dem Grunde verständlich, weil MARINOS der erste Kandidat für die Nachfolge der Akademieleitung war. Unter den anderen in Betracht kommenden Kandidaten war der zu Magie und Theurgie neigende ISIDOROS, ein polarer Gegensatz zum rationalistischen MARINOS. Die dauernden Reibungen zwischen diesen beiden führten schließlich dazu, daß ISIDOROS zeitweilig Athen verließ und abwesend war, als PROKLOS starb. Diese Abwesenheit löste das mehrjährige Dilemma der Nachfolge, und MARINOS, gemäß PROKLOS' ursprünglichem Wunsch, wurde zum Präsidenten der Akademie gewählt. ISODOROS und DAMASKIOS, der letzte amtierende Präsident vor der Schließung der Akademie im Jahre 529, waren seine Nachfolger.

Ein Beweis für PROKLOS' freundschaftliche Beziehung zu MARINOS ist die Tatsache, daß er ihm eines der Kapitel seines Kommentars zum „Staat" gewidmet hat, das von einem der bekannten Mythen der Antike handelt, dem Mythos vom Armenier Er, mit dem das letzte Buch von PLATONS „Staat" schließt [37]. PROKLOS beginnt seinen Kommentar hierzu mit den Worten „Lieber MARINOS, ich will jetzt den Mythos von Er im Staat interpretieren" [38]. In diesem Mythos wird erzählt, daß die Seele von Er, nachdem er im Kriege gefallen war, ins Jenseits versetzt wird, wo sie 12 Tage weilt. Nach ihrer Rückkehr in seinen Körper erwacht Er und berichtet von seinen Erlebnissen dort. Im Laufe seines Kommentars zitiert PROKLOS zweimal die Interpretation des MARINOS, die anders ist als die seine, und bemerkt dazu etwa so: „Dies ist möglich, man kann es aber auch anders auslegen". Wir sind hier Zeugen der typischen Art und Weise, wie PLATON kommentiert wurde und wie PROKLOS' Vorlesung unter ständigem Zwiegespräch zwischen Lehrer und Hörern verlief. Die Beziehung eines platonischen Interpreten zu PLATONS Schriften war ähnlich der eines jüdischen Interpreten zur Heiligen Schrift: in beiden Fällen exakteste und ehrfurchtsvollste Bezugnahme auf jedes Wort unter gründlicher Berücksichtigung des Kontexts, mit dem Ziel, so den wahren Sinn des Textes zu erfassen.

Der Mythos von Er soll die platonische Lehre von der Herrschaft der Gerechtigkeit erläutern, dem Problem der Belohnung der Gerechten und Bestrafung der Bösen; diese Lehre fußt auf dem Glauben an die Unsterblichkeit der Seele und die Seelenwanderung. Dazu gehört auch der Komplex der kosmologischen Tatsachen, die uns die Herrschaft von Ordnung und Harmonie im Weltall vor Augen führt. PROKLOS betont hier, daß PLATON von den beiden Aspekten einer gerechten Konstitution handelt, dem irdischen als auch dem himmlischen. In PLATONS Erzählung heißt es, daß Er und seine Gefährten im Jenseits auf ihrem Wege zu der Stelle, an der sich die Eingänge zum Himmel und in die Unterwelt befinden, eine senkrechte Lichtsäule erblicken, ähnlich einem Regenbogen. An der Stelle selbst sehen sie ein Licht, das den Himmel umspannt, nach Art der Gurte, die wie ein Gürtel eine Triere zusammenhalten. PROKLOS legt in seinem Kommentar das Schwergewicht auf den Umstand, daß das Licht hier dreimal erwähnt wird, gemäß seinen drei spezifischen Eigenschaften — Stabilität, Sichtbarkeit und allumfassende Macht. MARINOS hingegen lehnt die neuplatonische Lichtmystik ab, die dem Licht eine zentrale Rolle im Universum zuschreibt, und hält sich an das Wort „Triere", das ein Schiff mit drei Ruderbänken bezeichnet. Nach seiner Interpretation verbildlicht dies Schiff das Himmelsgewölbe, das von den drei Schicksalsgöttinen Vergangenheit, Gegenwart und Zukunft gelenkt wird [39]. MARINOS' Deutung betont — wohl mit Recht — den Zusammenhang der Herrschaft des Fatums in der kosmischen Ordnung mit der Herrschaft der Gerechtigkeit, im Sinne der deterministischen Auffassung des Universums in der stoischen Lehre.

Noch deutlicher rückt MARINOS von der üblichen neuplatonischen Auffassung ab, wenn er die Erlebnisse des Er am Treffpunkt der vom Himmel hinuntersteigenden und aus der Unterwelt heraufsteigenden Seelen deutet. Aus dem relevanten Text im „Staat" geht hervor, daß Er die Schicksale dieser Seelen vor 1000 Jahren und länger gekannt hat. Wie war dies möglich? Wie konnte er von ihrem gegenwärtigen Zustand auf ihre ferne Vergangenheit schließen, in der einige der Seelen in andere Körper gewandert sein sollen? PROKLOS selber zitiert den rationalen und einfachen Kommentar des MARINOS: „im Text steht ja auch geschrieben, daß die Seelen, die einander kannten, sich begrüßten und einander ihre Erlebnisse in der Unterwelt oder im Himmel erzählt hätten; es sei also durchaus plausibel, daß Er etwas von diesen Gesprächen auffangen konnte" [40]. Demgegenüber ist PROKLOS nicht bereit, diese ihm zu simple Deutung zu akzeptieren und hält sich an die bei den späten Neuplatonikern übliche Erklärung: An den pneumatischen Hüllen, die die Seelen umgeben, konnte Er die Gestalten erkennen, die sie in früheren Inkarnationen angenommen hatten [41]. Wiederum sehen wir, daß MARINOS sich offenbar von der pneumatischen Mythologie seiner Generation distanziert, wie sie von PLOTIN an bis ins sechste Jahrhundert hinein herrschend war. Der nüchterne Kommentator und Anhänger des aristotelischen Rationalismus verhielt sich ablehnend zu der Geisteshaltung, die in der neuplatonischen Schule Athens prädominierte.

Zu all diesen direkten und indirekten Beweisen für MARINOS' Charakter als Einzelgänger und Ausnahmeerscheinung im üblichen philosophischen Milieu kommt noch seine Proklosbiographie hinzu [41]. Diese hält sich nicht starr an die chronologische Reihenfolge, weil sie vornehmlich mit der Absicht verfaßt wurde, das Leben des vergötterten Lehrers als das eines glückseligen Menschen zu schildern, dessen Tugendgrade vollkommen waren, von den physischen, bürgerlichen und ethischen an bis zu den „reinigenden" und „theurgischen". Außer diesen beiden letzten sind alle Tugenden der Ethik des ARISTOTELES entlehnt. MARINOS verwebt die Schilderung von PROKLOS' Persönlichkeit mit der des Athener Lebens zu seiner Zeit. Wir erfahren hier vieles über die geistige Atmosphäre von Stadt und Akademie, von dem dort herrschenden Glauben an Wunder und Zauberei, von wunderbaren Heilungen hoffnungslos Kranker, vom Einfluß von Gebeten auf das Schicksal der Menschen und der vorbedeutungsvollen Rolle von Träumen. Auch von den äußerlich leidlich korrekten und dennoch nicht sehr stabilen Beziehungen zwischen den christlichen Machthabern Athens und den neuplatonischen Intellektuellen wird hier berichtet, deren geistiger Scharfsinn und irrationaler Glaube in so krassem Widerspruch miteinander standen.

Wir müssen bei der Beurteilung von MARINOS' Schrift Vorsicht walten lassen und nicht aus seinen Berichten schließen, daß er sich mit der von ihm so eingehend geschilderten Atmosphäre völlig identifiziert hat. Vielmehr sollten wir an den Satz von Niels BOHR denken, den er mehrfach bei seiner komplementären Deutung des Kausalgesetzes ausgesprochen hat: „Auf der Bühne der menschlichen Existenz sind wir zugleich Schauspieler und Zuschauer" [43]. Der sich distanzierende und antiinstitutionelle MARINOS war weniger Schauspieler als Zuschauer, und seine ausgezeichnete Biographie ist das Produkt dieses Zuschauens, seiner scharfen Beobachtung des Athener Lebens. Ein überzeugender Beweis für seine geistige Persönlichkeit ist das erste Kapitel seiner Proklosbiographie, zu deren Abfassung er sich nur nach schwerem Zögern entschloß. MARINOS schreibt, daß er schließlich seine Bedenken überwand und sein Buch veröffentlichte: „... ich fürchtete, daß es nicht recht ist, wenn ich allein von seinen Vertrauten schweige und nicht nach meinen Kräften alles wahrheitsgemäß von ihm berichte; ich bin doch vor allen anderen verpflichtet, meine Stimme hören zu lassen. Vielleicht würde ich aber nicht einmal die Zustimmung der Menschen finden. Denn sie würden überhaupt nicht glauben, daß ich habe vermeiden wollen, prahlerisch zu erscheinen, sondern sie würden annehmen, ich hätte aus Geistesträgheit oder wegen eines noch schlimmeren Übels dieses mein Vorhaben aufgegeben" [44]. Die Verbitterung, die aus diesen Worten spricht, bezeugt die Isoliertheit des MARINOS in Athen, fünfundzwanzig Jahre nach seiner Aufnahme in die Akademie. Diese Isoliertheit war, wie schon gesagt, die Folge seiner rationalistischen, vorwiegend aristotelischen Einstellung, derselben Haltung eines Außenseiters, die ihn wahrscheinlich in seinen Jugendjahren dazu bewogen hatte, die institutionalisierte samaritanische Religion zu verlassen und nach Athen zu gehen.

Aufgrund der Andeutungen über das schwere chronische Leiden von MARINOS, die sich in den Fragmenten der Isidorosbiographie des DAMASKIOS finden, ist zu vermuten, daß ihm nur wenige Jahre als Präsident der Akademie beschieden waren. Als Philosoph hatte er nicht die Statur seiner Vorgänger SYRIANOS und PROKLOS, aber in seinem entschiedenen Rationalismus hat er zweifellos einen Einfluß auf das Geistesleben Athens ausgeübt, vor allem als Gegner der mystischen Übertreibungen von ISIDOROS und dessen Schüler DAMASKIOS und als Erneuerer der nüchternen, philologisch ausgerichteten Deutung der platonischen Schriften sowie als Fortsetzer der klassischen Tradition der Kommentierung des ARISTOTELES. Seine Proklosbiographie allein sichert ihm einen bleibenden Platz in der Geschichte Athens und des Neuplatonismus im fünften Jahrhundert.

Literatur

1. PORPHYRIUS, *De vita Plotini et eius librorum ordine* (ed. E. BRÉHIER, Paris 1954)
2. MARINUS, *Proclus vel de beatitudine* (ed. J. F. BOISSONADE, Paris 1813)
3. *Damascii vitae Isidori reliquiae* (ed. C. ZINTZEN, Hildesheim 1967)
4. MARINUS, Kap. 35
5. MARINUS, Kap. 10
6. *a.a.O.*
7. MARINUS, Kap. 12
8. PROCLUS, *The Elements of Theology* (ed. E. R. DODDS, Oxford 1963), Propos. 35
9. *a.a.O.* Propos. 122
10. PROCLUS, *In Euclid.* (ed. G. FRIEDLEIN, Leipzig 1873)
11. ELIAS, *Comm. in Arist. Graeca XVIII* (ed. A. BUSSE, Berlin 1900) p. 28, 29
12. PROCLUS, *In Euclid,* p. 46, 21 ff
13. PROCLUS, *a.a.O.* p. 153, 10 ff
14. PROCLUS, *Hypotyp. astronom. posit.* (ed. C. MANITIUS, Leipzig 1909)
15. PROCLUS, *In Tim.* (ed. E. DIEHL, Leipzig 1906) III, p. 96, 21 − 24
16. PROCLUS, *a.a.O.* I, p. 76, 21 − 24; p. 78, 2 − 4
17. G. W. F. HEGEL, *Encycl. d. philos. Wissensch.* (ed. G. LASSON, Leipzig 1911) § 248; § 250
18. MARINUS, Kap. 22
19. MARINUS, Kap. 19
20. MARINUS, Kap. 28 − 29
21. MARINUS, Kap. 15
22. MARINUS, Kap. 30
23. MARINUS, Kap. 36
24. DAMASCIUS, *Note 3* 141 (p. 196)
25. *a.a.O.* 143 (p. 196)
26. Siehe Jeffrey COHEN, *A Samaritan Chronicle* (Leiden 1981)

27. DAMASCIUS, *Note 3,* 142 (p.196)
28. DAMASCIUS. *a.a.O.* 90 (p. 67)
29. DAMASCIUS, *a. a. O.* 245 (p. 201)
30. PHILOPONUS, *In de anima* (ed. M. HAYDUCK, Berlin 1897), Comm. In Arist. Graeca XV, pp. 534–537
31. ARISTOTELES, *De anima* 430 ^{a}19
32. *Note 30,* p. 535, 5–8; 535, 31–536, 2
33. R. WALZER, *Le Néoplatonisme* (Paris 1971), p. 319 ff
34. PROCLUS, *In Tim.* III, p. 126, 20–21
35. EUCLIDES, *Data cum comm. Marini* (ed. H. MENGE, Leipzig 1896)
36. DAMASCIUS, *Note 3,* 147 (p. 202)
37. PLATON, *Staat* 614^b–618^b
38. PROCLUS, *In rempubl.* (ed. W. KROLL, Leipzig 1901) II, p. 96, 2
39. PROCLUS, *a.a.O.* p. 200, 30 ff
40. PROCLUS, *a.a.O.* p. 327, 13 ff
41. PROCLUS, *a.a.O.* p. 327, 21 ff
42. MARINUS, *Note 2*
43. Niels BOHR, *Atomic Physics and Human Knowledge* (New York 1958), p. 81
44. MARINUS, Kap. 1

Sitzungsberichte der Heidelberger Akademie der Wissenschaften
Mathematisch-naturwissenschaftliche Klasse

Die Jahrgänge bis 1921 einschließlich erschienen im Verlag von Carl Winter, Universitätsbuch-handlung in Heidelberg, die Jahrgänge 1922–1933 im Verlag Walter de Gruyter & Co. in Berlin, die Jahrgänge 1934–1944 bei der Weißschen Universitätsbuchhandlung in Heidelberg. 1945, 1946 und 1947 sind keine Sitzungsberichte erschienen.
Ab Jahrgang 1948 erscheinen die „Sitzungsberichte“ im Springer-Verlag.

Inhalt des Jahrgangs 1979/80:
1. H.P. Schmitt. Akute und intervalläre Strahlenschäden des Zentralnervensystems. DM 84,–.
2. W.v. Engelhardt. Phaetons Sturz – ein Naturereignis? DM 26,–.
3. R. Haas. Influenza – Bagatelle oder tödliche Bedrohung? DM 19,80.
4. T. Kirsten (Hrsg.). Geophysik in Heidelberg. DM 52,–.
5. M. Becke-Goehring. Anorganische Chemie zwischen gestern und morgen. DM 24,–.

Inhalt des Jahrgangs 1980:
1. F. Duspiva. Das Problem der Determination und Differenzierung in der Biologie. DM 20,–.
2. E. Hinz. *Schistosoma intercalatum*-Infektionen in Afrika. Saisonkrankheiten in Nigeria. DM 42,–.
3. J.C. Vogel. Fractionation of the Carbon Isotopes During Photosynthesis. DM 18,80.
4. W. Doerr, W.-W. Höpker, W. Hofmann, K. Kayser, C. Tschahargane. Onkologisches Panorama. Krebsregister, Früherkennung, Phylogenie. DM 18,20.

Inhalt des Jahrgangs 1981:
1. F. Kirchheimer. Die Medaillen der Kurpfälzischen Akademie der Wissenschaften. DM 23,–.
2. S. Berking. Zur Rolle von Modellen in der Entwicklungsbiologie. DM 24,50.
3. Th. Wieland. Moderne Naturstoffchemie am Beispiel des Pilzgiftstoffes Phalloidin. DM 19,–.
4. S. Sambursky. Religion und Naturwissenschaft im spätantiken Denken. DM 10,50.

W. Doerr. W. Hofmann, A.J. Linzbach, K. Rother, F. Seitelberger, Neue Beiträge zur Theoretischen Pathologie. Herausgegeben von H. Schipperges. Supplement. Geb. DM 62,–.

Th. Henkelmann. Zur Geschichte des pathophysiologischen Denkens. John Brown (1735–1788) und sein System der Medizin. Supplement. Geb. DM 54,–.

Inhalt des Jahrgangs 1982:
1. E.G. Jung. Licht und Hautkrebse. Modelle und Risikoerfassung. DM 26,–.
2. H.H. Schaefer. Georg Cantor und das Unendliche in der Mathematik. DM 17,50.
3. G. Greiner. Spektrum und Asymptotik stark stetiger Halbgruppen positiver Operatoren. DM 18,50.
4. W. Doerr. Cacer à deux. DM 13,80.
5. W. Jaeger. Untersuchungen zu Farbkonstanz und Farbgedächtnis. DM 12,80.
6. H. Habs. Die sogenannte Pest des Thudydides. Versuch einer epidemiologischen Analyse. DM 24,80.

B.M. Thimm. Brucellosis. Distribution in Man, Domestic an Wild Animals. Supplement. Geb. DM 45,–.

G. Breitfellner. Der Sekundenherztod. Ein morphologisches, funktionelles und sektions-statistisches Profil. Supplement. Geb. DM 128,–.

Sitzungsberichte der Heidelberger Akademie der Wissenschaften
Mathematisch-naturwissenschaftliche Klasse
Erschienene Jahrgänge (s. auch 3. Umschlagseite)

Preisänderungen vorbehalten

Springer-Verlag Berlin Heidelberg New York Tokyo

Sitzungsberichte der Heidelberger Akademie der Wissenschaften
Mathematisch-naturwissenschaftliche Klasse
Jahrgang 1985, 3. Abhandlung

Richard Haas

AIDS –
Ein Virusinfekt des Immunsystems

Springer-Verlag Berlin Heidelberg New York Tokyo

Sitzungsberichte der Heidelberger Akademie der Wissenschaften
Mathematisch-naturwissenschaftliche Klasse
Jahrgang 1985, 3. Abhandlung

Richard Haas

AIDS –
Ein Virusinfekt des Immunsystems

Mit 6 Abbildungen und 11 Tabellen

Vorgetragen in der Sitzung vom 8. Juni 1985

Springer-Verlag
Berlin Heidelberg New York Tokyo

Professor Dr. med. Dr. h. c. Dipl.-Chem. Richard Haas
Oertelweg 7
8960 Kempten/Allgäu

ISBN 978-3-540-15758-8   ISBN 978-3-642-82579-8 (eBook)
DOI 10.1007/ 978-3-642-82579-8

AIDS − Ein Virusinfekt des Immunsystems

Es mag 100 Jahre nach Robert KOCH vor allem für Laien ein wenig schwer verständlich sein, von einer neuen, bisher unbekannten ansteckenden Krankheit zu hören. Die Überzeugung ist weit verbreitet, daß die Mikrobenjäger so erfolgreich gepirscht haben, daß das jagdbare mikrobielle Wild bekannt ist. Dieses Bild entspricht jedoch nicht der Wirklichkeit. Im Jahre 1981 gab es ein Debüt auf der mikrobiellen Szene, das sehr schnell weltweite Aufmerksamkeit fand. In USA wurde damals eine anscheinend bis dahin unbekannte Krankheit beschrieben. Sie war allerdings den amerikanischen Ärzten schon etwas früher, etwa 1979 aufgefallen. Einige Jahre später wurde die Krankheit auch in vielen anderen Ländern, darunter auch in Europa festgestellt. Ob es sich bei der Erkrankung um einen ansteckenden Prozeß handelte, wußte zunächst natürlich niemand. Aber sehr bald durfte das vermutet werden.

Sehr schnell bemächtigten sich Laienpresse und andere vergleichbare Medien dieser Erkrankung. Zahlreiche Veröffentlichungen sorgten dafür, daß, wie üblich, Richtiges und Falsches über diese Krankheit in teilweise dramatisierender Weise in der Öffentlichkeit verbreitet wurde. Die erwartete Beunruhigung blieb nicht aus. Sie wissen, wovon ich spreche. Von AIDS. Was heißt AIDS? Wie ist dieser Krankheitsname entstanden, was versucht er anzudeuten?

Was bedeutet das Wort AIDS?

Das Wort „AIDS" besteht aus den Anfangsbuchstaben der Worte Acquired Immune Deficiency Syndrome. Diese vier Worte sind die vollständige Bezeichnung der Krankheit AIDS. Sie drücken aus, daß es sich um ein erworbenes, mit anderen Worten nicht um ein bereits genetisch angelegtes Leiden handelt. Vor allem aber kommt zum Ausdruck, daß bei AIDS ein Defekt im Immunsystem der Patienten vorliegt. Damit wird ein zentrales pathomechanisches Element dieser Erkrankung angesprochen. Darauf werde ich später zurückkommen.

Bevor ich die wichtigsten Symptome der AIDS-Krankheit vorstelle, erlauben Sie eine kurze Bemerkung zur Frage der Entdeckung bisher unbekannter Infektionskrankheiten in jüngster Zeit. Das ist nämlich, wie die folgende Übersicht (Tabelle 1) zeigt, keineswegs ein seltenes Vorkommnis.

Diese Übersicht enthält nur Infektionen, die vor 20 Jahren noch unbekannt waren. Es ist eine stattliche Reihe. Über eine dieser Krankheiten konnte ich in ei-

Tabelle 1. „Neue" Infektionen seit 1960

FSME
Marburg/Ebola
Lassa
„Toxic Shock"
Amöben-Enzephalitis
Yersiniose
Legionella-Infektionen
Campylobacter-Infektionen
Clostridium difficile-Enteritis
Babesiose
Lyme-Disease
Creutzfeld − Jakob −; − Kuru
B-Streptokokken
AIDS

ner Akademiesitzung schon einmal vortragen. Ich glaube übrigens, daß Pandoras Büchse noch nicht leer ist.

Doch zurück zu AIDS

Wie auch bei den übrigen von mir in vorstehender Tabelle aufgeführten Beispielen ansteckender Krankheiten, die erst seit wenigen Jahren bekannt sind, war es die räumliche und zeitliche Häufung bestimmter Syndrome, welche die Ärzte vor diagnostische Rätsel stellte. Bei AIDS kam hinzu, daß die Erkrankung allen therapeutischen Bemühungen trotzte. Fast alle Patienten starben nach monatelangem qualvollen Leiden. Manche Autoren glauben, daß die Sterblichkeit nahe bei 100% liegt. Diese Zahl habe ich jedenfalls kürzlich auf einer AIDS-Tagung in Atlanta gehört. Mit einigermaßen verläßlichen Zahlen kann aber im Augenblick niemand dienen. Der Verlauf der Krankheit ist protrahiert. Die Inkubationszeit, wenn man überhaupt bei AIDS von ihr sprechen kann, ist äußerst variabel. Es werden Zeiten zwischen sechs Monaten und drei bis vier Jahren genannt.

Symptome von ARC und AIDS

Wie sind die für AIDS verdächtigen Symptome?

Es ist heute üblich und wohl auch zweckmäßig, hierbei eine gewisse Unterscheidung zu machen zwischen einem Stadium, das als ARC (AIDS-Related-Complex) und Pre-AIDS bezeichnet wird und der typischen voll entwickelten AIDS-Erkrankung. ARC ist vielfach nur das Anfangsstadium.

In den folgenden Tabellen habe ich in einer hoffentlich auch für den Laien verständlichen Form die wichtigsten Symptome, die einen AIDS-Verdacht begründen und die schließlich das volle Krankheitsbild charakterisieren, zusammengestellt.

Tabelle 2. AIDS-related complex (ARC)

1. generalisierte Lymphadenopathie (Ätiologie ungeklärt)
2. Fieber ungeklärter Ursache
3. Nachtschweiß
4. Gewichtsverlust
5. chronische Diarrhoe
6. Störung der zellulären Immunität
7. Epidemiologie wie AIDS
8. ARC etwa $5 - 10 \times$ häufiger als AIDS

Wie man sieht, gehören zu den frühen Symptomen Lymphdrüsenschwellungen und zwar außerhalb der Leistengegend, starker Gewichtsverlust, Fieberattacken unklarer Ursache, Durchfälle, Unwohlsein und Nachtschweiße. Diese in der Frühphase bestehenden Symptome sind wenig charakteristisch.

Bei voll ausgeprägtem Krankheitsbild treten alsdann Veränderungen auf, die ich in der folgenden Tabelle 3 in vereinfachter Form wiederzugeben versuche.

Tabelle 3. Symptomatik von AIDS

- Kaposi-Sarkom
- opportunistische Infektionen
  Protozoen (z. B. P. carinii, T. gondii)
  Pilze (Candida sp.)
  Bakterien (Mycobakterien)
  Viren (CMV, HSV)
- Störung zellulärer Immunität
  Lymphopenie, T4-Zellen/T8-Zellen = <1,4
  negative Hauttests („recall Antigene")
- polyklonale Hypergammaglobulinämie
- verminderte alpha-Interferonsynthese
- beta-2-Mikroglobulin erhöht
- Neopterin erhöht

Es sind zum einen bösartige Geschwülste, von denen ich hier besonders die sogenannten Kaposi-Sarkome nenne. Diese Kaposi-Sarkome sind schon lange bekannt. Sie wurden erstmals 1872 beschrieben. Aber neu war ihre lokale und zeitliche Assoziierung mit AIDS. Dagegen wußte man, daß Kaposi-Sarkome auch bei immunsupprimierten Patienten auftraten. Hier wird vielleicht eine interessante Beziehung zwischen AIDS und Kaposi-Sarkom sichtbar. Neben Kaposi-Sarkomen stehen aber noch eine ganze Reihe anderer Geschwülste in eindeutiger oder vermuteter Beziehung zu AIDS.

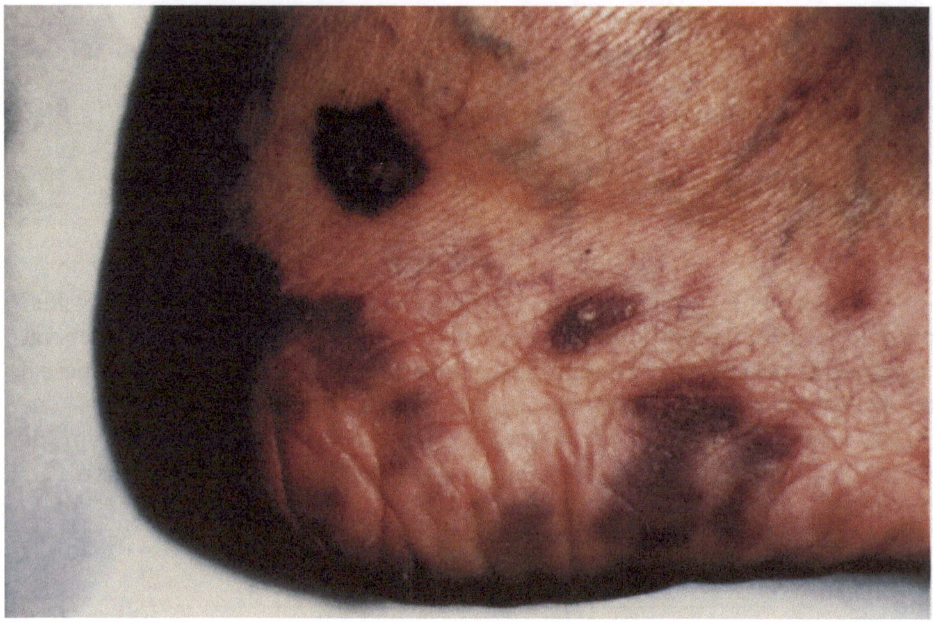

Abb. 1. Kaposi-Sarkom bei AIDS

Bei AIDS-Patienten entwickeln sich jedoch im Verlauf ihrer Erkrankung nicht nur Kaposi-Sarkome und, wenn auch seltener, einige andere Tumoren, sondern sie erliegen meist Infektionen mit Erregern, mit denen die meisten Menschen im Laufe ihres Lebens infiziert werden. Ein Mensch mit funktionstüchtigem Immunsystem bringt diese Infekte jedoch unter Kontrolle. In der Regel wird ihm überhaupt nicht bewußt, daß er infiziert ist. Seine zuständigen Zellen erledigen das, ohne daß im Bewußtsein Alarm ausgelöst wird.

Man bezeichnet die entsprechenden Mikroben als opportunistisch. Ich finde diese Bezeichnung nicht gut, sie hat sich aber allgemein, auch international, durchgesetzt. Es handelt sich bei diesen opportunistischen Keimen um eine außerordentlich heterogene Gruppe von Protozoen, Pilzen, Bakterien und Viren.

Die folgende Tabelle 4 bringt eine gekürzte Übersicht über die wichtigsten dieser Keime, die gewissermaßen bei AIDS den zum Tode führenden Prozeß initiieren und unterhalten.

Tabelle 4. Häufigste Infektionserreger bei AIDS
und die von ihnen verursachten Syndrome

Pneumocystis carinii	Pneumonie
Cryptosporidium	Diarrhoe, Cholecystitis
Toxoplasma gondii	Enzephalitis
Candida species	Mundschleimhautentzündung, Ösophagitis
Cryptococcus neoformans	Meningitis, Pneumonie
Mycobacterium avium intracellulare	Lymphadenopathie, Pneumonie
Cytomegalovirus	Pneumonie, Hepatitis, Enzephalitis
Epstein-Barr-Virus	Burkitt-Lymphom
Herpes simplex-Virus	ulzerative mucocutane Läsionen

Man findet darunter sehr ubiquitäre und in der Regel harmlose Vertreter wie Pneumocystis carinii und Toxoplasma, zwei Protozoen, ferner Cytomegalovirus und Epstein-Barr-Virus. Ich möchte Sie nicht weiter mit Einzelheiten behelligen, da diese für das Verständnis der AIDS-Erkrankung wenig informativ sind und die Mikrobennamen vermutlich Nichtmedizinern wenig sagen.

Stark vereinfacht läßt sich somit die Haupt- und Endphase der AIDS-Erkrankung auf drei Gruppen aufteilen: 1. opportunistische Infektionen, 2. Kaposi-Sarkome und einige andere Tumoren und 3. eine Patientengruppe, die an beidem leidet, nämlich Kaposi-Sarkomen und opportunistischen Infekten. Das versucht die folgende Tabelle 5 wiederzugeben.

Tabelle 5. AIDS-Fälle in 17 europäischen Ländern (Stand 31. 12. 1984)

Krankheitsgruppe	Fälle		Todesfälle	
	n	[%]	n	[%]
Opportunistische Infektion	484	64	264	55
Kaposi-Sarkom	151	20	36	24
Opportunistische Infektion und Kaposi-Sarkom	121	16	72	60
Sonstige	6		4	67
Gesamt	762	100	376	49

Die Tatsache, daß opportunistische Infekte bei AIDS-Patienten so häufig
tödlich enden und die weitere alte Beobachtung, wonach Kaposi-Sarkome häufig
bei immunsupprimierten Patienten aufgetreten waren, deutete von Anbeginn
darauf hin, daß bei AIDS-Patienten ein Immundefekt zu vermuten war. Das
konnte natürlich nur durch Laboruntersuchungen geprüft und erhärtet werden.

Epidemiologie

Bevor ich darauf eingehe, lassen Sie mich einige Worte über die Epidemiologie von AIDS sagen.

Die Zahl der seit 1981 bekannt gewordenen AIDS-Erkrankungen ist sowohl
in USA als auch in Europa kontinuierlich angestiegen. Das verdeutlichen die folgenden Abbildungen und Tabellen.

Seit AIDS als Krankheit sui generis erkannt, definiert und systematisch in den
CDC (Centers for Disease Control) in Atlanta erfaßt wurde, wurden in USA
mehr als 9000 Fälle registriert. Bisher sind etwa 50% gestorben. Die folgende
Abb. 2 veranschaulicht die Entwicklung in USA während der letzten Jahre.

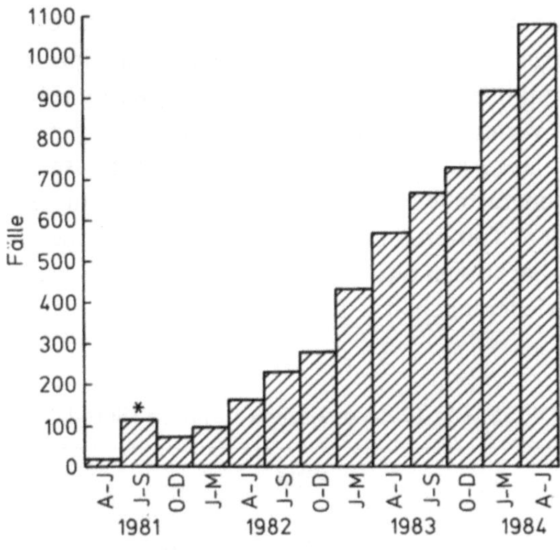

Abb. 2. AIDS-Fälle in den USA (1981 – 1984). *Einschließlich Fälle, die zu Beginn der
CDC-Erfassung nachträglich als AIDS identifiziert werden

Wie kürzlich auf der AIDS-Tagung in Atlanta gesagt wurde, rechnet man für
Herbst 1986 mit 19000 Fällen. Es wurde die Vermutung geäußert, daß bereits
mehr als 500000 Einwohner der USA mit dem AIDS-Erreger infiziert, wenn auch

noch nicht erkrankt sind. Das ist natürlich, wie gesagt, lediglich eine Vermutung bzw. Befürchtung.

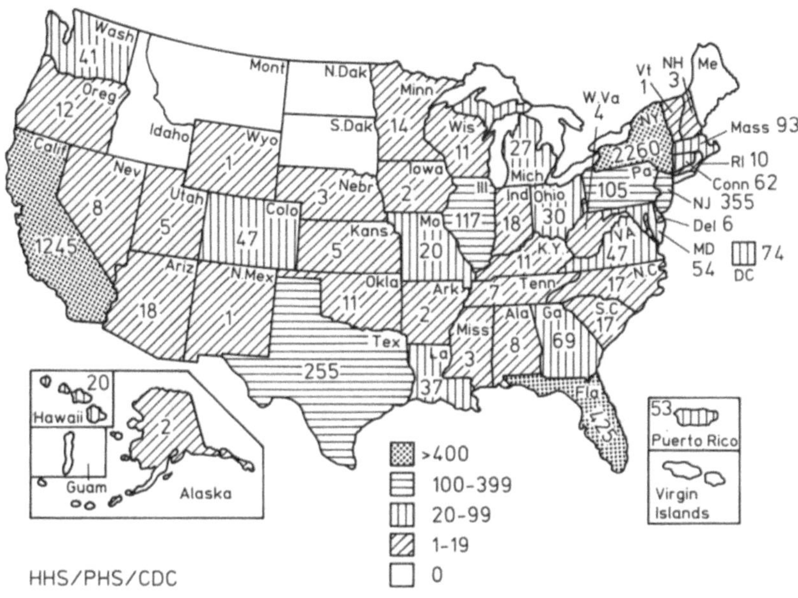

Abb. 3. AIDS-Fälle in den USA (Stand 20. 8. 1984)

In Europa verläuft die Entwicklung ähnlich. Wie in USA ist auch in Europa eine Konzentrierung auf gewisse Großstädte festzustellen. In Deutschland sind bisher etwa 150 Fälle ermittelt. Sie wurden hauptsächlich in den Großstädten Berlin, Hamburg, Frankfurt und München festgestellt. In der Schweiz gibt es die meisten Erkrankungen in Zürich und Genf, in Frankreich in Paris, in Belgien in Brüssel, in England in London.

Die europäischen Zahlen sind insgesamt wesentlich niedriger als die amerikanischen. Dafür gibt es hauptsächlich zwei Gründe. Erstens hat bei uns das AIDS-Problem erst zwei Jahre nach USA das Interesse der Mediziner und anderer Beteiligter gefunden und zweitens liegen vielleicht bezüglich der sogenannten Risikopersonen in Europa etwas andere Verhältnisse vor als in den Vereinigten Staaten. Damit bin ich bei einem außerordentlich interessanten Punkt, dessen Bedeutung weit über die medizinischen Aspekte hinausgeht. Ich habe versucht, in den folgenden Tabellen die Frage der Risikopersonen etwas näher zu beleuchten.

Tabelle 6. AIDS-Fälle in 17 europäischen Ländern

Land	Okt. 1983	Juli 1984	Okt. 1984	Dez. 1984	Inzidenz (pro Million Einwohner)
Österreich	7	0	0	13	1,7
Belgien	38	0	0	65	6.6
CSSR	0	0	0	0	0,0
Dänemark	13	28	31	34	6,6
Finnland	0	0	4	5	1,0
Frankreich	94	180	221	260	4,8
BRD	42	79	110	135	2,2
Griechenland	0	2	2	6	0,6
Island	0	0	0	0	0,0
Italien	3	8	10	14	0,3
Niederlande	12	21	26	42	2,9
Norwegen	0	0	4	5	1,2
Polen	0	0	0	0	0,0
Spanien	6	14	18	18	0,5
Schweden	4	7	12	16	1,9
Schweiz	17	28	33	41	6,3
Großbritannien	24	54	88	108	1,9
Gesamt	260	421	559	762	2,0

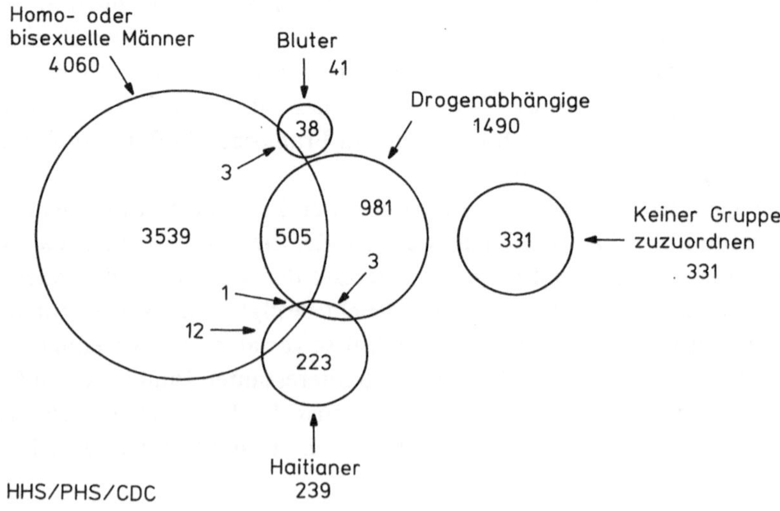

Abb. 4. Risikogruppen für AIDS bei 5636 Patienten (USA, 20. 8. 1984)

Tabelle 7. AIDS-Fälle nach Risikogruppen und Herkunft (Stand 31. 12. 1984)

Risikogruppen	Europa	Karibik	Afrika	Andere	Gesamt
1) Homo- oder bisexuelle Männer	514	2	5	16	537
2) Drogenabhängige	11	0	0	0	11
3) Bluter	20	0	0	0	20
4) Transfusionsempfänger					
(ohne andere Risikofaktoren)	4	0	4	0	8
5) 1) und 2) zusammen	9	0	0	2	11
6) Kein bekannter Risikofaktor					
Männer	29	17	64	2	112
Frauen	15	4	29	0	48
7) Unbekannt	3	1	9	2	15
Gesamt	605	24	111	22	762

Risikogruppen

Wie man sieht, ergibt eine Aufschlüsselung der AIDS-Patienten nach gewissen Gepflogenheiten ihres individuellen Verhaltens und – zugegebenermaßen – auch einiger anderer Parameter ein eindrucksvolles Bild. Etwa 90% der bisher an AIDS erkrankten Personen sind Homosexuelle, Bisexuelle und Drogenabhängige, die sich intravenös Drogen verabreichen. Dabei werden Injektionsnadeln und Spritzen mehrfach und von verschiedenen Personen benutzt. Bei der AIDS-Tagung, die kürzlich in Atlanta vom CDC veranstaltet wurde, berichtete ein Vortragender, daß weggeworfene Injektionskanülen in USA auf der Straße aufgelesen, äußerlich notdürftig gereinigt und zu Preisen neuer Kanülen an die Drogensüchtigen verkauft werden. Es ist kein Wunder, wenn es unter solchen Bedingungen zur Krankheitsübertragung kommt. Unter den AIDS-Patienten finden sich weiter Bluterkranke sowie Empfänger von Vollblut. Schließlich erkrankten Farbige, welche aus der Karibik stammten. Es bleibt aber ein Rest, der keiner dieser Gruppen zuzuordnen ist. Seit man bei der Weltgesundheitsorganisation in Genf auch die europäischen AIDS-Erkrankungen erfaßt, hat sich herausgestellt, daß auch Personen aus gewissen Gegenden Zentralafrikas an AIDS erkranken. Dort wird ein wichtiger Erregerherd vermutet.

An diesem Bild, welches sich schon sehr früh ergab, als man noch nichts über die zellulär-immunologische Basis und die Virusätiologie von AIDS wußte, hat sich bis heute, wo die Zahl der AIDS-Erkrankungen in die Tausende gehen, nichts Wesentliches geändert. Die Gruppen der Risikopersonen stellen immer noch das Hauptkontingent der AIDS-Kranken dar.

Die Folgerungen hieraus wiesen in eine bestimmte Richtung. Der Verdacht drängte sich geradezu auf, daß ein AIDS-Erreger existierte und daß er zumindest temporär im Blut zirkulierte. Schon aus früheren Untersuchungen hatte sich ergeben, daß bei AIDS ein immunologischer Defekt vorlag. Das wiederum führte zu der Vermutung, daß ein möglicher Erreger wahrscheinlich eine besondere Affinität zu bestimmten immunologisch wichtigen Zelltypen besitzen würde.

Bevor ich mich dieser Frage zuwende, gestatten Sie mir noch zwei Bemerkungen. Zur ersten kann ich Ihnen eine weitere Tabelle zeigen.

Tabelle 8. AIDS-Fälle nach Alter und Geschlecht in 17 europäischen Ländern (Stand 31. 12. 1984)

Alter (Jahre)	Männer	Frauen	Gesamt n	[%]
0 – 1	4	1	5	<1
1 – 4	0	0	0	0
5 – 9	0	0	0	0
10 – 14	2	0	2	<1
15 – 19	4	0	4	<1
20 – 29	106	31	137	18
30 – 39	335	18	353	46
40 – 49	188	8	196	26
50 – 59	45	2	47	6
≥60	7	0	7	<1
Unbekannt	11	0	11	1
Gesamt	702	60	762	100

Diese erste Bemerkung betrifft die Altersverteilung der AIDS-Patienten. Ich glaube, es wird aus der Tabelle 8 deutlich, daß es jüngere und mittlere Altersstufen sind, die an AIDS erkranken. Das ist plausibel. Gleichzeitig sieht man, wie überwiegend Männer an AIDS erkranken. Besonders deprimierend sind die AIDS-Erkrankungen bei Kindern im Alter von unter einem Jahr. Bei diesen Erkrankungen, deren Zahl weltweit schon über 130 Fälle beträgt, handelt es sich in der Regel um die Kinder von Müttern, welche mit bisexuellen Partnern Verkehr hatten. Hier sind mehrere Möglichkeiten der Infektübertragung denkbar. Ich kann aus Zeitgründen darauf nicht eingehen.

Die zweite Bemerkung betrifft AIDS-Fälle bei Blutern und nach Vollbluttransfusion. Diese Patienten werden mit dem AIDS-Erreger durch therapeutische Maßnahmen infiziert. Damit wird gegen den Grundsatz des „Nil nocere" verstoßen.

Keinem Menschen ist zumutbar, sich Blut transfundieren oder mit aus Blut gewonnenen Präparaten behandeln zu lassen, wenn er befürchten muß, ihm wird dabei der AIDS-Erreger übertragen. Bei den Blutbanken und sonstigen Blutspendediensten müssen also schleunigst alle Blutspenden auf AIDS untersucht und die positiven oder verdächtigen Spenden und Spender eliminiert werden. Die dazu nötigen Maßnahmen sind in Gang gebracht.

Von den zahlreichen aus Blutplasma hergestellten Präparaten sind es im wesentlichen die für die Bluterbehandlung benötigten Faktor-VIII- und -IX-Präparate, welche mit Recht in den Verdacht der AIDS-Übertragung geraten sind. Alles andere bleibt weitgehend unverdächtig. Der AIDS-Erreger war noch unbekannt, als dieser inzwischen erhärtete Verdacht entstand. Damals stützten nur epidemiologische Daten diese Vermutung. Diese Daten erlaubten den Schluß, daß, sofern es einen AIDS-Erreger gab, dieser ziemlich labil sein mußte. Es war zu erwarten, daß er nur in den sehr schonend gewonnenen Plasma-Fraktionen in vermehrungsfähiger Form vorkommen würde, falls das Ausgangsmaterial ihn enthielt.

Erreger und Labordiagnose

Ich glaube, ich sollte an dieser Stelle einige Worte über den AIDS-Erreger und die sich aus seiner Identifizierung und seiner praktisch unbegrenzten Züchtbarkeit im Laboratorium ergebenden diagnostischen Möglichkeiten sagen.

Der AIDS-Erreger ist heute bekannt. Er wurde unabhängig voneinander durch zwei Forschergruppen entdeckt. Die eine Gruppe arbeitete am Pasteur-Institut Paris. An ihrer Spitze stand Luc MONTAGNIER. Die andere Gruppe war die Gruppe GALLO an den NIH in Bethesda bei Washington. Die Ergebnisse und Erkenntnisse beider Gruppen stimmen praktisch überein. Sie bezeichnen den Erreger allerdings verschieden. Die Amerikaner nennen ihn HTLV III. Das ist die Abkürzung für Human-T-Lymphotropic Virus. Die französische Bezeichnung ist LAV. Das bedeutet Lymphadenopathy Associated Virus. Inzwischen gibt es sogar einen dritten Namen für den AIDS-Erreger, nämlich ARV, die Abkürzung für AIDS-associated retrovirus. HTLV III bedeutet also dasselbe wie LAV und ARV. Die Frage der absoluten Identität dieser drei Viren möchte ich hier nicht erörtern. An ihrer engen Verwandtschaft besteht wohl kein Zweifel.

Als Retrovirus ist der AIDS-Erreger ein Ribonukleinsäure-Virus. Retroviren sind im Tierreich weit verbreitet. Der AIDS-Erreger wurde zuerst aus menschlichen Lymphdrüsen gezüchtet. Inzwischen ist er aber sehr häufig auch im Blut, im Speichel und im menschlichen Samen nachgewiesen. Retroviren sind gegenüber chemischen und physikalischen Einflüssen sehr labil.

Seit 1984 kann der AIDS-Erreger (HTLV III/LAV/ARV) sehr leicht in vitro gezüchtet werden. Damit wurde die Herstellung diagnostischer Laborreagenzien möglich. GALLO hat einige amerikanische Firmen mit den Ausgangsmaterialien für die Produktion dieser Reagenzien versehen. Inzwischen hat die Food and Drug Administration einigen Firmen entsprechende Lizenzen erteilt. Auch Luc

Tabelle 9. AIDS-Erreger

HTLV III
(Human T-Lymphotropic Virus)
(GALLO et al.)

LAV
(Lymphadenopathy associated Virus)
(Luc MONTAGNIER et al.)

HTLV III sehr wahrscheinlich identisch mit LAV und ARV

ARV
(AIDS − associated retrovirus)

MONTAGNIER ist in analoger Weise vorgegangen. Die entsprechenden Laborreagenzien stehen seit einigen Monaten in USA und Europa zur Verfügung. Die Blutspendedienste stehen nunmehr, wie schon gesagt, vor der immensen Aufgabe, alle Spender und Spenden auf AIDS zu untersuchen. In der Bundesrepublik sollen etwa 2,5 − 3,5 Millionen Blutspenden pro Jahr erfolgen. Allein die quantitative Bewältigung dieser Untersuchungen ist schwierig. Eine Hypothek besonderer Art ist es, daß Beobachtungen vorliegen, denen zufolge falsch-positive und falsch-negative Untersuchungsergebnisse vorkommen. Das liegt z. T. in der Natur dieser Teste, bei denen die Grenze zwischen positivem und negativem Ausfall nicht nach überzeugenden wissenschaftlichen Kriterien gezogen werden kann. Ihre Bewertung ist im Bereich gewisser Ergebnisse eine Ermessensfrage. Deshalb soll Vorsorge getroffen werden, daß jeder positive Befund mit anderer Technik, deren es inzwischen mehrere gibt, überprüft wird.

Besonders heikel ist es, daß diese Teste eindeutig positiv bei Personen ausfallen können und auch tatsächlich ausgefallen sind, welche noch keinerlei Krankheitssymptome aufwiesen. Das liegt an der langen Zeit zwischen Ansteckung und Auftreten klinischer Symptome. Soweit es sich um Personen handelt, die einer der bekannten Risikogruppen angehören, betrifft das Untersuchungsergebnis nur diese Personen selbst. Es stellt trotzdem eine äußerst schwere seelische Belastung für den Betreffenden dar. Wenn der Befund aber bei einem Blutspender erhoben wird, sind mehrere Personen berührt, Spender und Empfänger. Dann trifft die seelische Last auch den Empfänger, der ja ohnehin schon unter einer Krankheit leidet. Dann hängt das Damoklesschwert über beiden, falls nicht die Übertragung des seropositiven Blutes verhindert wird.

Ich muß in diesem Zusammenhang auch einige Worte über das Wesen der z. Zt. zugänglichen diagnostischen Laborteste sagen. Sie sind Verfahren zur Bestimmung von Antikörpern gegen den AIDS-Erreger, das HTLV III bzw. LAV. Man weist also nicht den Erreger selbst nach.

Welchen Schluß erlaubt bei diesem Sachverhalt ein positives Untersuchungsresultat?

Ein positives Ergebnis bedeutet, daß die Person, von der die untersuchte Blutprobe stammt, mit dem Virus HTLV III bzw. LAV infiziert wurde und daß dieses Virus vermutlich in dieser Person noch vorhanden ist. Die betreffende Person ist mithin unter bestimmten Voraussetzungen eine potentielle Ansteckungsquelle. Das ist bei AIDS eine Besonderheit. Man muß sich doch eigentlich fragen, weshalb im Falle von AIDS der Nachweis von Antikörpern gegen den Erreger nicht Immunität bedeutet. Das würde doch unseren gängigen Vorstellungen entsprechen. Wir brauchen nur an die zahlreichen Schutzimpfungen zu denken. Es erübrigt sich, hierfür Beispiele anzuführen. Weshalb ist das bei AIDS anders, woran nicht zu zweifeln ist?

Diese Frage ist im Augenblick nicht zuverlässig zu beantworten. Es ist aber fraglos so, daß die bei einem positiven AIDS-Test nachgewiesenen Antikörper nicht schützend, nicht protektiv wirken. Über das „Weshalb" läßt sich nur spekulieren. Der Grund könnte damit zusammenhängen, daß beim Ausschleusen der Virusteilchen aus der Zelle in die Oberfläche der Viren zu viele körpereigene Glycoproteine aus der Zellmembran aufgenommen werden. Die Immunzellen erkennen infolgedessen die Virusteilchen nicht als genügend körperfremd. Mit anderen Worten, die Unterscheidung zwischen „selbst" und „nicht-selbst" funktioniert nicht.

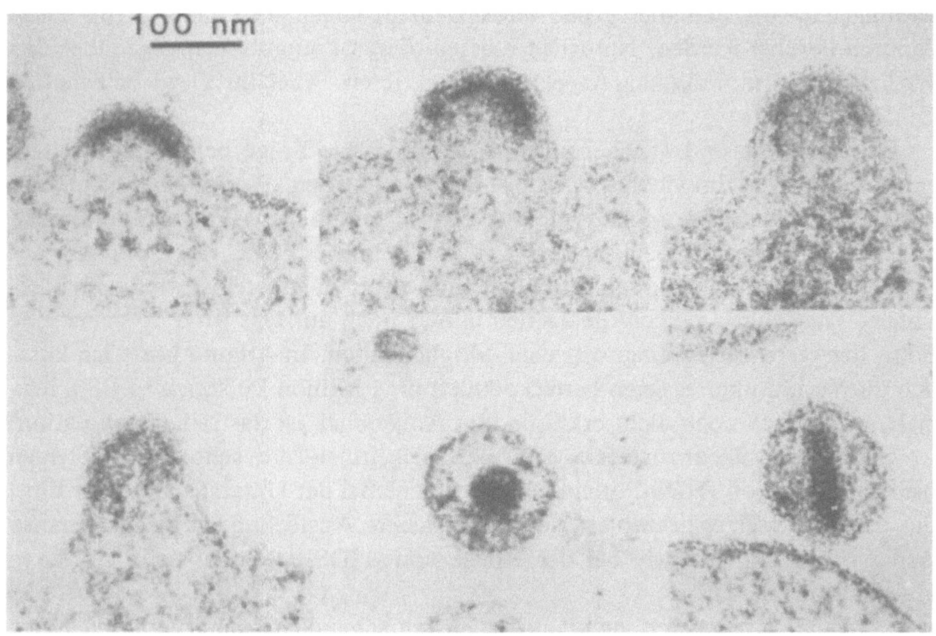

Abb. 5

Es gibt jedoch auch andere Deutungsmöglichkeiten. Von ihnen will ich die sogenannte Sequenzvariation nennen, d. h. eine große Variabilität in den Aminosäuresequenzen oberflächlicher Virusproteine, welche das serologische make-up der Virusteilchen verändern, so daß das Virus dem Zugriff der Antikörper entgeht.

Die mit dem AIDS-Erregern infizierten und die an AIDS oder an einem sogenannten ARC, AIDS-related-complex erkrankten Menschen stellen nicht nur die Ärzte vor ein schwieriges, z. Zt. nicht lösbares therapeutisches Problem. Sie bedeuten auch eine große menschliche, gesellschaftliche, psychologische und soziale Aufgabe. Wegen der Gefahr, daß ein positiver Laborbefund ganz abgesehen von der ärztlichen Problematik gesellschaftliche Diskriminierung und schwerste seelische Last bedeuten, muß auf diesem Gebiet mit größter Vorsicht vorgegangen werden. In vereinzelten Fällen ist es m. W. schon zum Selbstmord bei Personen gekommen, wenn ein positiver Laborbefund ohne Vorsicht mitgeteilt wurde oder wenn jemand Sexualpartner einer AIDS-verdächtigen Person war. Wegen dieser Möglichkeiten hat man wohl auch bisher davon Abstand genommen, AIDS-Erkrankungen oder AIDS-positive Befunde der Meldepflicht nach dem Bundesseuchengesetz zu unterstellen. Die WHO empfiehlt jedoch die Registrierung der AIDS-Fälle. Dafür gibt es gewichtige Gründe.

Die für das Gesundheitswesen zuständigen Behörden des Bundes und der Länder müssen in gewissen Bereichen handeln. Ich erwähnte bereits die drastischen Konsequenzen für die Blutbanken, Plasmaphereseeinrichtungen und die Hersteller von Blutprodukten. Der Laie macht sich meist keine zutreffenden Vorstellungen davon, daß auch große wirtschaftliche neben allen anderen Interessen dadurch berührt werden. Natürlich müssen diese ökonomischen gegenüber den ärztlichen und moralischen Aspekten zurücktreten. Aber ihr Gewicht behalten sie dennoch.

Eine wichtige und gleichermaßen beunruhigende Frage betrifft die weitere epidemiologische Entwicklung in USA und Westeuropa. Wer möchte nicht gern einen Blick in die epidemiologische Zukunft werfen können. An Extrapolationen auf der Grundlage der bisherigen Entwicklung fehlt es nicht. Das Spektrum der Prognosen reicht von apokalyptischen Visionen bis zu bagatellisierenden Projektionen. Tatsächlich steigen die Zahlen immer noch an. Das ist z. T. sicher eine Folge der verbesserten diagnostischen Möglichkeiten. In Atlanta hörte ich kürzlich die Vermutung, es seien bereits 500 000 bis 1 Million Personen in USA infiziert, wenn auch noch nicht erkrankt. Im Augenblick ist das reine Spekulation.

Die Furcht, sich anzustecken ist groß. Gelegentlich ist es schon zu Problemen bei der Pflege von AIDS-Patienten gekommen. Bei der Untersuchung von Blut, das den AIDS-Erreger enthielt, sind aber sichere Ansteckungen bisher genauso wenig vorgekommen, wie bei der Pflege von AIDS-Patienten oder bei deren Haushaltsangehörigen.

Derartige Infekte sind auch äußerst unwahrscheinlich, zumal jetzt, nachdem man den Erreger und seine Eigenschaften kennt. Man weiß, wie man sich beim

Umgang mit Blut schützen kann. Auch für die breite Bevölkerung sehe ich z. Zt. kein wesentliches AIDS-Risiko.

Bis jetzt sind bei uns etwa 90% aller AIDS-Erkrankungen in den bekannten Risikogruppen vorgekommen: Homosexuelle, Bisexuelle, Drogenabhängige, Bluterkranke, Prostituierte, welche mit Risikogruppenangehörigen Geschlechtsverkehr hatten, Frauen bisexueller Männer und ihre Kinder und Afrikaner. Deshalb glaube ich, daß sich bei uns die Krankheit in nächster Zukunft im wesentlichen auf diesen Personenkreis beschränken wird. Die Übertragung setzt offensichtlich doch einen außerordentlich engen Kontakt zwischen den Beteiligten voraus oder eben die Übertragung von Blut oder aus Blut gewonnenen bestimmten Präparaten. Natürlich weiß ich, daß der AIDS-Erreger auch in der Samenflüssigkeit und im Speichel nachgewiesen wurde. Dennoch bin ich davon überzeugt, daß diese beiden Stoffe unter dem, was ich einmal „normale Verhältnisse" nennen möchte, als Infektionsquelle keine große Rolle spielen. Das kann ich allerdings nicht beweisen. Die WHO und die USA haben sich jedenfalls veranlaßt gesehen, kürzlich darauf hinzuweisen, daß dem AIDS-Problem bei der Samenspende und der Organspende Aufmerksamkeit geschenkt werden muß.

Die Weltgesundheitsorganisation scheint in ihrem im Mai veröffentlichten Resümee der Tagung von Atlanta auch davon auszugehen, daß für die nächste Zeit nicht mit einer Ausbreitung des Erregers in anderen Bevölkerungsgruppen zu rechnen ist. Dem würde ich mich anschließen.

Herkunft des HTLV III

Bei AIDS harren natürlich noch viele Fragen einer Antwort. Beispielsweise bewegt die Frage nach der Herkunft des AIDS-Erregers die Gemüter. Wo ist sein ursprüngliches Reservoir? GALLO, einer der Wissenschaftler, der neben der Pasteur-Gruppe mit seiner Gruppe bei Food and Drug in Bethesda das Virus erstmals aus Patienten züchtete, meint, wenn ich ihn richtig verstanden habe, daß die „Heimat" dieses Virus Zentralafrika ist und daß das Virus auf verschiedenen Wegen nach Europa kam. Es wird deshalb äußerst wichtig und interessant sein, systematisch mit den jetzt zugänglichen Labormethoden Blutuntersuchungen bei der Bevölkerung der afrikanischen Gebiete vorzunehmen, in denen man den Ursprungsherd des AIDS-Erregers vermutet. Diese Ergebnisse können u. U. unsere gegenwärtigen Vorstellungen von AIDS noch wesentlich modifizieren.

Der eine Ausbreitungsweg soll mit dem Sklavenhandel in die Karibik geführt haben, von der Karibik in die USA, wo das Virus in den großen Homosexuellen-Gruppen in Los Angeles, San Francisco, New York und Florida Fuß faßte. Von dort schließlich kam der Erreger nach Europa.

Ein zweiter Weg führte von Afrika direkt nach Europa. Auch für diesen zweiten Weg gibt es plausible Hinweise.

Ein dritter Weg schließlich soll vor einigen Jahrhunderten nach GALLO nach Ostasien geführt haben. Ob diese Vermutungen zutreffen, läßt sich verständlicherweise nicht mehr klären.

Die Frage, ob es sich um ein völlig neuartiges Virus handelt, würde ich aus meiner Sicht verneinen. Es ist natürlich auch eine Definitionsfrage, was man als „neu" bezeichnen will. Die Gruppe der Retroviren ist jedoch seit Jahrzehnten bekannt, auch in der menschlichen Pathologie. HTLV III war lediglich noch nicht entdeckt. Der Umstand, daß die AIDS-Erkrankungen und ähnliche Symptome erst seit 4 – 5 Jahren so große Bedeutung erlangt haben, hängen m. E. mit den politischen, gesellschaftlichen und ökonomischen Veränderungen der letzten Jahrzehnte zusammen. Vielleicht steht uns hier ohnehin noch einiges andere an Überraschungen ins Haus, denn die intensiven Beziehungen, welche heute durch Tourismus, Entwicklungshilfe und ökonomische Aktivitäten zwischen den Kontinenten existieren, schaffen selbstverständlich auch neue Möglichkeiten des Erregertransportes zwischen den Kontinenten. Besonders interessant wäre es, wenn etwas darüber in Erfahrung gebracht werden könnte, wann etwa der Erreger von AIDS oder seine Spuren zum ersten Male in der europäischen oder nordamerikanischen Bevölkerung feststellbar wurden. Das erscheint zunächst ziemlich aussichtslos. Wie soll man Vorgänge zeitlich festlegen, die möglicherweise jahrelang zurückliegen. Dafür gibt es aber doch eine bescheidene Möglichkeit. Man müßte beispielsweise Blutproben untersuchen, die vor Jahren entnommen wurden, die seitdem unter geeigneten Bedingungen, also etwa tief gekühlt aufbewahrt wurden und die vom Kreis der Risikopersonen stammen. Eine solche Personengruppe sind die Bluterkranken. Es fragt sich also, ob Blutproben von Bluterkranken aus der zweiten Hälfte der 70er Jahre noch für eine Untersuchung zur Verfügung stehen. In einem geringen Umfang ist das tatsächlich der Fall. Herr GÜRTLER (Max-von-Pettenkofer-Institut München) hat Blutproben von Hämophilen, welche in den letzten acht Jahren entnommen worden waren und seitdem aufbewahrt wurden, auf Antikörper gegen HTLV III untersucht. Er fand die erste positive Blutprobe unter den 1981 entnommenen. Wenn auch die Zahlen sehr klein sind, so

Tabelle 10. Antikörper gegen HTLV-III bei Hämophilen (GÜRTLER et al.)

Jahr	Anzahl pos.	Anzahl getestet	[%]
1978	0	7	
1979	0	10	
1980	0	7	
1981	1	13	8
1982	3	15	20
1983	9	22	41
1984	21	40	53

wäre darin doch ein Hinweis zu sehen, daß schätzungsweise ab 1980 die Hämophilen mit Plasmaderivaten behandelt wurden, die den AIDS-Erreger enthielten.

Es wäre natürlich höchst interessant zu ermitteln und zu erfahren, von welchen Blutspendern die entsprechenden Faktor-VIII-Präparate stammten.

Inzwischen liegt auch eine äußerst interessante Studie aus England vor. In ihr wurden mehrere hundert Blutproben von Homosexuellen aus London und aus anderen Gegenden Englands, die in der Studie nicht spezifiziert werden, auf Antikörper gegen den AIDS-Erreger untersucht. Die untersuchten Blutproben stammten aus den Jahren 1980 bis 1984. Die Personen waren nicht an AIDS erkrankt. Die Blutproben waren ursprünglich entnommen worden, um andere Untersuchungen vorzunehmen. Das Ergebnis dieser Studie ist äußerst interessant. In London nahm der Anteil positiver Blutbefunde von 5,2% im Jahre 1980 auf 34,1% im Jahre 1984 zu. Bei den Homosexuellen fanden sich große lokale Unterschiede der Häufigkeit positiver Ergebnisse zwischen 1,6% und 11,2%.

Anders als die Untersuchungsresultate GÜRTLERS an Blutern zeigen die englischen Befunde, daß der AIDS-Erreger schon 1980, wenn nicht bereits früher in die britische Homosexuellen-Szene eingebracht worden war. GÜRTLERS Untersuchungen dagegen lassen eine ebenfalls äußerst wichtige Vermutung zu, nämlich ab wann etwa Faktor-VIII-Präparate angewandt wurden, die den AIDS-Erreger enthielten.

Erlauben Sie mir nun noch einige Worte darüber, wie die Immundefizienz bei AIDS entsteht und über den Erreger von AIDS. Ich werde versuchen, dies unter Auslassung vieler z. T. wesentlicher Details in einer hoffentlich auch für den Laien verständlichen Form zu tun.

Tabelle 11. HTLV-III-Antikörper in ausgewählten Bevölkerungsgruppen in der Bundesrepublik Deutschland

Gruppe	Anzahl positive	getestet	% positive
AIDS-Patienten	43	53	81
Risiko-Gruppen			
Homosexuelle gesamt	765	1967	39
asymptomatisch	204	814	25
mit Lymphadenopathie (LAS/ARC)	276	385	72
Bluterkranke	297	710	42
i. v. Drogenabhängige	12	35	34
Potentielle Risiko-Gruppen			
Prostituierte	0	101	0
Laborpersonal	0	42	0
Polytransfundierte	0	35	0
gegen Hepatitis B Geimpfte	0	98	0
Blutspender	12	7240	0,17

Rolle des Immunsystems bei AIDS

Das Immunsystem des menschlichen Körpers besteht aus zwei Komponenten, einer humoralen und einer zellulären. Träger der humoralen Immunität sind die sogenannten Antikörper. Bei ihnen handelt es sich um hochspezifische Eiweißkörper, sogenannte Immunglobuline. Diese Immunglobuline sind in vielen Körperflüssigkeiten, besonders im Blut in gelöster Form vorhanden. Gebildet werden die Antikörper von weißen Blutzellen in den Lymphdrüsen, im Wurmfortsatz, in der Milz, in den Rachen- und Gaumenmandeln und an vielen anderen Stellen. Die Bildung der Antikörper wird durch Stoffe stimuliert, die man als Antigene bezeichnet. Mehr möchte ich über die humorale Seite des Immunsystems im Zusammenhang des Themas AIDS nicht sagen.

Man macht sich diese Fähigkeit des menschlichen Organismus, Immunglobuline zu bilden, bekanntlich in den zahlreichen Impfungen zunutze, weil fast alle Krankheitserreger und ihre Bestandteile Antigene sind. Aber auch ohne Impfung kommt es durch die ansteckenden Krankheiten zur Antikörperbildung.

Schon seit der Zeit BEHRINGS und METSCHNIKOFFS wurde die Existenz eines zweiten immunologischen Systems, das auf vorweigend zellulären Mechanismen beruht, vermutet. Auch dieses System spielt bei der Kontrolle und der Überwindung ansteckender Krankheiten eine wichtige Rolle.

Auch die Träger der zellulären Immunität gehören wie die antikörperbildenden Zellen zu den sogenannten weißen Blutkörperchen. Bei der Gesamtheit der weißen Blutzellen handelt es sich um ein differenziertes Zellsystem mit verschiedenartigsten Wechselwirkungen. In ihm gehören die immunologisch aktiven bzw. reaktiven Zellen und zwar sowohl die antikörperbildenden Zellen als auch die Zellen, welche die zellulären Mechanismen vermitteln, zu den sogenannten Lymphzellen oder Lymphozyten. Diese Lymphozyten lassen sich somit in zwei Kategorien einteilen. Die antikörperbildenden Zellen werden als B-Lymphozyten oder B-Zellen bezeichnet, jene anderen Zellen, die die zellulären Mechanismen vermitteln, als T-Zellen.

Weshalb sie so bezeichnet werden, das zu erläutern, würde in einem Vortrag über AIDS zu weit führen. Wenn man jedoch das Entstehen und den Verlauf der Krankheit AIDS ein wenig verstehen will, dann muß mit wenigen Worten auf diese immunologischen Zusammenhänge eingegangen werden.

Der AIDS-Erreger ist ein Virus, welches vorzugsweise Zellen aus der T-Reihe der Lymphzellen infiziert. Aber er befällt nicht wahllos alle T-Zellen. Vielmehr selektiert er dabei. Die T-Zellen sind nämlich keineswegs alle gleich. Sie lassen sich in verschiedene Unterpopulationen mit ganz unterschiedlichen Aufgaben und Funktionen einteilen. Eine dieser Unterpopulationen sind die sogenannten T4-Zellen, auch Helferzellen genannt. Eine zweite Unterpopulation sind die T8-Zellen. Letztere werden auch als Suppressorzellen bezeichnet. Beide Zelltypen lassen sich relativ leicht und einfach voneinander unterscheiden. Die Bezeichnung als Helfer (Helper)- und Suppressorzellen deutet schon die unterschiedli-

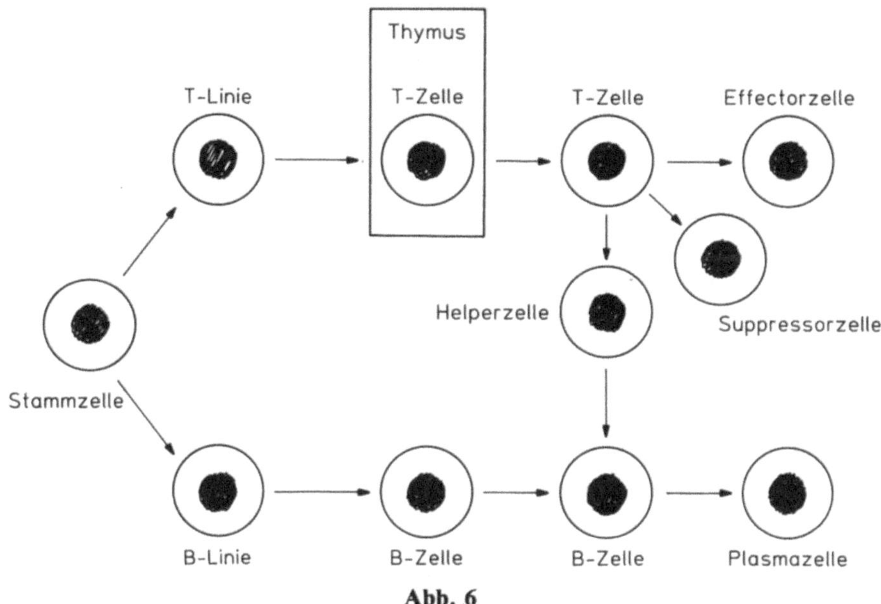

Abb. 6

chen Funktionen beider Zellkategorien an. In diesen verschiedenen Funktionen, denen eine unterschiedliche Feinstruktur der Zelloberfläche beider Zellkategorien entspricht, liegt aber leider auch der Bezug zu AIDS oder genauer gesagt zum AIDS-Erreger. Worin besteht dieser Bezug? Kurz gesagt darin, daß der AIDS-Erreger bevorzugt die T4-Zellen befällt. Er vermehrt sich in diesen Zellen. Die Zellen gehen daran zugrunde. Das Resultat ist eine fatale lebensbedrohende Störung der immunologischen Balance des menschlichen Organismus. Das Verhältnis T4-Zellen zu T8-Zellen, welches normalerweise etwa 2:1 beträgt, kehrt sich um, es wird 1:2 oder noch weniger.

Man ahnt, wie unser Wohlbefinden von der Funktion eines einzigen Zelltyps abhängt, welcher innerhalb eines ganzen Orchesters immunologisch kompetenter Lymphzellen bestimmte Aufgaben zu erfüllen hat.

Der Untergang der T4-Zellen als Folge der Infektion durch das HTLV III-Virus schafft die Voraussetzungen für die AIDS-Erkrankung. Ich glaube, daß damit der erste Schritt in der Pathogenese von AIDS plausibel ist. Alles weitere, beispielsweise, daß so viele opportunistische Infektionen mit für normale Menschen harmlosen Keimen außer Kontrolle geraten und auch, daß Tumoren auftreten, erscheint als Folge des Ausfalls der T4-Zellen. Die molekulare Basis der Erreger-Wirtszellbeziehung ist aber damit natürlich noch nicht geklärt. Hier warten noch viele immunologische und biochemische Fragen auf Antwort. Aber verständlich erscheint nunmehr, weshalb ein so zentrales wesentliches Element der Krankheit AIDS der Immundefekt ist.

HTLV III/LAV/ARV

Mit einigen wenigen Worten möchte ich zum Schluß noch einmal auf den AIDS-Erreger zurückkommen. Ich sagte bereits, daß er zur Gruppe der sogenannten Retroviren gehört und daß diese Retroviren RNS-Viren sind. Während Retroviren als Ursache von Tierkrankheiten schon viele Jahre bekannt sind, ist ihre Rolle in der menschlichen Pathologie erst in den letzten Jahren genauer erkannt und erforscht worden. Beim Menschen spielen drei, möglicherweise vier Retroviren nach dem bisherigen Kenntnisstand eine Rolle. Von den drei Viren, die als HTLV I, HTLV II und HTLV III bezeichnet werden, sind die ersten beiden als Erreger von Leukämien erkannt, das Virus HTLV III wie gesagt als Ursache von AIDS. Alle drei Viren besitzen unter ihren Proteinen ein Enzym, welches RNS in DNS umschreiben kann. Derartige Enzyme heißen reverse Transcriptasen. Die so entstandene DNS kann dann u. U. in das Zellgenom inseriert werden. Sie wird dadurch zu einem Bestandteil dieses Zellgenoms und auf Tochterzellen vererbt. Falls das Virusgenom unter seinen verschiedenen Genen ein sogenanntes Oncogen besitzt, welches normale Zellen in Tumorzellen umwandeln und dadurch, wie man sagt, immortalisieren kann, ist der Weg zu einer bösartigen Erkrankung, einem Tumor beschritten.

Das HTLV III, der AIDS-Erreger, besitzt im Unterschied zu HTLV I und HTLV II kein Oncogen. Die HTLV-III-infizierten Zellen werden infolgedessen nicht oncogen transformiert, sie gehen stattdessen anscheinend in der Regel an der Infektion zugrunde. Folge AIDS. Allerdings muß man zugeben, daß wir viele Einzelheiten der Virusvermehrung noch nicht kennen.

Die Alternativen, vor denen ein Patient bei einem Retrovirusinfekt im Augenblick zu stehen scheint, sind in jedem Fall fatal. Sie gleichen langsam vollstreckten Todesurteilen.

Die Therapie der AIDS-Erkrankung ist z. Zt. alles andere als erfolgversprechend. Auch auf der von mir mehrfach erwähnten Tagung in Atlanta wurden keine Berichte über Behandlungserfolge oder Behandlungsergebnisse vorgetragen, die große Hoffnungen rechtfertigen. Die Situation, in der sich die kurative Medizin bei AIDS befindet, ist äußerst schwierig. Die Patienten suchen leider oft den Arzt erst dann auf, wenn das AIDS-Virus die Population der T4-Lymphozyten weitgehend zerstört hat und sich die Folgen, opportunistische Infekte oder Tumoren wie Kaposi-Sarkome eingestellt haben. Das bedeutet, der Vorhang ist genau genommen nach dem ersten Akt des Dramas AIDS bereits niedergegangen. Der Arzt sieht die AIDS-Patienten in aller Regel zum ersten Mal im zweiten Akt. Natürlich gab es auf der Tagung in Atlanta auch gemäßigt optimistische therapeutische Berichte (Suramin, Viblastin, HPA-23, Interferon). Bei einer Krankheit, die erst seit vier Jahren bekannt ist, die derartig protrahiert verläuft wie AIDS, die eine äußerst hohe Sterblichkeit besitzt, scheint es aber kaum möglich, beobachtete therapeutische Effekte z. Zt. abschließend zu beurteilen. Natürlich wird es möglich sein, einige der opportunistischen Infektionen, welche für die Krankheit AIDS typisch sind, therapeutisch zu beeinflussen; vielleicht auch manchen der Tumoren, die im Verlauf von AIDS auftreten.

Aber man muß sich doch fragen, ob mit derartigen therapeutischen Bemühungen der Hebel an jener Stelle ansetzt, von der aus der pathogenetische Primärvorgang im engeren Sinne von Heilung beeinflußt werden kann. Dieser Primärvorgang ist die Zertörung der T4-Lymphozyten durch das AIDS-Virus. Wenn man sich das vor Augen hält, dann findet man schwerlich therapeutische Ermutigung. Bleibt die Prophylaxe. Auf deren Probleme habe ich schon hingewiesen. So lange wir nicht wissen, welche Antigene des HTLV III protektive Antikörper stimulieren, ist auch kein klarer Weg für eine Impfstoffentwicklung zu sehen. Aber dennoch werden selbstverständlich in dieser Richtung die stärksten Anstrengungen unternommen. Wenn es eine Immunität gegen AIDS gibt, dann muß die Präparation aller Virusantigene letztlich auch das für die Protektion verantwortliche erfassen und damit die Grundlage für einen Impfstoff liefern. Frau HECKLER, die amerikanische Gesundheitsministerin hat auf der von mir bereits mehrfach erwähnten Tagung in Atlanta im April dieses Jahres gesagt, daß AIDS für die Regierung der USA z. Zt. das Gesundheitsproblem Nr. 1 ist und daß, wenn ein Impfstoff verfügbar sein wird, diese Impfung allen Amerikanern angeboten werden wird.

Es ist zu fragen, was man in der Zwischenzeit tun kann, um Krankheit und Epidemie unter Kontrolle zu bringen. Abgesehen von der intensiven Fortsetzung der therapeutischen Bemühungen müssen sich m. E. die Aktivitäten darauf konzentrieren, dem Erreger die Übertragungswege zu verlegen. Wir müssen die Infektketten zu unterbrechen versuchen, beispielsweise durch desinfektorische und andere hygienische Maßnahmen. Man kennt einige, vermutlich die wichtigsten Übertragungswege. Fraglich ist, ob wir bereits alle kennen. Es wird entscheidend darauf ankommen, herauszufinden, ob und in welchem Maße der Erreger und seine Spuren außerhalb der Risikogruppen festzustellen sind. Trotz ihrer vielen Mängel werden dabei die bereits zugänglichen Laborteste gute Dienste leisten können. Systematische Untersuchungen der Bevölkerung in den vermuteten Ursprungsgebieten des AIDS-Erregers, beispielsweise in Zaire, lassen hier wertvolle Informationen erwarten.

Mir ist bewußt, daß die offensichtlich große Variabilität des Erregers dabei ein erhebliches Handicap darstellt.

Bei allen vorbeugenden Maßnahmen wird die richtige sachgemäße Aufklärung der Öffentlichkeit über das Wesen dieser Krankheit, welche auf jede Diskriminierung wichtiger Gruppen der Risikopersonen verzichtet, eine große Rolle spielen müssen. Nur am Rande möchte ich in diesem Zusammenhang bemerken, daß nach meinen Informationen dabei auch der Situation in den Strafanstalten Aufmerksamkeit geschenkt werden muß. AIDS ist eben nicht nur, das sei abschließend noch einmal festgestellt, ein immunologisches oder virologisches, sondern auch ein intimste menschliche Verhaltensweisen berührendes Problem, welches nicht nur die Medizin angeht. Sicher sind primär Medizin, besonders Virusforschung und Immunologie gefordert, aber daneben auch Psychologie, Theologie, Jurisprudenz und ganz allgemein auch die Politik. Wir wissen im Augenblick nicht, vor welchen epidemiologischen Entwicklungen wir bei AIDS stehen. Ich hoffe, daß letztlich die biologischen Kontrollmechanismen, über die der menschliche Organismus verfügt, für die Bekämpfung von AIDS erfolgreich eingesetzt werden können, daß also in nicht allzu weiter Ferne die Entwicklung eines Impfstoffes gelingt.

Literatur

1. Pneumocystis Pneumonia Los Angeles (1981) Morbidity and Mortality Weekly Report 30:250
2. Kaposi's Sarcoma and Pneumocystis Pneumonia among Homosexual Men – New York City and California (1981) Morbidity and Mortality Weekly Report 30:305
3. Centers for Disease Control (1982) Task Force on Kaposi's Sarcoma and Opportunistic Infections. Epidemiologic aspects of the current outbreak of Kaposi's sarcoma. New Engl J Med 306:248
4. GOTTLIEB MS, SCHROFF R, SCHAUKER HM (1981) Pneumocytis carinii pneumonia and mucosal candidiasis in previously health homosexual men: evidence of a new acquired cellular immunodeficiency. New Engl J Med 305:1425
5. MASUR H, MICHELIS MA, GREENE JB et al (1981) An outbreak of community – acquired Pneumocystis carinii pneumonia: initial manifestations of cellular immune dysfunction. New Engl J Med 305:1431
6. Follow up on Kaposi's Sarcoma and Pneumocystis Pneumonia (1981) Morbidity and Mortality Weekly Report 30:409
7. POPOVIC M, SAANGADHARAN MG, RED E, GALLO RC (1984) Detection, Isolation and Continuous Production of Cytopathic Retroviruses (HTLV III) from Patients with AIDS and Pre-AIDS. Science 224:497
8. BARRE-SINOUSSI F, CHERMANN JC, REY F, NUGEYRE T, CHAMARET S, GRUEST J, DAUQUERT C, AXLER-BLUE C, VEZINET-BRUN F, ROUZIOUX C, ROZENBAUM W, MONTAGNIER L (1983) Isolation of a T-lymphotropic retrovirus from a patient at risk for acquired immune deficiency syndrome (AIDS). Science 220:868
9. L'AGE-STEHR (1983) Erworbene Immundefekte – eine neue Infektionskrankheit. Bundesgesundheitsblatt 26:93
10. Merkblatt No. 43 (1983) Das erworbene Immundefekt-Syndrom AIDS. Bundesgesundheitsblatt 26:286
11. de COCK KM (1984) AIDS: an old disease from Africa. Brit med Journ 289:306
12. HUNSMANN G et al (1985) Seroepidemiology of HTLV III (LAV) in the Federal Republic of Germany. Klin Wochenschr 63:233
13. EDELMAN R (1984) Summary of the National of Health Research Workshop on the Epidemiology of the Acquired Immunodeficiency Syndrome (AIDS). Journ inf Dis 150:295
14. WHO Memoranda (1984) Acquired Immunodeficiency syndrome – an assessment of the present situation in the world: Memorandum from a WHO Meeting. Bull WHO 62:419

15. FEORINO PM et al (1985) Transfusion-Associated Acquired Immunodeficiency Syndrome. New Engl Journ Med 312:1293
16. OSTRHOLM MT et al (1985) Screening Donated Blood and Plasma for HTLV-III-Antibody. New Engl Journ Med 312:1185
17. WAIN-HOBSON et al (1985) Nucleotide Sequence of the AIDS-Virus. LAV Cell 40:9
18. RATNER L et al (1985) Complete nucleotide sequence of the AIDS-Virus, HTLV III. Nature 313:277
19. MUESING MA et al (1985) Nucleic acid structure and expression of the human AIDS/lymphadenopathy retrovirus. Nature 313:449
20. SANCHEZ-PESCADOR R et al (1985) Nucleotide Sequence and Expression of an AIDS-Associated Retrovirus (ARV-2). Science 227:484
21. GALLO R et al (1984) Frequent Detection and Isolation of Cytopathic Retrovirus (HTLV III) from Patients with AIDS and at Risk for AIDS. Science 224:500
22. JAFFE HW et al (1984) Transfusion – Associated AIDS: Serologic Evidence of Human T-Cell Leukemia Virus Infection of Donors. Science 223:1309
23. VOGT M et al (1983) Erworbenes Immundefektsyndrom (AIDS). DMW 108:1927
24. HEHLMANN R et al (1985) AIDS und HTLV III in der Bundesrepublik Deutschland. Stand Februar 1985. Klin Wochenschr 63:385
25. WOFSY CB et al (1984) The Acquired Immune Deficiency Syndrome: An International Health Problem of Increasing Importance. Klin Wochenschr 62:512
26. SHAW GM et al (1984) Molecular Characterization of Human T-Cell Leukemia (lymphotropic) Virus Type III in the Acquired Immune Deficiency Syndrome. Science 226:1165

Sitzungsberichte der Heidelberger Akademie der Wissenschaften
Mathematisch-naturwissenschaftliche Klasse

Die Jahrgänge bis 1921 einschließlich erschienen im Verlag von Carl Winter, Universitätsbuchhandlung in Heidelberg, die Jahrgänge 1922–1933 im Verlag Walter de Gruyter & Co. in Berlin, die Jahrgänge 1934–1944 bei der Weißschen Universitätsbuchhandlung in Heidelberg. 1945, 1946 und 1947 sind keine Sitzungsberichte erschienen.
Ab Jahrgang 1948 erscheinen die „Sitzungsberichte" im Springer-Verlag.

Inhalt des Jahrgangs 1979/80:
1. H. P. Schmitt. Akute und intervalläre Strahlenschäden des Zentralnervensystems. DM 84,–.
2. W. v. Engelhardt. Phaetons Sturz – ein Naturereignis? DM 26,–.
3. R. Haas. Influenza – Bagatelle oder tödliche Bedrohung? DM 19,80.
4. T. Kirsten (Hrsg.). Geophysik in Heidelberg. DM 52,–.
5. M. Becke-Goehring. Anorganische Chemie zwischen gestern und morgen. DM 24,–.

Inhalt des Jahrgangs 1980:
1. F. Duspiva. Das Problem der Determination und Differenzierung in der Biologie. DM 20,–.
2. E. Hinz. *Schistosoma intercalatum*-Infektionen in Afrika. Saisonkrankheiten in Nigeria. DM 42,–.
3. J. C. Vogel. Fractionation of the Carbon Isotopes During Photosynthesis. DM 18,80.
4. W. Doerr, W.-W. Höpker, W. Hofmann, K. Kayser, C. Tschahargane. Onkologisches Panorama. Krebsregister, Früherkennung, Phylogenie. DM 18,20.

Inhalt des Jahrgangs 1981:
1. F. Kirchheimer. Die Medaillen der Kurpfälzischen Akademie der Wissenschaften. DM 23,–.
2. S. Berking. Zur Rolle von Modellen in der Entwicklungsbiologie. DM 24,50.
3. Th. Wieland. Moderne Naturstoffchemie am Beispiel des Pilzgiftstoffes Phalloidin. DM 19,–.
4. S. Sambursky. Religion und Naturwissenschaft im spätantiken Denken. DM 10,50.

   W. Doerr. W. Hofmann, A.J. Linzbach, K. Rother, F. Seitelberger, Neue Beiträge zur Theoretischen Pathologie. Herausgegeben von H. Schipperges. Supplement. Geb. DM 62,–.

   Th. Henkelmann. Zur Geschichte des pathophysiologischen Denkens. John Brown (1735–1788) und sein System der Medizin. Supplement. Geb. DM 54,–.

Inhalt des Jahrgangs 1982:
1. E. G. Jung. Licht und Hautkrebse. Modelle und Risikoerfassung. DM 26,–.
2. H. H. Schaefer. Georg Cantor und das Unendliche in der Mathematik. DM 17,50.
3. G. Greiner. Spektrum und Asymptotik stark stetiger Halbgruppen positiver Operatoren. DM 18,50.
4. W. Doerr. Cacer à deux. DM 13,80.
5. W. Jaeger. Untersuchungen zu Farbkonstanz und Farbgedächtnis. DM 12,80.
6. H. Habs. Die sogenannte Pest des Thudydides. Versuch einer epidemiologischen Analyse. DM 24,80.

   B. M. Thimm. Brucellosis. Distribution in Man, Domestic an Wild Animals. Supplement. Geb. DM 45,–.

   G. Breitfellner. Der Sekundenherztod. Ein morphologisches, funktionelles und sektionsstatistisches Profil. Supplement. Geb. DM 128,–.

Sitzungsberichte der Heidelberger Akademie der Wissenschaften
Mathematisch-naturwissenschaftliche Klasse
Erschienene Jahrgänge (s. auch 3. Umschlagseite)

Preisänderungen vorbehalten

Springer-Verlag Berlin Heidelberg New York Tokyo

Sitzungsberichte der Heidelberger Akademie der Wissenschaften
Mathematisch-naturwissenschaftliche Klasse
Jahrgang 1985, 4. Abhandlung

Frank Räbiger

Beiträge zur Strukturtheorie der Grothendieck-Räume

Springer-Verlag Berlin Heidelberg New York Tokyo

Sitzungsberichte der Heidelberger Akademie der Wissenschaften
Mathematisch-naturwissenschaftliche Klasse
Jahrgang 1985, 4. Abhandlung

Frank Räbiger

Beiträge zur Strukturtheorie der Grothendieck-Räume

Vorgelegt in der Sitzung vom 6. Juli 1985
von Helmut H. Schaefer

Springer-Verlag
Berlin Heidelberg New York Tokyo

Dipl.-Math. Frank Räbiger
Mathematisches Institut der Universität Tübingen
Auf der Morgenstelle 10, 7400 Tübingen

ISBN 978-3-540-15758-8   ISBN 978-3-642-82579-8 (eBook)
DOI 10.1007/ 978-3-642-82579-8

Inhaltsverzeichnis

Einleitung

Ein Banachraum E heißt *Grothendieck-Raum*, falls in E' jede $\sigma(E',E)$-konvergente Folge $\sigma(E',E'')$-konvergent ist. Man sagt dann auch, E besitzt die *Grothendieck-Eigenschaft*.

Die Klasse der Grothendieck-Räume enthält offensichtlich alle reflexiven Banachräume. Die ersten nicht trivialen Beispiele für Grothendieck-Räume stammen von A. GROTHENDIECK selbst. In seiner 1953 erschienenen Arbeit „Sur les applications linéaires faiblement compactes d'espaces du type $C(K)$" ([27]) zeigt er, daß für jeden Stoneschen Raum K der Banachraum $C(K)$ der stetigen, reellwertigen Funktionen auf K die Grothendieck-Eigenschaft besitzt. Der Beweis des Grothendieckschen Resultats stützt sich im wesentlichen auf

(1) die ebenfalls von GROTHENDIECK stammende Charakterisierung relativ schwach kompakter Mengen von Radonmaßen auf lokalkompakten Räumen ([27, Théorème 2] und [56, II.9.8]),
(2) das Lemma von PHILLIPS ([56, II.10.3]) und
(3) Elemente der Ordnungstheorie.

So impliziert die Vorgabe eines Stoneschen Raumes K die Ordnungsvollständigkeit des Vektorverbandes $C(K)$ ([56, II.7.7]). Des weiteren stellt der Stonesche Darstellungssatz eine Verbindung her zwischen Stoneschen Räumen und vollständigen Booleschen Algebren ([56, II. Exerc.1]). (1) und (2) nützen diese Sachverhalte dann entscheidend aus. Im Beweis von Satz 1.4 der vorliegenden Arbeit sind die eben angedeuteten Zusammenhänge im Detail ausgeführt.

Zahlreiche Verallgemeinerungen von Grothendiecks Resultat wurden inzwischen bewiesen. Die Beweise werden dabei meist von den oben angeführten Punkten (1), (2) (Erweiterungen von (2)) und (3) getragen. Von ihren Aussagen her lassen sich diese Verallgemeinerungen im wesentlichen in drei Gruppen unterteilen.

So beschäftigte sich eine Vielzahl von Autoren mit Bedingungen an die Ordnung einer Booleschen Algebra $\mathscr{B}$, welche die Vitali-Hahn-Saks-Eigenschaft oder die Grothendieck-Eigenschaft für $\mathscr{B}$ nach sich ziehen. Diese Eigenschaften sind ihrerseits wieder hinreichend für die Grothendieck-Eigenschaft des Raumes $C(K_{\mathscr{B}})$ (dabei bezeichnet $K_{\mathscr{B}}$ den Stoneschen Darstellungsraum der Booleschen Algebra $\mathscr{B}$). Die wichtigsten Arbeiten hierzu stammen von T. ANDÔ ([2]), B. FAI-

RES ([18]), W. SCHACHERMAYER ([53]) und G. L. SEEVER ([57]) (siehe auch [11], [23], [24], [26], [28] und [44]).

Ein anderer Ansatz geht aus von einem Raum $C(K)$, K kompakt, und einer Bedingung an dessen Ordnung. Diese Gegebenheiten werden dann ausgenützt, um die Grothendieck-Eigenschaft für den Raum $C(K)$ herzuleiten. Hier sind in erster Linie die Arbeiten von F. K. DASHIELL ([11]), G. L. SEEVER ([57]) und H. H. SCHAEFER ([55]) zu erwähnen. Gerade in der letztgenannten Arbeit ist das Zusammenwirken der drei Komponenten „Charakterisierung relativ schwach kompakter Mengen von Radonmaßen", „Lemma von Phillips" und „Ordnungstheorie" besonders deutlich zu erkennen.

Grothendieck-Sätze für Vektorverbände, welche nicht notwendig vom Typ $C(K)$, K kompakt, sind, wurden erstmals von H. H. SCHAEFER bewiesen ([55]). Ausgehend von einem Vektorverband E und einer Bedingung an dessen Ordnung konnte er für bestimmte schwache Topologien auf dem Ordnungsdual von E das Zusammenfallen der Konvergenz von Folgen nachweisen. Ein weiteres Resultat dieser Art findet man in der Arbeit [15] von P. G. DODDS.

Wir beschäftigen uns in Teilen der vorliegenden Arbeit (§ 8, § 10) überwiegend mit Sätzen des zuletzt genannten Typs. Genauer stellen wir Bedingungen an die Ordnung eines Banachverbandes E, welche das Zusammenfallen der $\sigma(E', E)$- und der $\sigma(E', I_E)$-Konvergenz von Folgen (§ 8) bzw. die Grothendieck-Eigenschaft für E (§ 10) nach sich ziehen (dabei bezeichnet I_E das von E in E'' erzeugte Ideal). Durch Spezialisieren der erzielten Resultate erhalten wir jedoch auch Aussagen zur Grothendieck-Eigenschaft Boolescher Algebren oder von Räumen $C(K)$, K kompakt, und gelangen so zu Verallgemeinerungen bereits bekannter Ergebnisse.

Des weiteren führen uns diese Überlegungen auch zu Aussagen über die Grothendieck-Eigenschaft von $\mathscr{F}$-Produkten und l_∞-direkten Summen von Banachverbänden und Banachräumen. Dieser Gegenstand wird ausführlich in § 11 diskutiert.

Kommen wir zurück auf GROTHENDIECKs Arbeit [27]. GROTHENDIECK zeigt dort unter anderem, daß ein Banachraum E genau dann die Grothendieck-Eigenschaft besitzt, wenn jeder Operator von E mit Werten in c_0 schwach kompakt ist ([27, Lemme 8]). Quotienten von Grothendieck-Räumen können daher niemals isomorph sein zum Folgenraum c_0. Insbesondere enthält ein Grothendieck-Raum keinen komplementierbaren, zu c_0 isomorphen Teilraum. Auf die Problematik der Umkehrung dieser und ähnlicher Aussagen gehen wir in der vorliegenden Arbeit ausführlich ein (§ 2, § 3, § 7). Dabei stoßen wir auch auf die von A. PEŁCZYŃSKI in [47] eingeführte Eigenschaft (V) (§ 3).

In erster Linie stellen wir unsere Betrachtungen an für Banachverbände oder für Banachräume, welche in einer engeren Beziehung zu Banachverbänden stehen. Das zentrale Hilfsmittel in den Beweisen ist eine Charakterisierung der relativ schwach kompakten Mengen im Dual eines Banachverbandes E für bestimmte schwache Topologien auf E' (Theorem 5.1). Die Ursprünge dieses Resultats liegen in Grothendiecks Charakterisierung relativ schwach kompakter Mengen von Radonmaßen.

Für große Klassen von Banachräumen können wir die Grothendieck-Eigenschaft beschreiben durch die Nicht-Existenz von zu c_0 isomorphen Quotienten (§ 2) bzw. durch die Eigenschaft (V) und die Nicht-Existenz von komplementierbaren, zu c_0 isomorphen Teilräumen (§ 3).

Diese Ergebnisse werden für Banachverbände weiter verfeinert (§ 7). Zu diesem Zweck führen wir in § 6 sogenannte (V_0)-Ideale und die Eigenschaft (V_0) ein. Letztere ist ein verbandstheoretisches Analogon der Eigenschaft (V). Wir gelangen so zu zahlreichen Verallgemeinerungen einer von C. P. NICULESCU stammenden Charakterisierung von Banachverbänden mit der Grothendieck-Eigenschaft ([45, Thm. 2.7]). Unter anderem erhalten wir eine rein strukturtheoretische Beschreibung der Grothendieck-Eigenschaft und ähnlicher Eigenschaften für Banachverbände. Die Überlegungen in den Paragraphen 6 und 7 führen außerdem zu Verallgemeinerungen und Erweiterungen bestehender Resultate von T. FIGIEL, N. GHOUSSOUB, W. B. JOHNSON ([21, Thm. 2.1, Cor. 2.6]) und B. KÜHN ([33, Prop. 1]).

Schließlich möchten wir noch auf eine Verallgemeinerung einer von J. DIESTEL und C. J. SEIFERT ([12, Cor. 12]) bewiesenen Charakterisierung von Grothendieck-Räumen vom Typ $C(K)$, K kompakt, hinweisen (§ 4). Das zentrale Hilfsmittel im Beweis ist hierbei das Theorem von LOTZ-ROSENTHAL ([39, Thm. 1]). Es gestattet, das Resultat von DIESTEL und SEIFERT auf eine Klasse von Banachräumen auszudehnen, welche alle komplementierten Teilräume von Banachverbänden und alle Quotienten von Lindenstrauss-Räumen enthält.

Herrn Prof. Dr. H. H. SCHAEFER möchte ich für sein Interesse an der vorliegenden Arbeit recht herzlich danken.

§ 0. Bezeichnungen und Hilfsmittel

Sofern nicht anders vereinbart, folgen wir in der Bezeichnungsweise und Terminologie den Büchern [54] und [56] von H. H. SCHAEFER. Auf einige Sachverhalte möchten wir im folgenden gesondert hinweisen:

Wir betrachten ausschließlich Vektorräume über dem Skalarkörper $\mathbb{R}$ der reellen Zahlen.

Sei $\langle E, F \rangle$ ein Dualsystem und $\langle .,. \rangle$ bezeichne die kanonische Bilinearform auf $E \times F$. Die von den Halbnormen $x \to |\langle x, x' \rangle|$, $x \in E$, $x' \in F$, erzeugte lokalkonvexe Topologie auf E heißt die *schwache Topologie* und wird mit $\sigma(E, F)$ bezeichnet. Ist $A \subseteq E$ eine absolutkonvexe Menge, so nennt man die Abbildung $g_A : E \to \mathbb{R} \cup \{\infty\}$, definiert durch $g_A(x) := \inf \{\lambda > 0 : x \in \lambda A\}$, $x \in E$, das *Eichfunktional* von A. Für eine nicht leere Menge $A \subseteq E$ definieren wir $p_A : F \to \mathbb{R} \cup \{\infty\}$ durch $p_A(x') := \sup_{x \in A} |\langle x, x' \rangle|$, $x' \in F$. Ist $A \subseteq E$, so heißt die Menge $A^0 := \{x' \in F : |\langle x, x' \rangle| \leq 1 \text{ für alle } x \in A\}$ die *Polare* von A in F.

Seien $(E, \mathcal{T}_1)$ und $(F, \mathcal{T}_2)$ lokalkonvexe Räume. Unter einem *Operator* von E nach F verstehen wir stets eine stetige, lineare Abbildung von $(E, \mathcal{T}_1)$ in $(F, \mathcal{T}_2)$. Die Menge der Operatoren von E nach F bezeichnen wir mit $L(E, F)$. Die Menge $L(E, \mathbb{R})$ aller $\mathcal{T}_1$-stetigen Linearformen auf E wird der *Dualraum* von E genannt und mit E' bezeichnet. Die Dualräume höherer Ordnung sind wie in [54] definiert und werden mit E'', E''' usw. bezeichnet. Ein Operator $T \in L(E, F)$ heißt *Isomorphismus*, falls T injektiv und die Umkehrabbildung $T^{-1}: TE \to E$ stetig ist. E und F heißen *isomorph* (i.Z. $E \cong F$), falls ein Isomorphismus T von E auf F existiert. Ist $T \in L(E, F)$ und G ein Teilraum von E, so bezeichnet $T_{|G}$ die *Einschränkung* von T auf G. Ein Operator $P \in L(E, E)$ heißt *Projektion*, falls $P \circ P = P$ ist. Wir sagen, ein Teilraum G von E ist *komplementierbar* oder *projizierbar*, falls eine Projektion P auf E existiert mit $PE = G$. Ist $T \in L(E, F)$, so bezeichnet $T' \in L(F', E')$ die *Adjungierte* von T. Für die Adjungierten höherer Ordnung schreiben wir T'', T''' usw. Unter der *schwachen Topologie* auf E verstehen wir die zu dem kanonischen Dualsystem $\langle E, E' \rangle$ gehörige schwache Topologie $\sigma(E, E')$.

Seien E und F normierte Räume mit Normen $\|\cdot\|_E$ und $\|\cdot\|_F$. Als *Einheitskugel* von E bezeichnen wir die Menge $\{x \in E: \|x\|_E \leq 1\}$. Unter einer (*topologisch*) *direkten Summe* $E \oplus F$ von E und F verstehen wir das Produkt $E \times F$ von E und F, versehen mit einer Norm $\|\cdot\|$, für welche gilt: Es existieren Konstanten $s_1, s_2 > 0$, so daß für alle $x \in E$ und alle $y \in F$ die Beziehung $s_1(\|x\|_E + \|y\|_F) \leq \|(x, y)\| \leq s_2(\|x\|_E + \|y\|_F)$ erfüllt ist.

Es seien I eine nicht leere Indexmenge, $(E_i)_{i \in I}$ eine Familie normierter Räume und $1 \leq p < \infty$. Unter der *l_p-direkten Summe* $l_p^I(E_i)$ der Familie $(E_i)_{i \in I}$ verstehen wir den Vektorraum aller Familien $(x_i)_{i \in I}$ mit $x_i \in E_i$ für jedes $i \in I$ und $\sum_i \|x_i\|^p < \infty$, versehen mit der Norm $\|(x_i)_{i \in I}\| := (\sum_i \|x_i\|^p)^{1/p}$. Die *$l_\infty$-direkte Summe* $l_\infty^I(E_i)$ der Familie $(E_i)_{i \in I}$ ist der Vektorraum, bestehend aus allen beschränkten Familien $(x_i)_{i \in I}$ mit $x_i \in E_i$ für jedes $i \in I$, versehen mit der Norm $\|(x_i)_{i \in I}\| := \sup_i \|x_i\|$. Den Teilraum $c_0^I(E_i) := \{(x_i)_{i \in I} \in l_\infty^I(E_i): \lim_i \|x_i\| = 0\}$, versehen mit der von $l_\infty^I(E_i)$ induzierten Norm, bezeichnen wir als die *c_0-direkte Summe* der Familie $(E_i)_{i \in I}$. $\phi^I(E_i) := \{(x_i)_{i \in I}: x_i \in E_i$ für jedes $i \in I$ und $x_i \neq 0$ für höchstens endlich viele $i \in I\}$ heißt der Vektorraum der *finiten Familien* von Elementen aus E_i, $i \in I$. Ist $I = \mathbb{N}$ (I eine endliche Menge mit m Elementen), so schreiben wir anstelle von $l_p^I(E_i)$ auch $l_p(E_n)$ ($l_p^m(E_i)$). Ist $E_i = E$ ($E_i = \mathbb{R}$) für alle $i \in I$, so schreiben wir statt $l_p^I(E_i)$ kurz $l_p^I(E)$ (l_p^I). Die Bezeichnungen $l_p(E)$, $l_p^m(E)$, l_p und l_p^m erklären sich dann von selbst. Analog sind die Bezeichnungen $l_\infty(E_n)$, $c_0(E_n)$, $l_\infty^m(E_i)$, $l_\infty^I(E)$, $c_0^I(E)$ usw. zu deuten.

Seien E und F Banachräume. Im folgenden verwenden wir häufig, daß ein Operator $T \in L(E, F)$ genau dann surjektiv (ein Isomorphismus) ist, wenn seine Adjungierte $T' \in L(F', E')$ ein Isomorphismus (surjektiv) ist ([64, 11-3-4]). Ein Operator $T \in L(E, F)$ heißt *schwach kompakt*, wenn T beschränkte Teilmengen von E auf relativ $\sigma(F, F')$-kompakte Mengen abbildet. Dies ist genau dann der Fall, wenn $T' \in L(F', E')$ schwach kompakt ist bzw. wenn die Beziehung

$T''E'' \subseteq F$ erfüllt ist ([56, II.9.4]). Ebenfalls sehr häufig werden wir den *Satz von Eberlein* verwenden ([17, V.6.1], [54, IV.11.1, Cor. 2]). Dieser besagt, daß eine Menge $A \subseteq E$ genau dann relativ $\sigma(E, E')$-kompakt ist, wenn jede Folge von Elementen aus A eine (in E) konvergente Teilfolge besitzt.

Sei E ein Archimedischer Vektorverband. Es bezeichne $E_+ := \{x \in E : x \geq 0\}$ den *positiven Kegel* von E. Für $x \in E$ setzen wir $x_+ := \sup(x, 0)$, $x_- := \sup(-x, 0)$ und $|x| := x_+ + x_-$. Eine Familie $(x_i)_{i \in I}$ in E heißt *orthogonal*, falls $\inf(|x_i|, |x_j|) = 0$ ist für alle $i, j \in I$ mit $i \neq j$. Das *orthogonale Komplement* $A^\perp$ einer Menge $A \subseteq E$ ist definiert durch $A^\perp := \{x \in E : \inf(|x|, |y|) = 0$ für alle $y \in A\}$. Eine Menge $A \subseteq E$ heißt *solid*, falls aus $x \in A$, $y \in E$ und $|y| \leq |x|$ stets $y \in A$ folgt. Die kleinste solide Menge, welche eine vorgegebene Menge $A \subseteq E$ enthält, heißt *solide Hülle* von A und wird mit $so\,A$ bezeichnet. Ein *Ideal* (in E) ist ein solider Untervektorverband in E. Ist I ein Ideal in E mit der Eigenschaft, daß für jede Menge (jede abzählbare Menge) $A \subseteq I$, für welche $\sup_{x \in A} x$ in E existiert, stets $\sup_{x \in A} x \in I$ ist, so nennt man I ein *Band* (σ-*Ideal*) in E. Gilt für ein Ideal I in E die Beziehung $E = I + I^\perp$, so sagt man, I ist ein *Projektionsband* in E. Die zugehörige Projektion P von E auf I mit $\ker P = I^\perp$ nennt man die *Bandprojektion* von E auf I. Für diese gilt stets $0 \leq P \leq Id$ ([56, II.2.9]). Ist F ein Untervektorverband von E und existiert zu jedem $0 < x \in E_+$ ein Element $0 < y \in F_+$ mit $y \leq x$, so sagen wir, F ist *ordnungsdicht* in E. Ein Element e in E_+ mit der Eigenschaft, daß das von e in E erzeugte Ideal $I_e = \bigcup_n n[-e, e]$ gleich E ist, nennen wir *Ordnungseinheit* oder kurz *Einheit* von E. Enthält jede Menge $A \subseteq E$, für welche $\sup_{x \in A} x$ in E existiert, eine abzählbare Menge B mit $\sup_{x \in B} x = \sup_{x \in A} x$, so heißt E *ordnungsseparabel*. Wir nennen E *ordnungsvollständig* (σ-*ordnungsvollständig*), falls jede nicht leere, durch ein $x \in E$ majorisierte Menge (abzählbare Menge) $A \subseteq E$ ein Supremum in E besitzt. Ein Netz (eine Folge) $(x_\alpha)_{\alpha \in \mathscr{A}}$ in E heißt *ordnungskonvergent* gegen $x \in E$, falls ein monoton fallendes Netz (eine monoton fallende Folge) $(z_\alpha)_{\alpha \in \mathscr{A}}$ in E_+ existiert, so daß $\inf_\alpha z_\alpha = 0$ gilt und $|x - x_\alpha| \leq z_\alpha$ ist für jedes $\alpha \in \mathscr{A}$. Eine ordnungsbeschränkte Linearform x' auf E, das heißt x' bildet die Ordnungsintervalle von E auf beschränkte Mengen in $\mathbb{R}$ ab, heißt *ordnungsstetig* (σ-*ordnungsstetig*), falls x' jedes gegen Null ordnungskonvergente Netz (jede gegen Null ordnungskonvergente Folge) in ein Nullnetz (eine Nullfolge) abbildet. E^n bzw. E^s bezeichne die Menge der ordnungsstetigen bzw. der σ-ordnungsstetigen Linearformen auf E.

Sei E ein normierter Vektorverband mit Norm $\|\cdot\|$. Gilt für $x, y \in E_+$ stets die Beziehung $\|\sup(x, y)\| = \sup(\|x\|, \|y\|)$ ($\|x + y\| = \|x\| + \|y\|$), so sagen wir, E ist ein *M-normierter* (*L-normierter*) Raum. Ein M-normierter (*L-normierter*) Banachverband wird *AM-Raum* (*AL-Raum*) genannt. Enthält die Einheitskugel eines M-normierten Raumes E ein größtes Element e, so nennen wir e die *Einheit* von E. Ein Element $q \in E_+$ heißt *quasi-innerer Punkt* von E_+, falls das von q in E erzeugte Ideal $I_q = \bigcup_n n[-q, q]$ dicht ist in E. Konvergiert jedes gegen Null ordnungskonvergente Netz in E in der Norm gegen Null, so sagen wir, E besitzt *ordnungsstetige Norm*.

Im folgenden verwenden wir häufig, ohne dies explizit zu erwähnen, daß eine positive, lineare Abbildung T von einem Banachverband E in einen normierten Vektorverband F stets stetig ist ([56, II.5.3]). Insbesondere ergibt sich daraus, daß zwei Banachverbände E und F, welche isomorph sind als Vektorverbände, das heißt es existiert ein Verbandsisomorphismus von E auf F, auch als Banachräume isomorph sind.

§ 1. Die Grothendieck-Eigenschaft

1.1

Sei E ein Banachraum. Wir sagen, E ist ein *Grothendieck-Raum* oder E besitzt die *Grothendieck-Eigenschaft*, wenn in E' jede $\sigma(E',E)$-konvergente Folge schon $\sigma(E',E'')$-konvergent ist.

Dies ist genau dann der Fall, wenn eine der nachstehenden Aussagen gilt:
  (i) Jede $\sigma(E',E)$-Nullfolge ist eine $\sigma(E',E'')$-Nullfolge.
  (ii) Jede $\sigma(E',E)$-Nullfolge besitzt eine $\sigma(E',E'')$-konvergente Teilfolge.

1.2

Die in 1.1 definierte Eigenschaft wurde erstmals von A. GROTHENDIECK genauer untersucht ([27]). Unter anderem konnte GROTHENDIECK zeigen, daß jeder Raum $C(K)$, K Stonesch, die Grothendieck-Eigenschaft besitzt. Dies ist gleichbedeutend damit, daß jeder ordnungsvollständige AM-Raum mit Einheit ein Grothendieck-Raum ist (siehe [56, II.7.4 und II.7.7]). Ein wichtiges Hilfsmittel in Grothendiecks Beweis ist das sogenannte Lemma von Phillips. Wir bezeichnen mit $ba(\mathbb{N})$ den Banachraum der reellwertigen, beschränkten, endlich additiven Mengenfunktionen auf der Potenzmenge von $\mathbb{N}$ ([17, S. 160 ff.]).

Lemma von Phillips. Sei $(\lambda_n)_{n\in\mathbb{N}}$ eine Folge in $ba(\mathbb{N})$ und es gelte $\lim_n \lambda_n(B) = 0$ für jede Menge $B \subseteq \mathbb{N}$. Dann ist $\lim_n \sum_m |\lambda_n(\{m\})| = 0$.

1.3

Das zweite wichtige Hilfsmittel in Grothendiecks Beweis ist die von ihm selbst stammende Charakterisierung relativ schwach kompakter Mengen von Radonmaßen auf lokalkompakten Räumen (siehe [27, Théorème 2] oder [56, II.9.8]). Unter Verwendung des Darstellungssatzes von KAKUTANI ([56, II.7.4]) schreibt sich dieses Resultat wie folgt (beachte: Für einen Banachraum E, eine Menge $A \subseteq E'$ und $x\in E$ ist $p_A(x) := \sup_{x'\in A} |\langle x',x\rangle|$):

Satz. Sei E ein AM-Raum mit Einheit. Für eine beschränkte Teilmenge A von E' sind die folgenden Aussagen äquivalent:

(i) A ist relativ $\sigma(E', E'')$-kompakt.

(ii) Für jede normbeschränkte, orthogonale Folge $(x_n)_{n \in \mathbb{N}}$ in E_+ gilt $\lim_n p_A(x_n) = 0$.

1.4

Aus dem Lemma von Phillips und Satz 1.3 erhalten wir nun sogar eine Verallgemeinerung des angesprochenen Resultats von Grothendieck.

Satz. Sei E ein σ-ordnungsvollständiger AM-Raum mit Einheit. Dann besitzt E die Grothendieck-Eigenschaft.

Beweis. Angenommen, dies ist nicht der Fall. Aufgrund des Satzes von Eberlein, 1.1 und Satz 1.3 existieren dann $\varepsilon > 0$, eine $\sigma(E', E)$-Nullfolge $(x_n')_{n \in \mathbb{N}}$ in E' und eine normbeschränkte, orthogonale Folge $(x_n)_{n \in \mathbb{N}}$ in E_+ mit $|\langle x_n', x_n \rangle| > \varepsilon$ für jedes $n \in \mathbb{N}$. Wir definieren nun $\lambda_n \in ba(\mathbb{N})$ durch $\lambda_n(B) := \langle x_n', \sup_{m \in B} x_m \rangle$, $B \subseteq \mathbb{N}$. Für jede Menge $B \subseteq \mathbb{N}$ gilt $\lim_n \lambda_n(B) = 0$. Mit dem Lemma von Phillips folgt dann

$$0 = \lim_n \sum_m |\lambda_n(\{m\})| = \lim_n \sum_m |\langle x_n', x_m \rangle|.$$

Daraus ergibt sich $\lim_n |\langle x_n', x_n \rangle| = 0$, also ein Widerspruch. $\square$

Insbesondere besitzen also l_∞ und, allgemeiner, $L_\infty(X, \Sigma, \mu)$, wo (X, Σ, μ) ein beliebiger Maßraum ist, die Grothendieck-Eigenschaft.

Der Ansatz im ersten Teil des Beweises von Satz 1.4 und ähnliche Ansätze werden uns im folgenden bei der Untersuchung der Grothendieck-Eigenschaft noch mehrfach begegnen. Ursächlich hierfür sind Charakterisierungen relativ schwach kompakter Mengen im Dual eines Banachraumes nach dem Muster von Satz 1.3 (siehe 3.4, 3.5, 5.1, 6.1 und S. 46 in § 9).

1.5

Wir möchten nun einige elementare Eigenschaften von Grothendieck-Räumen vorstellen. Da der Dual eines Banachraumes E stets $\sigma(E', E)$-folgenvollständig ist ([54, III.4.6]), gilt:

Der Dual eines Grothendieck-Raumes E ist $\sigma(E', E'')$-folgenvollständig.

1.6

Seien E und F Banachräume und F sei stetiges, lineares Bild von E unter einem Operator T. Genau dann ist eine Folge $(y_n')_{n \in \mathbb{N}}$ in F' eine $\sigma(F', F)$- bzw. eine $\sigma(F', F'')$-Nullfolge, wenn $(T' y_n')_{n \in \mathbb{N}}$ eine $\sigma(E', E)$- bzw. eine $\sigma(E', E'')$-Nullfolge ist (beachte: Mit T ist auch T'' surjektiv ([64, 11-3-4])). Damit folgt:

Ist ein Banachraum F stetiges, lineares Bild eines Grothendieck-Raumes E, so besitzt auch F die Grothendieck-Eigenschaft. Insbesondere ist jeder komplementierte Teilraum eines Grothendieck-Raumes wieder ein Grothendieck-Raum.

1.7

Auf S. 10 haben wir die Räume $l_p^I(E_i)$ bzw. $l_p^m(E_i)$, $1 \leq p \leq \infty$, eingeführt, wo $(E_i)_{i \in I}$ eine Familie von Banachräumen ist. Eine einfache Rechnung zeigt nun:

Ist $(E_i)_{i \in I}$ eine Familie von Grothendieck-Räumen, so besitzt auch $l_p^I(E_i)$ die Grothendieck-Eigenschaft für $1 < p < \infty$. Für endliches I sind auch $l_1^I(E_i) = l_1^m(E_i)$ und $l_\infty^I(E_i) = l_\infty^m(E_i)$ Grothendieck-Räume (dabei ist m die Anzahl der Elemente von I).

In § 11 werden wir uns ausführlich mit der Grothendieck-Eigenschaft für Räume vom Typ $l_\infty^I(E_i)$ auseinandersetzen, wo I eine unendliche Indexmenge ist.

1.8

In [27, Lemme 8] zeigt GROTHENDIECK, daß für einen Banachraum E die Grothendieck-Eigenschaft äquivalent ist zu jeder der nachstehenden Aussagen:
  (i) Jeder Operator $T \in L(E, c_0)$ ist schwach kompakt.
  (ii) Für jeden separablen Banachraum F ist jeder Operator $T \in L(E, F)$ schwach kompakt.

1.9

Dieses Resultat wurde mehrfach verallgemeinert und zwar in der folgenden Weise:

Es wurden Klassen $\mathscr{K}$ von Banachräumen bestimmt, so daß ein Banachraum E genau dann die Grothendieck-Eigenschaft besitzt, wenn für jedes F aus $\mathscr{K}$ jeder Operator $T \in L(E, F)$ schwach kompakt ist.

Beispiele für solche Klassen $\mathscr{K}$ von Banachräumen sind:

$\mathscr{K}_1 = $ Klasse der separablen Banachräume (1.8).

$\mathscr{K}_2 = $ Klasse der Banachräume F mit $\sigma(F', F)$-folgenkompakter dualer Einheitskugel ([34, Thm. 1]).

$\mathscr{K}_3 = $ Klasse der Banachräume F, so daß jede $\sigma(F', F)$-folgenstetige Linearform auf F schon $\sigma(F', F)$-stetig ist ([19, Thm. 3.1]).

$\mathscr{K}_4 = $ Klasse der schwach kompakt erzeugten Banachräume ([19, Thm. 3.1]).

$\mathscr{K}_5 = $ Klasse der Banachräume F mit der Eigenschaft, daß jeder separable Teilraum Y von F in einem separablen komplementierten Teilraum von F enthalten ist ([19, Thm. 3.1]).

$\mathscr{K}_6 = $ Klasse der Banachräume F, welche l_1 nicht als abgeschlossenen Teilraum enthalten ([12, Cor. 9]).

1.10

Als einfache Folgerung von 1.9 ergibt sich:

Sei E ein Banachraum. Liegt E in einer der Klassen $\mathscr{K}_i$, $1 \leq i \leq 6$, und besitzt E die Grothendieck-Eigenschaft, so ist die Einheitskugel von E $\sigma(E, E')$-kompakt, das heißt E ist reflexiv ([54, IV.5.6]).

1.11

Schließlich sei noch eine von J. DIESTEL und C. J. SEIFERT ([12, Cor.9]) stammende Charakterisierung der Grothendieck-Eigenschaft erwähnt:

Satz. Für einen Banachraum E sind die folgenden Aussagen äquivalent:
 (i) E ist ein Grothendieck-Raum.
(ii) Ist T ein nicht schwach kompakter Operator von E in einen Banachraum X, so existiert ein zu l_1 isomorpher Teilraum G in E derart, daß $T_{|G}$ ein Isomorphismus von G in X ist.

Als unmittelbare Folgerung aus diesem Satz ergibt sich, daß jeder nicht reflexive Grothendieck-Raum einen zu l_1 isomorphen Teilraum enthält.

§ 2. Eine Charakterisierung der Grothendieck-Eigenschaft durch die Nicht-Existenz von zu c_0 isomorphen Quotienten

Ein Banachraum E besitzt genau dann die Grothendieck-Eigenschaft, wenn jeder Operator von E mit Werten in c_0 schwach kompakt ist (1.8). Dies läßt sich damit begründen, daß die $\sigma(E', E)$-Nullfolgen in E' vermöge der Auswertungsabbildung mit den Operatoren von E in c_0 identifiziert werden können und die $\sigma(E', E'')$-Nullfolgen mit den schwach kompakten Operatoren von E in c_0.

Ist nun $(x'_n)_{n \in \mathbb{N}}$ eine $\sigma(E', E)$-Nullfolge im Dual eines Banachraumes E, die gleichzeitig äquivalent ist zur kanonischen l_1-Basis (siehe Appendix B.), so ist der über die Auswertungsabbildung definierte Operator $x \to (\langle x'_n, x\rangle)_{n \in \mathbb{N}}$ von E in c_0 sogar surjektiv, das heißt c_0 ist isomorph zu einem Quotienten von E.

2.1 Lemma. Für einen Banachraum E sind die folgenden Aussagen äquivalent:
 (i) E besitzt einen zu c_0 isomorphen Quotienten.
(ii) E' enthält eine $\sigma(E', E)$-Nullfolge äquivalent zur kanonischen l_1-Basis.

Beweis. (i) $\Rightarrow$ (ii): Ist $T \in L(E, c_0)$ surjektiv, so ist T' ein Isomorphismus von l_1 in E' ([64, 11-3-4]). Die Folge $(T' e_n)_{n \in \mathbb{N}} \subset E'$, mit $e_n := (\delta_{nm})_{m \in \mathbb{N}} \in l_1$, hat dann die gewünschten Eigenschaften.

(ii) $\Rightarrow$ (i): Sei $(x'_n)_{n \in \mathbb{N}}$ eine $\sigma(E', E)$-Nullfolge in E', äquivalent zur kanonischen l_1-Basis. Ist $T: E \to c_0$ definiert durch $x \to (\langle x'_n, x\rangle)_{n \in \mathbb{N}}$, so ist T' ein Isomorphismus von l_1 in E'. Mit [64, 11-3-4] ergibt sich die Surjektivität von T und somit die Behauptung. $\square$

Mit Hilfe des Lemmas erhalten wir nun leicht die nachstehende Charakterisierung von Grothendieck-Räumen:

2.2 Theorem. Für einen Banachraum E sind die folgenden Aussagen äquivalent:
 (i) E ist ein Grothendieck-Raum.
(ii) E' ist schwach folgenvollständig und kein Quotient von E ist isomorph zu c_0.

Beweis. Aus 1.5 und 1.8 folgt sofort (i) $\Rightarrow$ (ii).

(ii) $\Rightarrow$ (i): Angenommen, E ist kein Grothendieck-Raum. Dann existiert eine $\sigma(E',E)$-Nullfolge $(x'_n)_{n\in\mathbb{N}} \subset E'$, die keine $\sigma(E',E'')$-Nullfolge als Teilfolge enthält (1.1). Wegen unserer Voraussetzung ist daher keine Teilfolge von $(x'_n)_{n\in\mathbb{N}}$ eine schwache Cauchy-Folge. Nach dem Resultat von H. P. ROSENTHAL (B.1) besitzt dann $(x'_n)_{n\in\mathbb{N}}$ eine Teilfolge $(x'_{n_k})_{k\in\mathbb{N}}$, äquivalent zur kanonischen l_1-Basis. c_0 ist daher nach Lemma 2.1 isomorph zu einem Quotienten von E. Dies steht im Widerspruch zur Voraussetzung. $\square$

Bemerkungen. 1. Bezeichnet $\mathscr{K}$ eine der Klassen von Banachräumen aus 1.9, so folgt wegen 1.10, daß die Aussagen (i) und (ii) von Theorem 2.2 äquivalent sind zur Aussage:

(iii) E' ist schwach folgenvollständig und jeder zu einem Banachraum der Klasse $\mathscr{K}$ isomorphe Quotient von E ist reflexiv.

2. Daß in den Aussagen (ii) und (iii) nicht auf die schwache Folgenvollständigkeit von E' verzichtet werden kann, sieht man am Beispiel des James-Raumes J ([37, Example 1.d.2]). Dieser ist nicht reflexiv und J, J' und J'' sind separabel. Das ist nur möglich, wenn J keinen zu c_0 isomorphen Quotienten besitzt. Andererseits kann J als nicht reflexiver, separabler Banachraum kein Grothendieck-Raum sein (1.10).

3. Weiter kann Aussage (ii) von Theorem 2.2 nicht so abgeschwächt werden, daß man lediglich die schwache Folgenvollständigkeit von E' und die Nicht-Existenz eines komplementierten, zu c_0 isomorphen Teilraumes von E fordert. Dies zeigt ein Beispiel von J. BOURGAIN und F. DELBAEN ([5, S. 25]), die einen nicht reflexiven, separablen Banachraum E konstruiert haben, so daß sowohl E als auch E' schwach folgenvollständig ist. Dieser Banachraum kann, da er separabel und nicht reflexiv ist, kein Grothendieck-Raum sein (1.10).

Am Beispiel des James-Raumes J haben wir gesehen, daß die Nicht-Existenz von zu c_0 isomorphen Quotienten im allgemeinen nicht die schwache Folgenvollständigkeit des Dualraums nach sich zieht. Dies ändert sich jedoch, wenn wir einen Banachraum betrachten, dessen Dual isomorph ist zu einem komplementierten Teilraum eines Banachverbandes. Den Schlüssel hierzu liefert das nachstehende Lemma (vgl. [30, Thm. 1]).

2.3 Lemma. Sei E ein Banachverband. Y bezeichne einen komplementierten Teilraum von E. Dann sind die folgenden Aussagen äquivalent:

(i) Y ist schwach folgenvollständig.

(ii) Kein Teilraum von Y ist isomorph zu c_0.

Es ist anzumerken, daß die Aussage in [30, Thm. 1] etwas schwächer ist als die Implikation (ii) $\Rightarrow$ (i) des Lemmas. Die Autoren von [30] beweisen jedoch mehr, nämlich gerade die Implikation (ii) $\Rightarrow$ (i).

Aus Lemma 2.3, Theorem 2.2 und Bemerkung 1 ergibt sich dann der nachfolgende Satz.

2.4 Satz. Sei E ein Banachraum. Der Dual E' sei isomorph zu einem komplementierten Teilraum eines Banachverbandes. Dann sind die folgenden Aussagen äquivalent:

(i) E ist ein Grothendieck-Raum.

(ii) Kein Quotient von E ist isomorph zu c_0.

(iii) Jeder separable Quotient von E ist reflexiv.

Beweis. Die Implikationen (i) $\Rightarrow$ (iii) $\Rightarrow$ (ii) gelten offensichtlich (siehe 1.6 und 1.10).

(ii) $\Rightarrow$ (i): c_0 ist isomorph zu einem Quotienten von l_1 ([3, S. 114, Thm. 1]). Also kann E keinen komplementierten, zu l_1 isomorphen Teilraum enthalten. Dies ist nur möglich, wenn E' keinen zu c_0 isomorphen Teilraum besitzt ([37, 2.e.8]). Mit Lemma 2.3 folgt, daß E' schwach folgenvollständig ist. Aus Theorem 2.2 ergibt sich dann die Behauptung. $\square$

Bemerkungen. 4. Die nachstehenden Klassen von Banachräumen erfüllen die Voraussetzungen von Satz 2.4:

- $\mathscr{L}^\infty$-Räume ([5, Prop. 1.23]); insbesondere also alle Lindenstrauss-Räume, d. h. Banachräume, deren Dual isometrisch isomorph ist zu einem AL-Raum.
- Banachräume mit l.u.st. ([20, Cor. 2.2]).
- Banachräume E, deren n-ter Dual $E^{(n)}$, $n \in \mathbb{N} \cup \{0\}$, isomorph ist zu einem komplementierten Teilraum eines Banachverbandes (dabei ist $E^{(0)} := E$).

5. Auch in Satz 2.4 ist es nicht möglich, die Aussage (ii) dahingehend abzuändern, daß man lediglich die Nicht-Existenz von komplementierten, zu c_0 isomorphen Teilräumen fordert. Dies sieht man sofort am Beispiel $E = l_1$.

§ 3. Die Beziehung von A. Pełczyńskis Eigenschaft (V) zur Grothendieck-Eigenschaft

Wir haben in Bemerkung 3 von § 2 darauf hingewiesen, daß bei Banachräumen die Nicht-Existenz komplementierter, zu c_0 isomorpher Teilräume und die

schwache Folgenvollständigkeit des Duals nicht hinreichend ist für die Grothendieck-Eigenschaft. Will man nun Grothendieck-Räume mit Hilfe der Nicht-
Existenz komplementierter, zu c_0 isomorpher Teilräume beschreiben, so werden
wir die schwache Folgenvollständigkeit des Duals durch eine andere, nicht
schwächere Bedingung ersetzen müssen. Es zeigt sich, daß die nachstehend eingeführten Eigenschaften das Gewünschte leisten.

3.1 Definition. Sei E ein Banachraum. E besitzt die *Eigenschaft* (V) (die *Eigenschaft* (V_1)), falls zu jedem nicht schwach kompakten Operator T von E in einen
Banachraum F (in c_0) ein zu c_0 isomorpher Teilraum G von E existiert derart, daß
$T_{|G}$ ein Isomorphismus von G in F (in c_0) ist.

Die Eigenschaft (V) wurde von A. PEŁCZYŃSKI in [47] eingeführt. Sie diente
zur Beschreibung derjenigen Banachräume, auf denen die schwach kompakten
mit den unbedingte Konvergenz erzeugenden Operatoren zusammenfallen. In
[47] zeigt PEŁCZYŃSKI unter anderem auch, daß Banachräume mit der Eigenschaft (V) einen schwach folgenvollständigen Dual besitzen ([47, Cor. 5]). Mit
denselben Argumenten beweist man, daß auch die Eigenschaft (V_1) die schwache
Folgenvollständigkeit des Dualraums nach sich zieht.

Es gilt nun der nachstehende Satz (vgl. [45, Thm. 2.7] und [53, Prop. 5.3]):

3.2 Satz. Für einen Banachraum E sind die folgenden Aussagen äquivalent:
 (i) E ist ein Grothendieck-Raum.
(ii) E besitzt die Eigenschaft (V_1) und kein komplementierter Teilraum von E ist
     isomorph zu c_0.

Beweis. Die Implikation (i) $\Rightarrow$ (ii) folgt leicht mit 1.8 und der Definition der Eigenschaft (V_1).

(ii) $\Rightarrow$ (i): Angenommen, E besitzt nicht die Grothendieck-Eigenschaft. Dann
existiert ein nicht schwach kompakter Operator $T \in L(E, c_0)$ (1.8). Nach Voraus-
setzung enthält E einen zu c_0 isomorphen Teilraum G derart, daß $T_{|G}$ ein Isomor-
phismus ist. TG ist nach einem Resultat von A. SOBCZYK ([61, Thm. 4]) komplementierbar in c_0. Bezeichnet P eine Projektion von c_0 auf TG und i die kanoni-
sche Injektion von G in E, so ist $i \circ (T_{|G})^{-1} \circ P \circ T$ eine Projektion von E auf
G. Dies ist ein Widerspruch. $\square$

Für Banachräume mit der Eigenschaft (V_1) ergibt sich aus Satz 3.2 eine besonders einfache Charakterisierung der Grothendieck-Eigenschaft.

3.3 Korollar. Sei E ein Banachraum mit der Eigenschaft (V_1). Dann sind die folgenden Aussagen äquivalent:
 (i) E ist ein Grothendieck-Raum.
(ii) E besitzt keinen komplementierten, zu c_0 isomorphen Teilraum.

Die Voraussetzungen von Korollar 3.3 sind zum Beispiel erfüllt für
- jeden Banachraum mit der Eigenschaft (V),
- jeden Lindenstrauss-Raum ([29, Cor.]), insbesondere für jeden abgeschlossenen Untervektorverband eines Raumes $C(K)$, K kompakt,
- jeden injektiven Banachraum ([37, 2.f.1]),
- jeden reflexiven Banachraum,
- jeden Quotienten der oben angeführten Beispiele (siehe [47, Cor. 1]).

Es ist anzumerken, daß jedes der oben angeführten Beispiele die Eigenschaft (V) besitzt. Ungeklärt ist das nachstehende Problem.

Problem 1. Besitzt ein Banachraum mit der Eigenschaft (V_1) stets auch die Eigenschaft (V)?

Für einige Klassen von Banachräumen werden wir diese Frage positiv beantworten können (3.6, 3.7). Eng verbunden mit Problem 1 ist die folgende Frage.

Problem 2. Kann in Aussage (ii) von Satz 3.2 die Eigenschaft (V_1) durch die Eigenschaft (V) ersetzt werden oder, äquivalent dazu, besitzt jeder Grothendieck-Raum die Eigenschaft (V)?

Auch hier erhalten wir für spezielle Klassen von Banachräumen eine positive Antwort (3.8). Wegen Satz 3.2 liefert jede positive Teillösung von Problem 1 auch eine positive Teilantwort auf die in Problem 2 gestellte Frage. Wie die Antwort auf das allgemein gestellte Problem 2 lautet, ist jedoch noch ungeklärt.

Die Ähnlichkeit der Eigenschaften (V) und (V_1) ist schon aus Definition 3.1 ersichtlich. Unterstützt wird dieser Eindruck durch die beiden nachfolgenden Sätze. Es handelt sich hierbei um Charakterisierungen der Eigenschaften (V) und (V_1). Zuvor weisen wir noch auf die folgende Definition hin: Ist E ein Banachraum, $A \subseteq E'$ und $x \in E$, so ist $p_A(x) := \sup_{x' \in A} |\langle x', x \rangle|$.

3.4 Satz. Für einen Banachraum E sind die folgenden Aussagen äquivalent:
 (i) E besitzt die Eigenschaft (V).
 (ii) Eine Teilmenge A von E' ist relativ $\sigma(E', E'')$-kompakt, wenn für jede schwach absolut summierbare Folge $(x_n)_{n \in \mathbb{N}}$ in E (d. h. $\sum_n |\langle x', x_n \rangle| < \infty$ für jedes $x' \in E'$) die Beziehung $\lim_n p_A(x_n) = 0$ gilt.
 (iii) Zu jedem nicht schwach kompakten Operator T von E in l_∞ existiert ein zu c_0 isomorpher Teilraum G von E derart, daß $T_{|G}$ ein Isomorphismus ist.

Beweis. Die Äquivalenz der Aussagen (i) und (ii) wurde von A. PEŁCZYŃSKI bereits gezeigt ([47, Prop. 1] und [48, Lemma 1]). Die Implikation (i) $\Rightarrow$ (iii) ist trivial. Es bleibt somit nur noch die Implikation (iii) $\Rightarrow$ (ii) zu zeigen:

Seien hierzu X ein Banachraum und $T \in L(E, X)$ nicht schwach kompakt. Wegen dem Satz von EBERLEIN existiert eine normierte Folge $(x_n')_{n \in \mathbb{N}}$ in X', so daß $(T' x_n')_{n \in \mathbb{N}}$ keine schwach konvergente Teilfolge besitzt. Definiere nun $S \in L(X, l_\infty)$ durch $Sx := (\langle x_n', x \rangle)_{n \in \mathbb{N}}$ für $x \in X$. Es ist $S' e_n = x_n'$ für jedes $n \in \mathbb{N}$

$(-$ dabei ist $e_n := (\delta_{nm})_{m\in\mathbb{N}} \in l_1 \subset l'_\infty)$. Somit ist $T' \circ S'$ und damit auch $S \circ T \in L(E, l_\infty)$ nicht schwach kompakt. Also existiert ein zu c_0 isomorpher Teilraum G von E, so daß $S \circ T_{|G}$ ein Isomorphismus ist. $T_{|G}$ ist dann ebenfalls ein Isomorphismus. $\square$

In Analogie zu Satz 3.4 läßt sich die Eigenschaft (V_1) wie folgt charakterisieren:

3.5 Satz. Für einen Banachraum E sind die nachfolgenden Aussagen äquivalent:
- (i) E besitzt die Eigenschaft (V_1).
- (ii) Eine $\sigma(E', E)$-folgenkompakte Menge $A \subset E'$ ist relativ $\sigma(E', E'')$-kompakt, wenn für jede schwach absolut summierbare Folge $(x_n)_{n\in\mathbb{N}}$ in E die Beziehung $\lim_n p_A(x_n) = 0$ gilt.
- (iii) Sei X ein Banachraum und $T \in L(E, X)$ so, daß $T' U^0$ $\sigma(E', E)$-folgenkompakt ist (U^0 bezeichne die Einheitskugel von x'). Dann ist entweder T schwach kompakt oder es existiert ein zu c_0 isomorpher Teilraum G von E derart, daß $T_{|G}$ ein Isomorphismus ist.

Beweis. (i) $\Rightarrow$ (ii): Sei $(x'_n)_{n\in\mathbb{N}}$ eine $\sigma(E', E)$-Nullfolge mit $\lim_n \sup_m |\langle x'_m, x_n\rangle| = 0$ für jede schwach absolut summierbare Folge $(x_n)_{n\in\mathbb{N}}$ in E. Dies impliziert, daß $T: E \to c_0: x \to (\langle x'_n, x\rangle)_{n\in\mathbb{N}}$ jede schwach absolut summierbare Folge aus E in eine Normnullfolge abbildet. Folglich existiert in E kein zu c_0 isomorpher Teilraum G derart, daß $T_{|G}$ ein Isomorphismus ist (A.2). Also muß T schwach kompakt und $(x'_n)_{n\in\mathbb{N}}$ somit eine $\sigma(E', E'')$-Nullfolge sein. Mit dem Satz von EBERLEIN folgt dann die gewünschte Aussage.

(ii) $\Rightarrow$ (iii): $T \in L(E, X)$ erfülle die Voraussetzungen von (iii). Ist T nicht schwach kompakt, so existiert nach (ii) eine schwach absolut summierbare Folge $(x_n)_{n\in\mathbb{N}}$ in E mit $\inf_n p_A(x_n) > 0$, wo $A := T' U^0$ ist. Insbesondere ist $\inf_n \|Tx_n\| > 0$. Nach A.2 existiert dann ein zu c_0 isomorpher Teilraum G von E derart, daß $T_{|G}$ ein Isomorphismus ist.

(iii) $\Rightarrow$ (i): Da beschränkte Mengen in $(c_0)'$ stets $\sigma((c_0)', c_0)$-folgenkompakt sind, folgt die Behauptung sofort. $\square$

Aussage (iii) von Satz 3.5 führt nun zu der folgenden Teillösung des auf Seite 19 formulierten Problems 1.

3.6 Korollar. Sei E ein Banachraum mit $\sigma(E', E)$-folgenkompakter dualer Einheitskugel. Dann sind die Eigenschaften (V) und (V_1) äquivalent.

Folglich besitzt, nach unseren Ausführungen auf Seite 19, jeder Grothendieck-Raum E mit $\sigma(E', E)$-folgenkompakter dualer Einheitskugel die Eigenschaft (V). Dies ist aber klar, denn nach 1.10 ist ein Grothendieck-Raum E mit $\sigma(E', E)$-folgenkompakter dualer Einheitskugel stets reflexiv und besitzt daher trivialerweise die Eigenschaft (V).

Interessante Klassen von Banachräumen, welche die in Problem 1 gestellte Frage positiv beantworten und welche auch eine nicht triviale Antwort auf die in

Problem 2 gestellte Frage geben, werden in dem nachfolgenden Satz vorgestellt. Der dort auftretende Begriff der reziproken Dunford-Pettis-Eigenschaft (kurz: reziproke DPE) ist in Appendix C. näher erläutert.

3.7 Satz. Sei E ein Banachraum. E sei isomorph zu einem komplementierten Teilraum eines Banachverbandes oder es existiere ein Banachverband F mit der reziproken DPE und ein Operator $Q \in L(F, E)$ mit $\overline{QF} = E$. Genau dann besitzt E die Eigenschaft (V), wenn E die Eigenschaft (V_1) besitzt.

Beweis. Nur die Implikation $(V_1) \Rightarrow (V)$ ist zu beweisen. Unter den an E gestellten Bedingungen ergibt sich, daß ein Banachverband F mit der reziproken DPE existiert und ein Operator $Q \in L(F, E)$ mit $\overline{QF} = E$. Für den Fall, daß E isomorph ist zu einem komplementierten Teilraum eines Banachverbandes, folgt dies aus der schwachen Folgenvollständigkeit von E' (S. 18), [21, Thm. 1.2] und C.1. $Q' \in L(E', F')$ ist ein injektiver Operator. Ist A eine $\sigma(E', E)$-kompakte Menge in E' und versehen wir $Q'A$ mit der von $\sigma(F', F)$ induzierten Topologie, so ist $Q'_{|A} : A \to Q'A$ ein Homöomorphismus. Es sei nun X ein Banachraum und $T \in L(E, X)$ ein nicht schwach kompakter Operator. E besitze die Eigenschaft (V_1). Bildet T' die Einheitskugel U^0 von X' auf eine $\sigma(E', E)$-folgenkompakte Menge ab, so existiert nach Satz 3.5 ein zu c_0 isomorpher Teilraum G von E derart, daß $T_{|G}$ ein Isomorphismus ist. Ist andererseits $T'U^0$ nicht $\sigma(E', E)$-folgenkompakt, so ist $(Q' \circ T')(U^0)$ nicht $\sigma(F', F)$-folgenkompakt und damit auch nicht $\sigma(F', I_F)$-folgenkompakt (– dabei bezeichnet I_F das von F in F'' erzeugte Ideal). Wegen Bemerkung 1.(d) von § 5 und Korollar 6.8 existiert in F ein zu c_0 isomorpher Teilraum G_1, so daß $T \circ Q_{|G_1}$ ein Isomorphismus ist. Dann ist $G := QG_1$ isomorph zu c_0 und $T_{|G}$ ist ein Isomorphismus. Damit ist gezeigt, daß E die Eigenschaft (V) besitzt. $\square$

Aus den Sätzen 3.7 und 3.2 ergibt sich nun leicht das nachstehende Korollar.

3.8 Korollar. Sei E ein Banachraum. E sei isomorph zu einem komplementierten Teilraum eines Banachverbandes oder es existiere ein Banachverband F mit der reziproken DPE und ein Operator $Q \in L(F, E)$ mit $\overline{QF} = E$. Dann sind die folgenden Aussagen äquivalent:

(i) E ist ein Grothendieck-Raum.

(ii) E besitzt die Eigenschaft (V) und kein komplementierter Teilraum von E ist isomorph zu c_0.

Korollar 3.8 ist eine Verallgemeinerung eines Resultats von C. P. NICULESCU ([45, Thm. 2.7]), welches Banachverbände mit der Grothendieck-Eigenschaft in obiger Weise charakterisiert. Für den Fall, daß E ein Banachverband ist, läßt sich die Aussage (ii) des Korollars noch leicht modifizieren (siehe Theorem 7.1 und Korollar 2.7).

§4. Eine Charakterisierung der Grothendieck-Eigenschaft mit Hilfe des Theorems von LOTZ-ROSENTHAL

Das Theorem von LOTZ-ROSENTHAL ([39, Thm. 1]) gibt Auskunft über das Verhalten bestimmter Operatoren auf separablen Banachverbänden, welche die reziproke DPE besitzen (zur Definition der reziproken DPE und weitere Erläuterungen dazu siehe Appendix C.). Es gilt nun:

4.1 Theorem. Sei E ein separabler Banachverband mit der reziproken DPE. Weiter seien X ein Banachraum und $T \in L(E, X)$ ein Operator, so daß $T' X'$ nicht separabel ist. Dann existiert ein komplementierbarer, zu $C[0,1]$ isomorpher Teilraum G von E derart, daß $T_{|G}$ ein Isomorphismus ist.

Ein Spezialfall dieses Resultats wurde einige Jahre zuvor von H. P. ROSENTHAL bewiesen ([50, Thm. 1]). Mit Hilfe dieses Resultats wiederum gelang J. DIESTEL und C. J. SEIFERT eine Charakterisierung von Grothendieck-Räumen vom Typ $C(K)$, K kompakt ([12, Cor. 12]). Eine ähnliche Argumentation führt, unter Verwendung von Theorem 4.1, zu der folgenden Verallgemeinerung des Ergebnisses von DIESTEL und SEIFERT.

4.2 Theorem. Sei E ein Banachraum. E sei isomorph zu einem komplementierten Teilraum eines Banachverbandes oder es existiere ein Banachverband F mit der reziproken DPE und ein Operator $Q \in L(F, E)$ mit $\overline{QF} = E$. Die folgenden Aussagen sind äquivalent:
 (i) E ist ein Grothendieck-Raum.
 (ii) Zu jedem nicht schwach kompakten Operator T von E in einen Banachraum X existiert ein zu $C[0,1]$ isomorpher Teilraum G von E, so daß $T_{|G}$ ein Isomorphismus ist.

Beweis. Aus (ii) folgt, daß jeder Operator $T \in L(E, c_0)$ schwach kompakt ist. Wegen 1.8 ist daher E ein Grothendieck-Raum. Also gilt (ii) $\Rightarrow$ (i).

(i) $\Rightarrow$ (ii): Unter den an E gestellten Bedingungen ergibt sich, daß ein Banachverband F mit der reziproken DPE existiert und ein Operator $Q \in L(F, E)$ mit $\overline{QF} = E$. Für den Fall, daß E isomorph ist zu einem komplementierten Teilraum eines Banachverbandes, folgt dies aus der schwachen Folgenvollständigkeit von E' (1.5), [21, Thm. 1.2] und C.1. Sei nun $T \in L(E, X)$ nicht schwach kompakt. Da E' schwach folgenvollständig ist, folgt (siehe B.2):

(1) In X' existiert ein zu l_1 isomorpher Teilraum Y derart, daß $T'_{|Y}$ ein Isomorphismus ist.

Wegen B.1 und der Grothendieck-Eigenschaft von E gilt weiter: Ist $(x'_n)_{n \in \mathbb{N}} \subset X'$ und ist $(T' x'_n)_{n \in \mathbb{N}}$ äquivalent zur kanonischen l_1-Basis, so enthält $(T' x'_n)_{n \in \mathbb{N}}$ keine $\sigma(E', E)$-konvergente Teilfolge. Versehen wir nun die Einheitskugel U^0 von E'

bzw. die Menge $Q'(U^0)$ mit der von $\sigma(E',E)$ bzw. $\sigma(F',F)$ induzierten Topologie, so ist $Q'_{|U^0}: U^0 \to Q'(U^0)$ ein Homöomorphismus. Damit folgt:

(2) Ist $(x'_n)_{n\in\mathbb{N}} \subset X'$ und $(T'x'_n)_{n\in\mathbb{N}}$ äquivalent zur kanonischen l_1-Basis, so ist eine Teilfolge von $((Q' \circ T')x'_n)_{n\in\mathbb{N}}$ ebenfalls äquivalent zur kanonischen l_1-Basis. Und ist $(x'_n)_{n\in\mathbb{N}} \subset X'$ und $((Q' \circ T')x'_n)_{n\in\mathbb{N}}$ äquivalent zur kanonischen l_1-Basis, so enthält $((Q' \circ T')x'_n)_{n\in\mathbb{N}}$ keine $\sigma(F',F)$-konvergente Teilfolge.

Insgesamt ergibt sich aus (1) und (2): In $Y \subseteq X'$ existiert ein zu l_1 isomorpher Teilraum Z derart, daß $Q' \circ T'_{|Z}$ ein Isomorphismus ist. Und sind $(x'_n)_{n\in\mathbb{N}} \subset X'$ und $((Q' \circ T')x'_n)_{n\in\mathbb{N}}$ äquivalent zur kanonischen l_1-Basis, so enthält $((Q' \circ T')x'_n)_{n\in\mathbb{N}}$ keine $\sigma(F',F)$-konvergente Teilfolge. Nach einem Resultat von DIESTEL und SEIFERT ([12, Thm. 8]) folgt dann:

(3) In F existiert ein zu l_1 isomorpher Teilraum G_1, so daß $T \circ Q_{|G_1}$ ein Isomorphismus ist.

Es bezeichne G_2 den kleinsten abgeschlossenen Untervektorverband von F mit $G_1 \subseteq G_2$. G_2 ist separabel ([41, Lemma I.2]) und besitzt die reziproke DPE (denn mit F besitzt auch G_2 keinen zu l_1 verbandsisomorphen, abgeschlossenen Untervektorverband; siehe dazu C.1). Wegen (3) und $G_1 \subseteq G_2$ ist $(T \circ Q_{|G_2})'(X')$ nicht separabel. Also existiert nach Theorem 4.1 ein zu $C[0,1]$ isomorpher Teilraum $G_3 \subseteq G_2$, so daß $T \circ Q_{|G_3}$ ein Isomorphismus ist. Setzen wir $G := Q(G_3)$, so ist G isomorph zu $C[0,1]$ und $T_{|G}$ ist ein Isomorphismus. Dies beweist die Behauptung. $\square$

Nach unseren Ausführungen auf S. 19 besitzt der Raum $C[0,1]$ die Eigenschaft (V). Daraus wiederum folgt mit Theorem 4.2, daß jeder Grothendieck-Raum, welcher den Voraussetzungen von Theorem 4.2 genügt, die Eigenschaft (V) besitzt. Wir erhalten somit einen anderen Beweis der Implikation (i) $\Rightarrow$ (ii) von Korollar 3.8.

In genau derselben Weise wie in Theorem 4.2 lassen sich Lindenstrauss-Räume, welche die Grothendieck-Eigenschaft besitzen, charakterisieren. Dabei nennt man einen Banachraum E *Lindenstrauss-Raum*, falls E' isometrisch isomorph ist zu einem *AL*-Raum.

4.3 Satz. Sei E ein Banachraum. Es existiere ein Lindenstrauss-Raum F und ein Operator $Q \in L(F,E)$ mit $\overline{QF} = E$. Dann sind die folgenden Aussagen äquivalent:

(i) E besitzt die Grothendieck-Eigenschaft.

(ii) Zu jedem nicht schwach kompakten Operator T von E in einen Banachraum X existiert ein zu $C[0,1]$ isomorpher Teilraum G von E, so daß $T_{|G}$ ein Isomorphismus ist.

Beweis. Die Implikation (ii) $\Rightarrow$ (i) haben wir schon in Theorem 4.2 bewiesen.

(i) $\Rightarrow$ (ii): Sei $T \in L(E, X)$ nicht schwach kompakt. Wie im Beweis der Implikation (i) $\Rightarrow$ (ii) von Theorem 4.2 zeigt man, daß ein zu l_1 isomorpher Teilraum $G_1 \subseteq F$ existiert derart, daß $T_{|G_1}$ ein Isomorphismus ist. Nach [35, § 22, Lemma 6] existiert ein abgeschlossener, separabler Teilraum G_2 von F, welcher G_1 enthält, derart, daß G_2 ein Lindenstrauss-Raum ist. Der Teilraum G_2 ist stetiges, lineares Bild von $C(\Delta)$ unter einem Operator S ($-$ dabei bezeichnet Δ die Cantormenge) ([29]). Ist $(x_n)_{n \in \mathbb{N}} \subseteq G_2$ äquivalent zur kanonischen l_1-Basis und $(y_n)_{n \in \mathbb{N}}$ eine beschränkte Folge in $C(\Delta)$ mit $Sy_n = x_n$ für jedes $n \in \mathbb{N}$, so folgt mit B.1, daß eine Teilfolge von $(y_n)_{n \in \mathbb{N}}$ äquivalent ist zur kanonischen l_1-Basis. Daraus läßt sich ableiten, daß in $C(\Delta)$ ein zu l_1 isomorpher Teilraum G_3 existiert derart, daß $T \circ Q \circ S_{|G_3}$ ein Isomorphismus ist. $C(\Delta)$ ist separabel und besitzt die reziproke DPE (siehe Appendix C.). Weiter ist $(T \circ Q \circ S)' X'$ nicht separabel. Also existiert nach Theorem 4.1 ein zu $C[0, 1]$ isomorpher Teilraum G_4 von $C(\Delta)$, so daß $T \circ Q \circ S_{|G_4}$ ein Isomorphismus ist. Der Teilraum $G := (Q \circ S) G_4 \subseteq E$ leistet dann das Gewünschte. $\square$

§ 5. Relativ schwach kompakte Mengen im Dual eines Banachverbandes

Die folgenden Paragraphen setzen sich überwiegend mit der Grothendieck-Eigenschaft in Banachverbänden auseinander. Das entscheidende Hilfsmittel hierfür stellen wir in diesem Paragraphen zur Verfügung (Theorem 5.1). Es handelt sich dabei um eine Charakterisierung relativ kompakter Mengen im Dual eines Banachverbandes für bestimmte schwache Topologien.

Dieses Resultat motiviert die Einführung eines verbandstheoretischen Analogons der Eigenschaft (V), der sogenannten Eigenschaft (V_0) (siehe § 6). Mit Hilfe der Eigenschaft (V_0) werden wir dann in § 7 Charakterisierungen von Banachverbänden mit der Grothendieck-Eigenschaft angeben können.

Bevor wir zum Hauptresultat dieses Paragraphen kommen, sind noch einige Vorbemerkungen und die Einführung einiger Bezeichnungsweisen erforderlich:

E bezeichne stets einen Banachverband. Für $x \in E_+$ sei E_x das von x in E erzeugte Hauptideal $I_x := \bigcup_{n \in \mathbb{N}} n[-x, x]$, versehen mit der Norm $y \to \inf\{\lambda > 0 : y \in \lambda[-x, x]\}$.

(1) E_x ist ein AM-Raum mit Einheit x und die kanonische Injektion $i_x : E_x \to E$ ist ein Verbandshomomorphismus ([56, II.7.2, Cor.]).

Für $x' \in (E')_+$ heißt $N(x') := \{x \in E : \langle x', |x| \rangle = 0\}$ der *absolute Kern* von x'. Die Menge $P(x') := N(x')^\perp = \{x \in E : \inf(|x|, |y|) = 0 \text{ für alle } y \in N(x')\}$ wird das *Band strikter Positivität* von x' genannt. Ist $P(x')$ ein Projektionsband in E, so bezeichne $P_{x'}$ die Bandprojektion von E auf $P(x')$. Für $x' \in E^s$ bzw. $x' \in E^n$ ist $N(x')$ ein σ-Ideal bzw. ein Band in E.

(2) Sind x' und y' ordnungsstetige, positive Linearformen auf E, so gilt genau dann $\inf(x', y') = 0$, wenn $\inf(|x|, |y|) = 0$ ist für alle $x \in P(x')$ und alle $y \in P(y')$ ([1, Thm. 3.10]).

$E/N(x')$, versehen mit der Norm $x + N(x') \to \langle x', |x| \rangle$, $x \in E$, ist ein L-normierter Raum. Seine Vervollständigung (E, x') ist also ein AL-Raum. Bezeichnet q die Quotientenabbildung von E auf $E/N(x')$, so definiert $j_{x'}: x \to qx$ einen Verbandshomomorphismus von E nach (E, x') ([56, IV.3, S. 243]).

(3) Der Dualraum von (E, x') ist isometrisch verbandsisomorph zu $(E')_{x'}$ und bei Identifizierung von $(E, x')'$ und $(E')_{x'}$ ergibt sich $i_{x'} = (j_{x'})'$ ([56, IV. Exercise 9]).

Es sei $B \subseteq E'$ und das von B in E' erzeugte Ideal I_B trenne die Punkte von E. Mit $o(E, B)$ bezeichnen wir die von den Verbandshalbnormen $x \to \langle |x'|, |x| \rangle$, $x \in E$, $x' \in B$, erzeugte lokalkonvex-solide Topologie auf E ([1, S. 40]).

(4) Es ist $(E, o(E, B))' = I_B$ ([1, Thm. 6.6]).

Schließlich möchten wir noch an die nachstehenden Bezeichnungsweisen erinnern: Eine Folge $(x_n)_{n \in \mathbb{N}}$ in E heißt *orthogonal*, falls $\inf(|x_n|, |x_m|) = 0$ ist für $n, m \in \mathbb{N}$ mit $n \neq m$. Ist E ein Banachraum, $A \subseteq E'$ und $x \in E''$, so ist
$$p_A(x) := \sup_{x' \in A} |\langle x', x \rangle|.$$

Wir kommen nun zum Hauptresultat dieses Paragraphen.

5.1 Theorem. Es seien E ein Banachverband und F ein Ideal in E'', welches die Punkte von E' trennt. Weiter sei A eine Teilmenge von E'. Man betrachte die folgenden Aussagen:

(i) A ist relativ $\sigma(E', F)$-kompakt.

(ii) A ist $\sigma(E', F)$-beschränkt und für jede ordnungsbeschränkte, orthogonale Folge $(x_n)_{n \in \mathbb{N}}$ in F_+ gilt $\lim_n p_A(x_n) = 0$.

(iii) A ist $\sigma(E', F)$-beschränkt und jede orthogonale Folge $(x'_n)_{n \in \mathbb{N}}$ in der soliden Hülle soA von A ist eine $o(E', F)$-Nullfolge.

Dann gelten die Implikationen (i) $\Rightarrow$ (ii) $\Leftrightarrow$ (iii). Ist zusätzlich $F \subseteq E'^n$, so sind alle drei Aussagen äquivalent.

Der Beweis des Theorems baut auf den beiden nachfolgenden Lemmata auf. Dabei ist Lemma 5.2 im wesentlichen eine Folgerung aus der Grothendieckschen Charakterisierung relativ schwach kompakter Mengen von Radonmaßen auf einem kompakten Raum K (siehe 1.3).

5.2 Lemma. Sei E ein AL-Raum. Für eine Teilmenge A von E sind die nachstehenden Aussagen äquivalent:

(i) A ist relativ schwach kompakt.

(ii) A ist beschränkt und für jede normbeschränkte, orthogonale Folge $(x'_n)_{n \in \mathbb{N}}$ in $(E')_+$ gilt die Beziehung $\lim_n p_A(x'_n) = 0$.

5.3 Lemma. Es seien E ein Banachverband und F ein Ideal in $E'^{\,n}$, welches die Punkte von E' trennt. Dann ist E' versehen mit der Topologie $o(E', F)$ vollständig.

Beweis. Sei x' eine Linearform auf F, die auf jeder ordnungsbeschränkten Teilmenge von F stetig ist für die Topologie $\sigma(F, E')$. Nach dem Vollständigkeitskriterium von GROTHENDIECK ([54, IV.6.2]) genügt es, für den Beweis der Behauptung zu zeigen, daß $x' \in E'$ ist. Da jedes gegen Null ordnungskonvergente Netz in F ein $\sigma(F, E')$-Nullnetz ist, ergibt sich zunächst $x' \in F^n$. Unter den gegebenen Voraussetzungen folgt mit dem Satz von NAKANO ([56, II.4.12]), daß E', aufgefaßt als Teilmenge von F^n, ein ordnungsdichtes Ideal in F^n ist. Also existieren monoton wachsende Netze $(y'_\alpha)_{\alpha \in \mathscr{A}}$ und $(z'_\beta)_{\beta \in \mathscr{B}}$ in $(E')_+$ mit $(x')_+ = \sup_\alpha y'_\alpha$ und $(x')_- = \sup_\beta z'_\beta$. Seien y' und z' die durch $\langle y', x \rangle := \sup_\alpha \langle y'_\alpha, x \rangle$ und $\langle z', x \rangle := \sup_\beta \langle z'_\beta, x \rangle$, $x \in E_+$, eindeutig bestimmten positiven Linearformen auf E (siehe [56, S. 58]). Wegen $y' \geqq (x')_+$ und $z' \geqq (x')_-$ ergibt sich dann die Beziehung $|x'| \leqq y' + z' \in E'$. Da aber E' ein Ideal in F^n ist, folgt schließlich $x' \in E'$. $\square$

Beweis von Theorem 5.1: Nach Lemma 5.2 und (3) besagt die Aussage (ii) des Theorems nichts anderes, als daß für jedes $x \in F_+$ die Menge $j_x(A) \subset (E', x)$ relativ schwach kompakt ist. Dies ist sicher der Fall, wenn A relativ $\sigma(E', F)$-kompakt ist. Denn für jedes $x \in F_+$ ist j_x eine stetige Abbildung von $(E', o(E', F))$ in (E', x). Nach [54, VI.7.5 Cor.] ist dann wegen $(E', o(E', F))' = F$ (siehe (4)) die Abbildung j_x auch stetig für die Topologien $\sigma(E', F)$ und $\sigma((E', x), (E', x)')$. Daraus folgt das Gewünschte. Damit ist dann (i) $\Rightarrow$ (ii) bewiesen.

(ii) $\Rightarrow$ (iii): Mit A genügt auch soA der Bedingung (ii). Sei nun $(x'_n)_{n \in \mathbb{N}}$ eine orthogonale Folge in soA. Für $n \in \mathbb{N}$ bezeichne P_n die Bandprojektion von E'' auf das Band $P(|x'_n|)$ strikter Positivität von $|x'_n|$. Für $x \in F_+$ ist $(P_n x)_{n \in \mathbb{N}}$ eine durch x majorisierte orthogonale Folge in F_+ (siehe (2)). Dann gilt $\lim_n p_A(P_n x) = 0$ nach Voraussetzung. Insbesondere ist

$$0 = \lim_n \langle |x'_n|, P_n x \rangle = \lim_n \langle |x'_n|, x \rangle .$$

Dies zeigt, daß $(|x'_n|)_{n \in \mathbb{N}}$ und damit auch $(x'_n)_{n \in \mathbb{N}}$ eine $o(E', F)$-Nullfolge ist.

(iii) $\Rightarrow$ (ii): Angenommen, Aussage (ii) ist nicht richtig. Dann existieren $\varepsilon > 0$, eine durch $x \in F_+$ majorisierte, orthogonale Folge $(x_n)_{n \in \mathbb{N}}$ in F_+ und eine Folge $(x'_n)_{n \in \mathbb{N}}$ in A mit $|\langle x'_n, x_n \rangle| \geqq \langle |x'_n|, x_n \rangle > \varepsilon$ für jedes $n \in \mathbb{N}$. Es bezeichne P_n die Bandprojektion von E' auf das Band strikter Positivität von x_n. Nach (2) ist $(P_n |x'_n|)_{n \in \mathbb{N}}$ eine orthogonale Folge in soA und es gilt

$$0 < \varepsilon < \langle |x'_n|, x_n \rangle = \langle P_n |x'_n|, x_n \rangle \leqq \langle P_n |x'_n|, x \rangle$$

für alle $n \in \mathbb{N}$. Daher kann $(P_n |x'_n|)_{n \in \mathbb{N}}$ keine $o(E', F)$-Nullfolge sein. Dies widerspricht unserer Voraussetzung.

Wir beweisen nun die Implikation (ii) $\Rightarrow$ (i), falls zusätzlich $F \subseteq E'^n$ gilt. Sei $G := \Pi_{x \in F_+}(E', x)$, versehen mit der Produkttopologie. Weiter sei $j \colon E' \to G$ definiert durch $j(x') := (j_x(x'))_{x \in F_+}$, $x' \in E'$. Die Abbildung j ist ein Isomorphismus von $(E', o(E', F))$ in G. Wegen Lemma 5.3 ist jE' abgeschlossen in G. Ist nun $A \subset E'$ wie in Aussage (ii), so ist $j_x A$ relativ schwach kompakt für jedes $x \in F_+$. Mit [54, IV.4.3] folgt dann, daß jA relativ $\sigma(G, G')$-kompakt ist. Da j auch ein Isomorphismus für die Topologien $\sigma(E', F)$ und $\sigma(G, G')$ ist ([54, IV.7.5 Cor.]), folgt wegen der Abgeschlossenheit von jE', daß A relativ $\sigma(E', F)$-kompakt ist. $\square$

Für Banachverbände E, welche der Beziehung $E'' = E'^{\,n}$ genügen, welche also die reziproke DPE besitzen (siehe C.2), erhalten wir mit Theorem 5.1 die folgende Charakterisierung relativ schwach kompakter Mengen in E'.

5.4 Korollar. Sei E ein Banachverband mit der reziproken DPE. Für eine Teilmenge A von E' sind die folgenden Aussagen äquivalent:
 (i) A ist relativ schwach kompakt.
 (ii) A ist beschränkt und für jede ordnungsbeschränkte, orthogonale Folge $(x_n)_{n \in \mathbb{N}}$ in $(E'')_+$ gilt $\lim_n p_A(x_n) = 0$.
 (iii) A ist beschränkt und jede orthogonale Folge in der soliden Hülle soA von A ist eine schwache Nullfolge.

Bemerkungen. 1. Genügen E, F und A den Voraussetzungen von Theorem 5.1 und ist $F \subseteq E'^{\,n}$, so ergeben sich aus Theorem 5.1 die nachstehenden Aussagen:
(a) Mit A ist auch die konvexe solide Hülle $cvsoA$ von A relativ $\sigma(E', F)$-kompakt.
(b) Ist $\bar{F}$ der Normabschluß von F in E'', A relativ $\sigma(E', F)$-kompakt und normbeschränkt, dann ist A auch relativ $\sigma(E', \bar{F})$-kompakt.
(c) E' ist $\sigma(E', F)$-folgenvollständig: Nach Beweisteil (ii) $\Rightarrow$ (i) von Theorem 5.1 existiert ein Isomorphismus j von $(E', \sigma(E', F))$ auf einen abgeschlossenen Teilraum jE' von $(G, \sigma(G, G'))$. Mit [54, IV.4.3] folgt, daß G als Produkt schwach folgenvollständiger Banachräume ([56, II.8.8 Cor.]) wieder schwach folgenvollständig ist. Wegen der Abgeschlossenheit von jE' in $(G, \sigma(G, G'))$ ergibt sich dann das Gewünschte.
(d) Ist A $\sigma(E', F)$-*folgenpräkompakt* (d. h. jede Folge in A enthält eine $\sigma(E', F)$-Cauchyfolge als Teilfolge), so ist $j_x A \subset (E', x)$ relativ $\sigma((E', x), (E', x)')$-kompakt für jedes $x \in F_+$. Somit erfüllt A die Aussage (ii) von Theorem 5.1. Also ist A relativ $\sigma(E', F)$-kompakt. Daß die Umkehrung hiervon im allgemeinen nicht gilt, zeigt ein Beispiel von O. BURKINSHAW und P. G. DODDS ([7, Example 3.6]). Ist hingegen E' *ordnungsseparabel* (d. h. jede Menge $B \subseteq E'$ mit $\sup_{x' \in B} x' \in E'$ enthält eine abzählbare Teilmenge C mit $\sup_{x' \in C} x' = \sup_{x' \in B} x'$), so ist umgekehrt jede relativ $\sigma(E', F)$-kompakte Menge in E' auch $\sigma(E', F)$-folgenpräkompakt ([7, Thm.3.4]). Dies ist insbesondere dann der Fall, wenn die Norm von E' ordnungsstetig ist ([56, II.5.10, Cor.1]) oder, äquivalent dazu, wenn E die reziproke DPE besitzt (C.2). In dieser Situation fallen also für die Topologie $\sigma(E', F)$ folgenkompakte, folgenpräkompakte und relativ kompakte Mengen in E' zusammen.

2. In der von B. KÜHN ([31]) eingeführten Terminologie besagt Theorem 5.1:
Ist F ein punktetrennendes Ideal in $E'^{\,n}$, so fallen die relativ $\sigma(E',F)$-kompakten
Mengen mit den $\sigma(E',F)$-orthogonalkompakten Mengen zusammen.

3. Ist E ein AM-Raum und $F = E'' = E'^{\,n}$, so folgt mit Theorem 5.1:
Eine beschränkte Menge $A \subset E'$ ist genau dann relativ $\sigma(E',E'')$-kompakt, wenn
jede orthogonale Folge in soA eine Normnullfolge ist.

In der Terminologie von P. MEYER-NIEBERG ([41]) bzw. B. KÜHN ([31]) bedeutet dies, daß die relativ schwach kompakten Mengen im Dual eines AM-Rau-
mes mit den L-schwach kompakten bzw. den norm-orthogonalkompakten Mengen zusammenfallen.

4. Weitere Charakterisierungen relativ kompakter Mengen für bestimmte
schwache Topologien sind zum Beispiel in [1, Sec. 20, 21], [6], [8], [16], [22, § 8],
[31] und [59] zu finden.

Aus Theorem 5.1 erhalten wir nun erste Aussagen über das Zusammenfallen
relativ kompakter Mengen bzw. über das Zusammenfallen der Konvergenz von
Folgen für unterschiedliche schwache Topologien. Diese Aussagen sind in dem
nachfolgenden Korollar zusammengefaßt. Für einen Banachverband E bezeichne
I_E das von E in E'' erzeugte Ideal.

5.5 Korollar. Es seien E ein Banachverband und F und G punktetrennende Ideale
in $E'^{\,n}$. Dann gilt:
 (i) Falls jede positive, orthogonale $\sigma(E',G)$-Nullfolge eine $\sigma(E',F)$-Nullfolge
     ist, so ist jede $\sigma(E',F)$-beschränkte, relativ $\sigma(E',G)$-kompakte Menge auch
     relativ $\sigma(E',F+G)$-kompakt und jede $\sigma(E',F)$-beschränkte, $\sigma(E',G)$-kon-
     vergente Folge ist $\sigma(E',F+G)$-konvergent.
(ii) Insbesondere gilt: Falls jede positive, orthogonale $\sigma(E',E)$-Nullfolge eine
     $\sigma(E',F)$-Nullfolge ist, so ist jede relativ $\sigma(E',I_E)$-kompakte Menge auch
     relativ $\sigma(E',F)$-kompakt und jede $\sigma(E',I_E)$-konvergente Folge ist $\sigma(E',F)$-
     konvergent.

Beweis. Aussage (ii) ist eine unmittelbare Folgerung aus (i). Der erste Teil von
Aussage (i) folgt aus Theorem 5.1. Der zweite Teil von (i) ergibt sich dann mit
dem nachfolgenden, leicht zu beweisenden Lemma. $\square$

5.6 Lemma. Es seien M eine Menge, $\mathcal{T}_1$ und $\mathcal{T}_2$ Hausdorff-Topologien auf M
und $\mathcal{T}_2$ sei feiner als $\mathcal{T}_1$. Weiter sei $(x_\alpha)_{\alpha \in \mathcal{A}}$ ein $\mathcal{T}_1$-konvergentes Netz in M und
die Menge $A := \{x_\alpha : \alpha \in \mathcal{A}\}$ sei relativ $\mathcal{T}_2$-kompakt. Dann ist $(x_\alpha)_{\alpha \in \mathcal{A}}$ auch $\mathcal{T}_2$-
konvergent mit demselben Limes.

§6. Die Eigenschaft (V_0)

In § 5, Bemerkung 3, haben wir gesehen, daß eine beschränkte Menge A im Dual eines AM-Raumes E genau dann relativ $\sigma(E',E'')$-kompakt ist, wenn jede orthogonale Folge in soA eine Normnullfolge ist. Nach einem Resultat von P. MEYER-NIEBERG ist dies genau dann der Fall, wenn jede normbeschränkte, orthogonale Folge aus E_+ gleichmäßig auf A gegen Null konvergiert (siehe Satz 9.2). Normbeschränkte Folgen in E_+ sind aber stets ordnungsbeschränkt in E'', da E'' ein AM-Raum mit Einheit ist. Motiviert durch diese Beobachtung und das Theorem 5.1 führen wir nun die nachfolgenden Bezeichnungsweisen ein. Für einen Banachraum E, eine Menge $A \subseteq E'$ und $x \in E$ definieren wir $p_A(x) := \sup_{x' \in A} |\langle x', x \rangle|$.

6.1 Definition. E bezeichne einen Banachverband.

(a) Sind $B \subseteq E$ und $C \subseteq E''$ Mengen mit der Eigenschaft, daß ein Element $y \in C$ existiert mit $x \leq y$ für alle $x \in B$, so sagt man, B ist *C-majorisiert*.

(b) Ein Ideal F in E'', welches die Punkte von E' trennt, heißt (V_0)-*Ideal*, falls gilt:
Eine $\sigma(E',F)$-beschränkte Menge $A \subseteq E'$ ist (genau dann) relativ $\sigma(E',F)$-kompakt, wenn für jede F-majorisierte, orthogonale Folge $(x_n)_{n \in \mathbb{N}}$ in E_+ $\lim_n p_A(x_n) = 0$ ist.

(c) Ist E'' ein (V_0)-Ideal, so sagt man, E besitzt die *Eigenschaft* (V_0).

Mit diesen Bezeichnungen besagen unsere einleitenden Worte, daß jeder AM-Raum E die Eigenschaft (V_0) besitzt. Dieses Resultat erhalten wir später auch als einfache Folgerung aus Lemma 6.4 (siehe Bem. 5).

Da für einen Banachverband E die E''-majorisierten, orthogonalen Folgen in E_+ mit den schwach absolut summierbaren, orthogonalen Folgen in E_+ zusammenfallen, ergibt sich mit Satz 3.4:

6.2 Satz. Jeder Banachverband mit der Eigenschaft (V_0) besitzt auch die Eigenschaft (V).

Nicht jedes punktetrennende Ideal im Bidual eines Banachverbandes kann ein (V_0)-Ideal sein. So ist zum Beispiel für $E = l_1$ kein Ideal F in E'', welches E echt enthält, ein (V_0)-Ideal. Daß nur ganz bestimmte Ideale als (V_0)-Ideale in Frage kommen, zeigt der folgende Satz.

6.3 Satz. Es seien E ein Banachverband und F ein (V_0)-Ideal in E''. Dann ist $F \subseteq E'^n$.

Beweis. Für den Nachweis der Beziehung $F \subseteq E'^n$ genügt es zu zeigen, daß jedes ordnungsbeschränkte Netz $(x'_\alpha)_{\alpha \in \mathscr{A}}$ in $(E')_+$ mit $x'_\alpha \downarrow 0$ (d. h. $(x'_\alpha)_{\alpha \in \mathscr{A}}$ ist monoton fallend mit $\inf_\alpha x'_\alpha = 0$) ein $\sigma(E',F)$-Nullnetz ist. Da die Menge $A := \{x'_\alpha : \alpha \in \mathscr{A}\}$ ordnungsbeschränkt ist, konvergiert jede F-majorisierte, orthogonale Folge

$(x_n)_{n \in \mathbb{N}}$ in E_+ gleichmäßig auf A gegen Null. Also ist A relativ $\sigma(E', F)$-kompakt ($-$ beachte F ist ein (V_0)-Ideal). Wegen $E \subseteq E'^{\,n}$ (Folgerung aus [56, II.4.2]) ist $(x'_\alpha)_{\alpha \in \mathscr{A}}$ ein $\sigma(E', E)$-Nullnetz. Mit Lemma 5.6 folgt dann, daß $(x'_\alpha)_{\alpha \in \mathscr{A}}$ ein $\sigma(E', F)$-Nullnetz ist, was zu zeigen war. $\square$

Daß nicht umgekehrt jedes die Punkte von E' trennende Ideal in $E'^{\,n}$ ein (V_0)-Ideal ist, zeigt, zusammen mit dem später bewiesenen Theorem 6.7, ein Beispiel von T. FIGIEL, N. GHOUSSOUB und W. B. JOHNSON ([21, Example 3.1]).

Aus Satz 6.3, Theorem 5.1 und Bemerkung 1.(b) von § 5 ergibt sich nun: Ist E ein Banachverband und sind F und G (V_0)-Ideale in E'', so ist auch $F + G$ ein (V_0)-Ideal. Ist darüber hinaus $E \subseteq F$, so ist $\bar{F}$ ebenfalls ein (V_0)-Ideal. Weiter zeigen wir mit Satz 6.5, daß zu jedem Banachverband E mindestens ein (V_0)-Ideal in E'' existiert, welches E enthält. Mit dem Lemma von ZORN folgt dann, daß für jeden Banachverband E ein größtes (V_0)-Ideal V_E in E'' existiert.

Wir stellen nun eine Methode vor, aus einem vorgegebenen Ideal F in E'', welches den Banachverband E enthält, ein (V_0)-Ideal F_V zu konstruieren. Das zentrale Hilfsmittel hierfür ist das nachfolgende Lemma. Zuvor bemerken wir noch, daß für einen Banachverband E und eine beschränkte, solide Menge S in E'' die Abbildung $p_S \colon E' \to \mathbb{R} \colon x' \to \sup_{x'' \in S} |\langle x'', x' \rangle|$ eine stetige Verbandshalbnorm auf E' ist.

6.4 Lemma. Es seien E ein Banachverband und F ein punktetrennendes Ideal in E''. Weiter sei $\mathscr{S}$ ein System von beschränkten, soliden, $\sigma(F, E')$-abgeschlossenen Mengen in F mit $\overline{\bigcup_{S \in \mathscr{S}} S}^{\,\sigma(F, E')} = F$ und $\overline{S \cap E}^{\,\sigma(F, E')} = S$ für jedes $S \in \mathscr{S}$. Mit $\mathscr{T}_{\mathscr{S}}$ bezeichnen wir die von den Verbandshalbnormen p_S, $S \in \mathscr{S}$, erzeugte lokalkonvex-solide Topologie auf E' ([1, S. 38]). Für eine $\mathscr{T}_{\mathscr{S}}$-beschränkte Menge A in E' sind dann die folgenden Aussagen äquivalent:

(i) Jede orthogonale Folge in der soliden Hülle soA von A ist eine $\mathscr{T}_{\mathscr{S}}$-Nullfolge.

(ii) Ist $S \in \mathscr{S}$, so gilt für jede orthogonale Folge $(x_n)_{n \in \mathbb{N}}$ in $S \cap E_+$ die Beziehung $\lim_n p_A(x_n) = 0$.

Beweis. (i) $\Rightarrow$ (ii): Angenommen, Aussage (ii) ist nicht richtig. Dann existieren $\varepsilon > 0$, $S \in \mathscr{S}$ und eine orthogonale Folge $(x_n)_{n \in \mathbb{N}}$ in $S \cap E_+$ mit $p_A(x_n) > \varepsilon$ für jedes $n \in \mathbb{N}$. Also existieren $x'_n \in A$ mit $|\langle x'_n, x_n \rangle| > \varepsilon$ für jedes $n \in \mathbb{N}$. Es bezeichne P_n die Bandprojektion von E' auf das Band strikter Positivität von x_n. Setzen wir $y'_n := P_n |x'_n|$, so ist $(y'_n)_{n \in \mathbb{N}}$ eine orthogonale Folge in soA (siehe (2) auf S. 25) und für jedes $n \in \mathbb{N}$ gilt

$$\langle y'_n, x_n \rangle = \langle |x'_n|, x_n \rangle \geq |\langle x'_n, x_n \rangle| > \varepsilon .$$

Also kann $(y'_n)_{n \in \mathbb{N}}$ keine $\mathscr{T}_{\mathscr{S}}$-Nullfolge sein. Dies steht im Widerspruch zu (i).

(ii) $\Rightarrow$ (i): Mit A besitzt auch soA die in (ii) formulierte Eigenschaft. Ohne Einschränkung sei also A solid. Angenommen, Aussage (i) ist falsch. Dann existieren $\varepsilon > 0$, eine orthogonale Folge $(x'_n)_{n \in \mathbb{N}}$ in A und eine Folge $(x_n)_{n \in \mathbb{N}}$ in einer Menge $S \in \mathscr{S}$ mit $\langle x'_n, x_n \rangle > \varepsilon$ für jedes $n \in \mathbb{N}$. Ohne Einschränkung gelte

$0 \leqq x_n \in E \cap S$ und $0 \leqq x_n'$ für jedes $n \in \mathbb{N}$. Setze nun $y := \sum_n 2^{-n} x_n \in E_+$. Definiere $y_n': E_y \to \mathbb{R}: z \to \langle x_n', z \cdot x_n \rangle$ (− dabei verstehen wir unter $z \cdot x_n$ die Multiplikation in E_y, aufgefaßt als Raum stetiger Funktionen). Jede der Linearformen y_n' ist positiv, also stetig. Weiter ist die Folge $(y_n')_{n \in \mathbb{N}}$ in $(E_y)'$ normbeschränkt und orthogonal. Wegen $\langle y_n', y \rangle = \langle x_n', x_n \rangle > \varepsilon$ gilt $\| y_n' \| > \varepsilon$ für jedes $n \in \mathbb{N}$. Also kann nach § 5, Bem. 3, die Menge $\{ y_n' : n \in \mathbb{N} \}$ nicht relativ $\sigma((E_y)', (E_y)'')$-kompakt sein. Mit Hilfe der Grothendieckschen Charakterisierung relativ schwach kompakter Mengen von Radonmaßen (1.3) folgt die Existenz von $\delta > 0$, einer orthogonalen Folge $(y_n)_{n \in \mathbb{N}}$ im Positivteil der Einheitskugel von E_y und einer Teilfolge $(y_{n_k}')_{k \in \mathbb{N}}$ von $(y_n')_{n \in \mathbb{N}}$ mit $\langle y_{n_k}', y_k \rangle > \delta$ für jedes $k \in \mathbb{N}$. Wir setzen nun $v_k := y_k \cdot x_{n_k}$. Dann ist $(v_k)_{k \in \mathbb{N}}$ eine orthogonale Folge in $S \cap E_+$ und für jedes $k \in \mathbb{N}$ gilt $\langle x_{n_k}', v_k \rangle = \langle y_{n_k}', y_k \rangle > \delta$. Dies steht im Widerspruch zu der an die Menge A gestellten Bedingung. $\square$

6.5 Satz. Es seien E ein Banachverband und F ein Ideal in E'', welches E enthält. Dann ist $F_V := \bigcup_{x \in F_+} \overline{[-x, x] \cap E}^{\,\sigma(E'', E')}$ ein (V_0)-Ideal.

Beweis. F_V ist ein linearer Teilraum von E''. Wir zeigen nun, daß für jedes $x \in F_+$ die Menge $\overline{[-x, x] \cap E}^{\,\sigma(E'', E')}$ solid und in $E'^{\,n}$ enthalten ist. Sei dazu $(x_\alpha)_{\alpha \in \mathcal{A}}$ ein monoton wachsendes Netz in $[-x, x] \cap E_+$ mit $y := \sup_\alpha x_\alpha = \overline{\sup([-x, x] \cap E)} \in E'^{\,n}$. Offensichtlich ist dann $y = \sigma(E'', E')\text{-}\lim_\alpha x_\alpha$ und $\overline{[-x, x] \cap E}^{\,\sigma(E'', E')} \subseteq [-y, y] \subset E'^{\,n}$. Andererseits ist $\overline{[-x, x] \cap E}^{\,\sigma(E'', E')}$ die Bipolare von $[-x, x] \cap E$ in E'' ([54, IV.1.5]) und somit eine solide Teilmenge von E'' ([56, II.4.7]). Daraus ergibt sich dann $\overline{[-x, x] \cap E}^{\,\sigma(E'', E')} = [-y, y] \subset E'^{\,n}$. Also ist F_V ein punktetrennendes Ideal in $E'^{\,n}$. Das Mengensystem $\mathcal{S}$, bestehend aus den Mengen $\overline{[-x, x] \cap E}^{\,\sigma(E'', E')}$, $x \in F_+$, erfüllt die Voraussetzungen von Lemma 6.4. Die Topologie $\mathcal{T}_{\mathcal{S}}$ ist identisch mit der Topologie $o(E', F_V)$. Daher fallen die $\mathcal{T}_{\mathcal{S}}$-beschränkten und die $\sigma(E', F_V)$-beschränkten Mengen zusammen (siehe (4) auf S. 25 und [54, IV.3.2, Cor. 2]). Da die Mengen $[-x, x] \cap E$, $x \in F_+$, ordnungsbeschränkt sind in F_V, folgt dann mit Lemma 6.4 und Theorem 5.1 die Behauptung. $\square$

Bemerkungen. Als einfache Folgerungen aus Satz 6.5 und Theorem 5.1 ergeben sich:

1. Ist E ein Banachverband und F ein Ideal in E'' mit $E \subseteq F$ und $F = \bigcup_{x \in F_+} \overline{[-x, x] \cap E}^{\,\sigma(E'', E')}$, so ist F ein (V_0)-Ideal. Als Spezialfall von 1. ergibt sich:

2. Für jeden Banachverband E ist das von E in E'' erzeugte Ideal I_E ein (V_0)-Ideal.

3. Für Banachverbände mit ordnungsstetiger Norm ist $E'^{\,n} = \bigcup_{x \in E''} \overline{[-x, x] \cap E}^{\,\sigma(E'', E')}$ ein (V_0)-Ideal.

4. Ist F ein Ideal in $E'^{\,n}$ mit $E \subseteq F$ derart, daß jede positive, orthogonale $\sigma(E', E)$-Nullfolge eine $\sigma(E', F)$-Nullfolge ist, so sind für eine beschränkte Menge $A \subset E'$ die folgenden Aussagen äquivalent:

(i) A ist relativ $\sigma(E',F)$-kompakt.

(ii) Für jede ordnungsbeschränkte, orthogonale Folge $(x_n)_{n\in\mathbb{N}}$ in E_+ gilt $\lim_n p_A(x_n) = 0$.

Inbesondere ist jedes solche Ideal F ein (V_0)-Ideal.

5. Jeder AM-Raum E besitzt die Eigenschaft (V_0). Dies folgt aus Bemerkung 3 in § 5 und Lemma 6.4, indem man das Mengensystem $\mathscr{S}$ aus Lemma 6.4 gleich $\{n\cdot[-e,e]: n\in\mathbb{N}\}$ setzt ($-$ dabei bezeichnet e eine Ordnungseinheit von E'').

Aus den Bemerkungen 1.$-$5. ergeben sich nun die nachfolgenden Beispiele von Banachverbänden mit der Eigenschaft (V_0):

6.6 Satz. Sei E ein Banachverband. Erfüllt E eine der nachstehenden Bedingungen, so besitzt E die Eigenschaft (V_0):

 (i) E ist ein AM-Raum (Bem. 5).

 (ii) Das von E in E'' erzeugte Ideal I_E ist dicht in E'' (S. 30 und Bem. 2).

(iii) Sowohl E als auch E' besitzen ordnungsstetige Norm (C.2 und Bem. 3).

(iv) E besitzt die reziproke DPE und jede orthogonale $\sigma(E',E)$-Nullfolge in E_+ ist eine $\sigma(E',E'')$-Nullfolge (C.2 und Bem. 4).

 (v) E ist ein Grothendieck-Raum (1.5, C.2 und Bem. 4).

Satz 6.6 ist eine Verallgemeinerung und Verschärfung eines Resultats von A. PEŁCZYŃSKI ([47, Thm. 1]). Dort wurde gezeigt, daß jeder Raum $C(K)$, K kompakt, die Eigenschaft (V) besitzt.

Wir kommen nun zu einer Charakterisierung von (V_0)-Idealen, welche den Banachverband E enthalten. Diese ist ähnlich zu der in Satz 3.4 vorgestellten Charakterisierung der Eigenschaft (V). Der Beweis folgt im wesentlichen einer Argumentation von A. PEŁCZYŃSKI ([47, Beweis von Prop. 1]).

6.7 Theorem. Es seien E ein Banachverband und F ein Ideal in E'' mit $E\subseteq F$. Die folgenden Aussagen sind äquivalent:

 (i) F ist ein (V_0)-Ideal.

(ii) Ist T ein Operator von E in einen Banachraum X, so gilt entweder

    a) T' bildet beschränkte Mengen von X' auf relativ $\sigma(E',F)$-kompakte Mengen ab oder

    b) E enthält einen abgeschlossenen Untervektorverband G, verbandsisomorph zu c_0 und mit F-majorisierter Einheitskugel, derart, daß $T_{|G}$ ein Isomorphismus von G in X ist.

Beweis. Zunächst zeigen wir, daß die Aussagen a) und b) in (ii) nicht gleichzeitig gelten können. Angenommen, es gilt Aussage b). Dann existiert eine F-majorisierte, orthogonale Folge $(x_n)_{n\in\mathbb{N}}$ in E_+, so daß $(Tx_n)_{n\in\mathbb{N}}$ und $(x_n)_{n\in\mathbb{N}}$ äquivalent sind zur kanonischen c_0-Basis. Sei x_n' eine normerhaltende Fortsetzung der auf $\overline{\mathrm{lin}}\{Tx_n: n\in\mathbb{N}\}$ durch $\langle y_n', Tx_m\rangle := \delta_{nm}$, $n,m\in\mathbb{N}$, definierten stetigen Linearform y_n'. Dann ist die Menge $\{x_n': n\in\mathbb{N}\}\subset X'$ beschränkt, aber die Menge

$A := \{T'x'_n : n \in \mathbb{N}\}$ kann nicht relativ $\sigma(E',F)$-kompakt sein. Denn sonst müßte jede F-majorisierte, orthogonale Folge in F_+, insbesondere also die Folge $(x_n)_{n \in \mathbb{N}}$, auf der Menge A gleichmäßig gegen Null konvergieren (siehe Theorem 5.1). Dies ist aber offensichtlich nicht der Fall.

(i) $\Rightarrow$ (ii): Es seien X ein Banachraum und $T \in L(E,X)$. Angenommen, Aussage a) ist nicht erfüllt. Nach Voraussetzung existieren dann $\varepsilon > 0$ und eine durch ein Element $x \in F_+$ majorisierte, orthogonale Folge $(x_n)_{n \in \mathbb{N}}$ in E_+ mit $\|Tx_n\| > \varepsilon$ für alle $n \in \mathbb{N}$. Die Folge $(x_n)_{n \in \mathbb{N}}$ ist schwach absolut summierbar. Nach A.2 existiert eine Teilfolge $(x_{n_k})_{k \in \mathbb{N}}$ von $(x_n)_{n \in \mathbb{N}}$, so daß $G := \overline{\lin}\{x_{n_k} : k \in \mathbb{N}\}$ ein zu c_0 verbandsisomorpher Untervektorverband von E und $T_{|G}$ ein Isomorphismus ist. Da die Folge $(x_n)_{n \in \mathbb{N}}$ ordnungsbeschränkt ist in F, besitzt G sogar eine F-majorisierte Einheitskugel.

(ii) $\Rightarrow$ (i): Sei A eine beschränkte Teilmenge von E' und für jede F-majorisierte orthogonale Folge $(x_n)_{n \in \mathbb{N}}$ in E_+ gelte $\lim_n p_A(x_n) = 0$. $B(A)$ sei die Menge der beschränkten reellwertigen Funktionen auf A, versehen mit der Norm $\|f\| := \sup_{x' \in A} |f(x')|$. $T : E \to B(A)$ sei definiert durch $Tx(x') := \langle x',x\rangle$, $x \in E$, $x' \in A$. Wegen der an A gestellten Bedingung kann T nicht der Aussage b) genügen. Also bildet T' beschränkte Mengen aus $B(A)'$ auf relativ $\sigma(E',F)$-kompakte Mengen ab. Insbesondere trifft dies zu auf die Menge $M := \{\delta_{x'} : x' \in A\}$, wo $\delta_{x'} : B(A) \to \mathbb{R}$ definiert ist durch $\langle \delta_{x'},f\rangle := f(x')$, $f \in B(A)$, $x' \in A$. Wegen $T'M = A$ ergibt sich dann die Behauptung. $\square$

Für das (V_0)-Ideal I_E vereinfacht sich die Aussage (ii) von Theorem 6.7 in der folgenden Weise (vgl. [21, Thm. 2.1]):

6.8 Korollar. Sei T ein Operator von einem Banachverband E in einen Banachraum X und T' bilde die Einheitskugel von X' ab auf eine nicht relativ $\sigma(E',I_E)$-kompakte Menge. Dann existiert ein $x \in E_+$ und ein zu c_0 verbandsisomorpher, abgeschlossener Untervektorverband G in E_x derart, daß die Einschränkung von $T \circ i_x : E_x \to X$ auf G ein Isomorphismus ist, das heißt die Abbildung $T \circ i_x$ ist nicht schwach kompakt.

Ist G ein abgeschlossener, zu c_0 verbandsisomorpher Untervektorverband eines Banachverbandes E, so ist die Einheitskugel von G stets E''-majorisiert. Damit erhalten wir aus Theorem 6.7 die nachstehende Charakterisierung der Eigenschaft (V_0) (vgl. 3.1 und 3.4). Diese liefert eine Erweiterung und Verschärfung von A. PEŁCZYŃSKIs Charakterisierung schwach kompakter Operatoren, definiert auf Räumen $C(K)$, K kompakt, ([48, Thm. 1]), auf die in Satz 6.6 angegebenen Klassen von Banachverbänden.

6.9 Korollar. Für einen Banachverband E sind die folgenden Aussagen äquivalent:
 (i) E besitzt die Eigenschaft (V_0).
(ii) Zu jedem nicht schwach kompakten Operator T von E in einen Banachraum X existiert ein abgeschlossener, zu c_0 verbandsisomorpher Untervektorverband G derart, daß $T_{|G}$ ein Isomorphismus von G in X ist.

Daß die Aussagen (i) und (ii) von Theorem 6.7 für beliebige punktetrennende Ideale in E'' im allgemeinen nicht mehr gleichwertig sind, zeigt das nachstehende Beispiel.

Beispiel. 1. Es seien $E = c_0$ und $F \subseteq E''$ das Ideal der finiten Folgen. Dann gilt für jeden Operator T von E in einen Banachraum X die Aussage (ii) a) von Theorem 6.7. F ist aber kein (V_0)-Ideal. Dies sieht man wie folgt: Jede absolutkonvexe, $\sigma(E',F)$-kompakte Menge in E' ist bereits $\sigma(E',E)$-kompakt, insbesondere also normbeschränkt. Weiter besitzt jede F-majorisierte, orthogonale Folge in E_+ nur endlich viele von Null verschiedene Folgenglieder. Es sei nun $A \subset E'$ eine absolutkonvexe, $\sigma(E',F)$-beschränkte Menge, die aber nicht normbeschränkt ist. Für jede F-majorisierte, orthogonale Folge $(x_n)_{n \in \mathbb{N}}$ in E_+ gilt dann $\lim_n p_A(x_n) = 0$, die Menge A kann aber nicht relativ $\sigma(E',F)$-kompakt sein. Daher ist F kein (V_0)-Ideal.

§ 7. Strukturtheoretische Charakterisierungen der Grothendieck-Eigenschaft und ähnlicher Eigenschaften für Banachverbände

Ist E ein Banachverband und F ein E enthaltendes Ideal in E'', so können wir mit Hilfe von Theorem 6.7 das Zusammenfallen der $\sigma(E',E)$- und der $\sigma(E',F)$-Konvergenz von Folgen strukturtheoretisch beschreiben. Diese Beschreibung ist ähnlich zu der in Korollar 3.8 vorgestellten Charakterisierung von Grothendieck-Räumen.

7.1 Theorem. Es seien E ein Banachverband und F ein Ideal in E'' mit $E \subseteq F$. Man betrachte die folgenden Aussagen:
 (i) Jede $\sigma(E',E)$-konvergente Folge ist $\sigma(E',F)$-konvergent.
(ii) F ist ein (V_0)-Ideal und E enthält keinen komplementierbaren, zu c_0 verbandsisomorphen Untervektorverband G mit F-majorisierter Einheitskugel.
Dann gilt die Implikation (ii) $\Rightarrow$ (i). Ist zusätzlich $F \subseteq E'^n$, so gilt auch (i) $\Rightarrow$ (ii). Falls E' ordnungsseparabel ist (siehe S. 11), sind die Aussagen (i) und (ii) stets äquivalent.

Beweis. (ii) $\Rightarrow$ (i): Angenommen, es existiert eine $\sigma(E',E)$-Nullfolge $(x_n')_{n \in \mathbb{N}}$ in E', die keine $\sigma(E',F)$-konvergente Teilfolge besitzt. Die Menge $A := \{x_n' : n \in \mathbb{N}\}$ kann dann nicht relativ $\sigma(E',F)$-kompakt sein (5.6). Definiere nun $T \in L(E,c_0)$ durch $Tx := (\langle x_n',x \rangle)_{n \in \mathbb{N}}$, $x \in E$. Das Bild der Einheitskugel von l_1 unter T' enthält die Menge A und ist daher nicht relativ $\sigma(E',F)$-kompakt. Nach Theorem 6.7 existiert in E ein abgeschlossener Untervektorverband G, verbandsisomorph zu c_0 und mit F-majorisierter Einheitskugel, derart, daß $T_{|G}$ ein Isomorphismus von G in c_0 ist. Wie im Beweisteil (ii) $\Rightarrow$ (i) von Satz 3.2 ergibt sich, daß G komplementierbar ist in E. Dies widerspricht unserer Voraussetzung.

(i) $\Rightarrow$ (ii): Ist $F \subseteq E''^n$, so folgt wegen (i) und Bemerkung 4 von § 6, daß F ein (V_0)-Ideal ist. Wir nehmen nun an, in E existiert ein komplementierbarer, zu c_0 verbandsisomorpher Untervektorverband G mit F-majorisierter Einheitskugel. Also existieren $P \in L(E, G)$ mit $P_{|G} = Id$ und ein Verbandsisomorphismus T von G auf c_0. Ist e_n der n-te kanonische Einheitsvektor in l_1, so ist $(T'e_n \circ P'')_{n \in \mathbb{N}}$ eine $\sigma(E', E)$-Nullfolge. Bezeichnen wir mit f_n den n-ten kanonischen Einheitsvektor in c_0, so ist $(T^{-1}f_n)_{n \in \mathbb{N}}$ eine F-majorisierte, orthogonale Folge in E_+. Wir setzen $x := \sup_n T^{-1}f_n \in F_+$. Dann gilt wegen $T'e_n \circ P'' \in E''^n$ für jedes $n \in \mathbb{N}$ die Beziehung:

$$\langle T'e_n \circ P'', x \rangle = \lim_m \langle T'e_n \circ P'', \sup_{1 \leq k \leq m} T^{-1}f_k \rangle$$

$$= \lim_m \sum_{1 \leq k \leq m} \langle T'e_n, T^{-1}f_k \rangle$$

$$= \lim_m \sum_{1 \leq k \leq m} \langle e_n, f_k \rangle = 1 .$$

Folglich ist $(T'e_n \circ P'')_{n \in \mathbb{N}}$ keine $\sigma(E', F)$-Nullfolge. Dies steht im Widerspruch zu unserer Voraussetzung.

Ist E' ordnungsseparabel, so gilt $E''^n = E'^s$. Da aus (i) immer $F \subseteq E'^s$ folgt, gilt sogar $F \subseteq E'^n$. Daher sind in dieser Situation die Aussagen (i) und (ii) stets äquivalent. $\square$

Bemerkungen. 1. Ist E ein Banachverband mit der reziproken DPE (Appendix C.) oder besitzt E_+ einen quasi-inneren Punkt, so ist E' ordnungsseparabel ([56, II.5.10 Cor. 1], [1, Thm. 2.6]). Unter diesen Bedingungen an E sind also die Aussagen (i) und (ii) von Theorem 7.1 stets äquivalent.

2. Für Ideale F in E'', welche E nicht enthalten, sind die Aussagen (i) und (ii) von Theorem 7.1 im allgemeinen nicht äquivalent, selbst wenn $F \subseteq E'^n$ ist. Der Folgenraum $E = c_0$ und das Ideal F der finiten Folgen liefert hierzu ein Beispiel (siehe Beispiel 1 in § 6).

Für jeden Banachverband E mit der Grothendieck-Eigenschaft ist $E'' = E'^n$ (1.5 und C.2). Weiter besitzt jeder abgeschlossene, zu c_0 verbandsisomorphe Untervektorverband eines Banachverbandes E eine E''-majorisierte Einheitskugel. Damit erhalten wir aus Theorem 7.1 die nachstehende Charakterisierung von Banachverbänden mit der Grothendieck-Eigenschaft (vgl. [45, Thm. 2.7]).

7.2 Korollar. Für einen Banachverband E sind die folgenden Aussagen äquivalent:

(i) E ist ein Grothendieck-Raum.

(ii) E besitzt die Eigenschaft (V_0) und E enthält keinen komplementierbaren, zu c_0 verbandsisomorphen Untervektorverband G.

Bemerkung. 3. Für alle Banachverbände mit der Eigenschaft (V_0) ist demzufolge die Grothendieck-Eigenschaft äquivalent zur Nicht-Existenz komplementierbarer, zu c_0 verbandsisomorpher Untervektorverbände. Insbesondere trifft dies zu auf die Klasse der *AM*-Räume (siehe Satz 6.6).

Wir wollen uns nun einer, im Vergleich zur Grothendieck-Eigenschaft, schwächeren Eigenschaft zuwenden. Genauer interessieren wir uns für

(pG) das Zusammenfallen positiver $\sigma(E',E)$- und $\sigma(E',F)$-Nullfolgen, wo F ein Ideal in E'' ist mit $E \subseteq F$.

Wir sagen, ein Banachverband E besitzt die *Eigenschaft* (pG), falls (pG) gilt für $F = E''$. Dies ist zum Beispiel der Fall für jeden *AM*-Raum mit Einheit. Aus der Eigenschaft (pG) folgt daher im allgemeinen nicht die Grothendieck-Eigenschaft. Strukturtheoretisch läßt sich die Eigenschaft (pG) ähnlich zur Grothendieck-Eigenschaft beschreiben (vgl. Theorem 7.1 und Korollar 7.2):

7.3 Satz. Es seien E ein Banachverband und F ein Ideal in E'' mit $E \subseteq F$. Wir betrachten die nachstehenden Aussagen:
 (i) Jede positive $\sigma(E',E)$-Nullfolge in E' ist eine $\sigma(E',F)$-Nullfolge.
(ii) F ist ein (V_0)-Ideal und E enthält keinen positiv projizierbaren Untervektorverband G, verbandsisomorph zu c_0 und mit F-majorisierter Einheitskugel.
Dann gilt die Implikation (ii) $\Rightarrow$ (i). Ist zusätzlich $F \subseteq E'^n$, so gilt auch (i) $\Rightarrow$ (ii). Falls E' ordnungsseparabel ist (siehe S. 11), sind die Aussagen (i) und (ii) stets äquivalent.

Beweis. (ii) $\Rightarrow$ (i): Angenommen, in E' existiert eine positive $\sigma(E',E)$-Nullfolge $(x'_n)_{n \in \mathbb{N}}$, die keine $\sigma(E',F)$-konvergente Teilfolge enthält. Dann ist die Menge $A := \{x'_n : n \in \mathbb{N}\}$ nicht relativ $\sigma(E',F)$-kompakt (5.6). Da F ein (V_0)-Ideal ist, existiert eine orthogonale, F-majorisierte Folge $(x_n)_{n \in \mathbb{N}}$ in E_+ mit $\inf_k \langle x'_{n_k}, x_k \rangle > 0$ für eine passende Teilfolge $(x'_{n_k})_{k \in \mathbb{N}}$ von $(x'_n)_{n \in \mathbb{N}}$. Ohne Einschränkung gelte $\inf_n \langle x'_n, x_n \rangle > 0$ und es sei $(x_n)_{n \in \mathbb{N}}$ äquivalent zur kanonischen c_0-Basis (A.1).

Sei nun P_n die Bandprojektion von E' auf das Band strikter Positivität von x_n. Wir setzen $y'_n := P_n x'_n$. Wegen $0 \leq y'_n \leq x'_n$ ist $(y'_n)_{n \in \mathbb{N}}$ ebenfalls eine $\sigma(E',E)$-Nullfolge und sogar orthogonal (siehe (2) auf S. 25). $T : E \to c_0 : x \to (\langle y'_n, x \rangle)_{n \in \mathbb{N}}$ ist ein positiver Operator. Bezeichnet e_n den n-ten kanonischen Einheitsvektor in c_0, so gilt $T x_n = \langle x'_n, x_n \rangle e_n$. Da $(x_n)_{n \in \mathbb{N}}$ äquivalent ist zur kanonischen c_0-Basis, folgt wegen $\inf_n \langle x'_n, x_n \rangle > 0$, daß T surjektiv ist und für $G := \overline{\mathrm{lin}}\{x_n : n \in \mathbb{N}\}$ der Operator $T_{|G}$ ein Ordnungsisomorphismus von G auf $TG = TE = c_0$ ist. Bezeichnet nun i die kanonische Einbettung von G in E, so ist durch $i \circ (T_{|G})^{-1} \circ T$ eine positive Projektion von E auf G gegeben. Dies steht im Widerspruch zu unserer Voraussetzung, der Aussage (ii).

Die übrigen Behauptungen werden wie die entsprechenden Behauptungen aus Theorem 7.1 bewiesen. $\square$

Das Beispiel aus Bemerkung 2 zeigt, daß auch in 7.3 auf die Voraussetzung $E \subseteq F$ im allgemeinen nicht verzichtet werden kann. Weiter gilt wie bei Theorem

7.1, daß für einen Banachverband E, welcher die reziproke DPE besitzt oder für den E_+ einen quasi-inneren Punkt enthält, die Aussagen (i) und (ii) von Satz 7.3 stets äquivalent sind (vgl. Bemerkung 1).

Für den Fall, daß E_+ einen quasi-inneren Punkt besitzt, können diejenigen Ideale F in E'', für welche positive $\sigma(E',E)$-Nullfolgen stets $\sigma(E',F)$-Nullfolgen sind, eine gewisse Größe nicht überschreiten. Diese Beobachtung geht im wesentlichen zurück auf ein Resultat von B. KÜHN ([33, Prop. 3]). I_E bezeichne das von einem Banachverband E in E'' erzeugte Ideal.

7.4 Satz. Sei E ein Banachverband mit quasi-innerem Punkt $z\in E_+$. Weiter sei F ein punktetrennendes Ideal in E''. Die folgenden Aussagen sind äquivalent:
(i) $F \subseteq \overline{I_E}$.
(ii) Jede positive $\sigma(E',E)$-Nullfolge ist eine $\sigma(E',F)$-Nullfolge.

Beweis. (i) $\Rightarrow$ (ii): Jede positive $\sigma(E',E)$-Nullfolge ist eine $\sigma(E',I_E)$-Nullfolge und daher eine $\sigma(E',F)$-Nullfolge.

(ii) $\Rightarrow$ (i): Sei $x\in F_+$. Um $x\in\overline{I_E}$ nachzuweisen, genügt es nach dem Vollständigkeitskriterium von GROTHENDIECK ([54, IV.6.2]), zu zeigen, daß x auf jeder normbeschränkten Teilmenge von E' stetig ist für die Topologie $o(E',\overline{I_E})$ (hierbei ist die Gleichheit $(E', o(E',\overline{I_E}))' = \overline{I_E}$ zu beachten ((4) auf S. 25). Wir nehmen nun an, daß ein normbeschränktes $o(E',\overline{I_E})$-Nullnetz $(x'_\alpha)_{\alpha\in\mathscr{A}}$ in E' existiert, für welches das Netz $(\langle x'_\alpha, x\rangle)_{\alpha\in\mathscr{A}}$ nicht gegen Null konvergiert. Ohne Einschränkung können wir $0 \leqq x'_\alpha$ annehmen für alle $\alpha\in\mathscr{A}$. Es existieren dann $\varepsilon > 0$ und eine streng monoton wachsende Folge $(\alpha_n)_{n\in\mathbb{N}}$ in $\mathscr{A}$, so daß gilt:

(1) $\lim_n \langle x'_{\alpha_n}, z\rangle = 0.$
(2) $\langle x'_{\alpha_n}, x\rangle > \varepsilon$ für jedes $n\in\mathbb{N}.$

Aus (1) folgt wegen der Positivität und der Normbeschränktheit des Netzes $(x'_\alpha)_{\alpha\in\mathscr{A}}$, daß $(x'_{\alpha_n})_{n\in\mathbb{N}}$ eine $\sigma(E',\overline{I_E})$-Nullfolge ist. Nach Voraussetzung ist $(x'_{\alpha_n})_{n\in\mathbb{N}}$ dann auch eine $\sigma(E',F)$-Nullfolge. Dies widerspricht (2). Damit ist $F_+ \subseteq \overline{I_E}$ gezeigt, woraus wiederum sofort die Beziehung $F \subseteq \overline{I_E}$ folgt. $\square$

Unter Verwendung der Sätze 7.3 und 7.4 sowie einiger Überlegungen aus § 2 erhalten wir die nachstehende Charakterisierung der Eigenschaft (pG):

7.5 Satz. Für einen Banachverband E sind die folgenden Aussagen äquivalent:
(i) Jede positive $\sigma(E',E)$-Nullfolge ist $\sigma(E',E'')$-konvergent.
(ii) E besitzt die Eigenschaft (V_0) und E enthält keinen positiv projizierbaren Untervektorverband G, verbandsisomorph zu c_0.
(iii) Es gibt keine positive Surjektion von E auf c_0.

Besitzt darüber hinaus E_+ einen quasi-inneren Punkt z, so sind (i), (ii) und (iii) äquivalent zu

(iv) z ist quasi-innerer Punkt von $(E'')_+$.

Beweis. Ist E ein Banachverband und fallen in E' die positiven $\sigma(E',E)$- und $\sigma(E',E'')$-Nullfolgen zusammen, so besitzt E' ordnungsstetige Norm. Denn ist $(x'_n)_{n\in\mathbb{N}}$ eine monoton fallende Folge in $(E')_+$ mit Infimum Null, so ist $(x'_n)_{n\in\mathbb{N}}$ eine $\sigma(E',E'')$-Nullfolge und nach dem Satz von DINI-SCHAEFER ([56, II.5.9 Cor.]) sogar eine Normnullfolge. Somit gilt $E'' = E'^n$ (C.2). Mit Satz 7.3 ergibt sich dann die Implikation (i) $\Rightarrow$ (ii).

(ii) $\Rightarrow$ (iii): Angenommen, $T\in L(E,c_0)$ ist positiv und surjektiv. Bezeichnet e_n den n-ten kanonischen Einheitsvektor in l_1, so ist $(T'e_n)_{n\in\mathbb{N}}$ eine $\sigma(E',E)$-Nullfolge, die keine $\sigma(E',E'')$-konvergente Teilfolge enthält. Wie im Beweis der Implikation (ii) $\Rightarrow$ (i) von Satz 7.3 kann man dann zeigen, daß E einen positiv projizierbaren, zu c_0 verbandsisomorphen Untervektorverband G enthält.

(iii) $\Rightarrow$ (i): Bekanntlich existiert eine Surjektion von l_1 nach c_0 ([3, S. 114, Thm. 1]). Eine Modifikation bei der Konstruktion dieser Abbildung liefert sogar eine positive Surjektion. Da jeder zu l_1 verbandsisomorphe, abgeschlossene Untervektorverband eines Banachverbandes positiv projizierbar ist ([40, Kor. 15]), folgt, daß E keinen solchen Untervektorverband besitzen kann. Nach C.1 und C.2 ist dann E' schwach folgenvollständig. Analog zum Beweis der Implikation (ii) $\Rightarrow$ (i) von Theorem 2.2 kann man dann zeigen, daß in E' positive $\sigma(E',E)$-Nullfolgen stets $\sigma(E',E'')$-konvergent sind.

Ist z ein quasi-innerer Punkt von E_+, so ergibt sich die Äquivalenz der Aussagen (i) und (iv) sofort aus Satz 7.4. $\square$

Bemerkung 4. Aus Satz 7.5 folgt: Ist E ein Banachverband mit der Grothendieck-Eigenschaft und ist z ein quasi-innerer Punkt von E_+, so ist z auch quasi-innerer Punkt von $(E'')_+$.

Wie schon erwähnt (S. 36) impliziert das Zusammenfallen positiver $\sigma(E',E)$- und $\sigma(E',E'')$-Nullfolgen nicht die Grothendieck-Eigenschaft. Wir wollen nun eine Bedingung angeben, welche diesen Schluß erlaubt.

7.6 Satz. Es seien E ein Banachverband und F ein punktetrennendes Ideal in E''. Es bezeichne $A \subseteq E_+$ eine Menge, für welche das von A in E erzeugte Ideal $I(A)$ dicht ist in E. Weiter besitze für jedes $x\in A$ der AM-Raum E_x die Grothendieck-Eigenschaft. Dann ist jede $\sigma(E',E)$-Nullfolge eine $\sigma(E',I_E)$-Nullfolge. Betrachten wir nun die folgenden Aussagen:
 (i) Jede $\sigma(E',E)$-konvergente Folge ist $\sigma(E',F)$-konvergent.
 (ii) Jede positive $\sigma(E',E)$-Nullfolge ist $\sigma(E',F)$-konvergent.
 (iii) Jede (positive) orthogonale $\sigma(E',E)$-Nullfolge ist $\sigma(E',F)$-konvergent.
Dann gelten die Implikationen (i) $\Rightarrow$ (ii) $\Rightarrow$ (iii). Ist zusätzlich $F \subseteq E'^n$, so sind die Aussagen (i), (ii) und (iii) äquivalent.

Beweis. Wir zeigen zunächst, daß jede $\sigma(E',E)$-Nullfolge eine $\sigma(E',I_E)$-Nullfolge ist. Angenommen, dies ist nicht der Fall. Dann existiert in E' eine $\sigma(E',E)$-Nullfolge $(x'_n)_{n\in\mathbb{N}}$, die keine $\sigma(E',I_E)$-konvergente Teilfolge enthält. Da I_E ein

(V_0)-Ideal ist (§ 6, Bem. 2), kann ohne Einschränkung die Existenz einer normierten, ordnungsbeschränkten, orthogonalen Folge $(x_n)_{n\in\mathbb{N}}$ in E_+ gefordert werden mit $2\alpha := \inf_n |\langle x'_n, x_n \rangle| > 0$. Sei $x \in E_+$ eine Majorante der Folge $(x_n)_{n\in\mathbb{N}}$. Da $I(A)$ dicht ist in E, existieren $\lambda > 0$ und Elemente $z_k \in A$, $1 \leq k \leq m$, $m \in \mathbb{N}$, mit $\|x - \inf(x, z)\| < \alpha(\sup_n \|x'_n\|)^{-1}$, wobei $z := \lambda \sum_{1 \leq k \leq m} z_k$ ist. Setze nun $y_n := \inf(x_n, z)$, $n \in \mathbb{N}$. Für jedes $n \in \mathbb{N}$ gilt dann

$$|\langle x'_n, y_n \rangle| \geq |\langle x'_n, x_n \rangle| - |\langle x'_n, x_n - y_n \rangle|$$
$$\geq 2\alpha - \langle |x'_n|, x_n - y_n \rangle = 2\alpha - \langle |x'_n|, (x_n - z)_+ \rangle$$
$$\geq 2\alpha - \langle |x'_n|, (x - z)_+ \rangle$$
$$= 2\alpha - \langle |x'_n|, x - \inf(x, z) \rangle \geq 2\alpha - \alpha = \alpha.$$

Da E_z stetiges, lineares Bild von $l_\infty^m(E_{z_k})$ ist, besitzt E_z die Grothendieck-Eigenschaft (1.6 und 1.7). Bezeichnet i_z die kanonische Injektion von E_z in E, so ist $(i'_z x'_n)_{n\in\mathbb{N}}$ eine $\sigma((E_z)', (E_z)'')$-Nullfolge. Andererseits ist $(y_n)_{n\in\mathbb{N}}$ eine orthogonale, ordnungsbeschränkte Folge in $(E_z)_+$ und es gilt $|\langle i'_z x'_n, y_n \rangle| \geq \alpha > 0$ für jedes $n \in \mathbb{N}$. Dies ist nach Theorem 5.1 nicht möglich.

Wir zeigen nun die Implikationen (i) $\Rightarrow$ (ii) $\Rightarrow$ (iii). Bei (i) $\Rightarrow$ (ii) ist nichts zu zeigen.

(ii) $\Rightarrow$ (iii): Sei $(x'_n)_{n\in\mathbb{N}}$ eine orthogonale $\sigma(E', E)$-Nullfolge in E'. Nach dem eben Bewiesenen ist $(x'_n)_{n\in\mathbb{N}}$ eine $\sigma(E', I_E)$-Nullfolge und die Menge $A := \{x'_n : n \in \mathbb{N}\}$ relativ $\sigma(E', I_E)$-kompakt. Mit Theorem 5.1 folgt, daß $((x'_n)_+)_{n\in\mathbb{N}}$ und $((x'_n)_-)_{n\in\mathbb{N}}$ positive $\sigma(E', E)$-Nullfolgen sind. Die Behauptung ergibt sich dann sofort aus (ii).

Ist schließlich $F \subseteq E'^n$, so folgt die Implikation (iii) $\Rightarrow$ (i) unmittelbar aus der ersten Behauptung des Satzes und Korollar 5.5 (ii). $\square$

7.7 Korollar. Sei E ein Banachverband. Es existiere eine Menge $A \subseteq E_+$, so daß das von A in E erzeugte Ideal dicht ist in E. Weiter besitze E_x für jedes $x \in A$ die Grothendieck-Eigenschaft. Dann sind die folgenden Aussagen äquivalent:
 (i) E ist ein Grothendieck-Raum.
 (ii) Jede positive $\sigma(E', E)$-Nullfolge ist $\sigma(E', E'')$-konvergent.

Es bleibt anzumerken, daß für jeden σ-ordnungsvollständigen Banachverband E die Menge $A = E_+$ die Voraussetzungen von 7.6 und 7.7 erfüllt (siehe Bemerkung 4 in § 8). In § 8 werden wir weitere Bedingungen an die Ordnung eines Banachverbandes E kennenlernen, welche garantieren, daß E_x für jedes $x \in E_+$ ein Grothendieck-Raum ist (siehe Theorem 8.1 und Bemerkung 4 in § 8).

Sei E ein Banachraum. Wir sagen, E besitzt die *Rosenthal-Eigenschaft*, wenn zu jedem nicht schwach kompakten Operator T von E in einen Banachraum X ein zu l_∞ isomorpher Teilraum G in E existiert derart, daß $T_{|G}$ ein Isomorphismus ist.

Diese Eigenschaft wurde von H. P. ROSENTHAL in [49, Thm. 3.7] für σ-ordnungsvollständige AM-Räume mit Einheit nachgewiesen und unter Annahme der Kontinuumshypothese für AM-Räume mit Einheit, welche die Interpolationseigenschaft (I) (siehe § 8) besitzen ([49, S. 33, Remark 2]). Aus 1.8 folgt sofort, daß jeder Banachraum mit der Rosenthal-Eigenschaft ein Grothendieck-Raum ist. Der umgekehrte Schluß ist im allgemeinen nicht richtig, nicht einmal bei Banachverbänden ([28, Thm. 1F]). Wann dies jedoch möglich ist, zeigt der nachstehende Satz (vgl. [21, Cor. 2.6]):

7.8 Satz. Sei E ein Banachraum. Es existiere ein Banachverband F mit der reziproken DPE (Appendix C.) und ein Operator $Q \in L(F, E)$ mit $\overline{QF} = E$. Weiter existiere eine Menge $A \subseteq F_+$, so daß das von A in F erzeugte Ideal $I(A)$ dicht ist in F und F_x für jedes $x \in A$ die Rosenthal-Eigenschaft besitzt. Dann sind die folgenden Aussagen äquivalent:

 (i) E ist ein Grothendieck-Raum.

(ii) E besitzt die Rosenthal-Eigenschaft.

Insbesondere sind also für jeden Quotient eines σ-ordnungsvollständigen Banachverbandes Grothendieck- und Rosenthal-Eigenschaft äquivalent.

Beweis. (i) $\Rightarrow$ (ii): Sei T ein nicht schwach kompakter Operator von E in einen Banachraum X. Also bildet T' die Einheitskugel U^0 von X' auf eine nicht $\sigma(E', E)$-folgenkompakte Menge ab (E ist Grothendieck-Raum!). Dann ist $(Q' \circ T')(U^0)$ nicht $\sigma(F', F)$-folgenkompakt und wegen Bemerkung 1.(d) in § 5 nicht relativ $\sigma(F', I_F)$-kompakt. Da I_F ein (V_0)-Ideal ist (§ 6, Bem. 2) und $\overline{I(A)} = F$ gilt, existiert eine durch $x \in I(A)_+$ majorisierte, orthogonale Folge $(x_n)_{n \in \mathbb{N}}$ in F_+ mit $\inf_n \|(T \circ Q)x_n\| > 0$. Aus Theorem 5.1 folgt, daß das Bild der Einheitskugel von X' unter $(T \circ Q \circ i_x)'$ nicht relativ $\sigma((F_x)', (F_x)'')$-kompakt sein kann. Der Operator $T \circ Q \circ i_x : F_x \to X$ ist also nicht schwach kompakt. Ohne Einschränkung sei $x = \sum_{1 \leq k \leq m} y_k$ mit $y_k \in A$, $1 \leq k \leq m$. Jeder der Räume F_{y_k} besitzt die Rosenthal-Eigenschaft. Eine einfache Rechnung zeigt, daß dann auch $l_\infty^m(F_{y_k})$ die Rosenthal-Eigenschaft besitzt. Ebenso leicht folgt, daß F_x als stetiges, lineares Bild von $l_\infty^m(F_{y_k})$ die Rosenthal-Eigenschaft besitzt. Somit existiert in F_x ein zu l_∞ isomorpher Teilraum G_1 derart, daß $T \circ Q \circ i_{x|G_1}$ ein Isomorphismus ist. $G := (Q \circ i_x)G_1 \subseteq E$ ist dann ebenfalls isomorph zu l_∞ und $T_{|G}$ ist ein Isomorphismus.

Die Implikation (ii) $\Rightarrow$ (i) ist nach den Vorbemerkungen zu 7.8 klar. Die letzte Behauptung ergibt sich aus der Implikation (i) $\Rightarrow$ (ii) und dem erwähnten Resultat von ROSENTHAL ([49, Thm. 3.7]), indem man $F = E$ und $A = E_+$ setzt. $\square$

§ 8. Hinreichende Bedingungen an die Ordnung eines Banachverbandes für die Gültigkeit von Grothendieck-Sätzen

Ist E ein σ-ordnungsvollständiger Banachverband, so ist nach [56, II.10.5] jede $\sigma(E',E)$-konvergente Folge schon $\sigma(E',I_E)$-konvergent (siehe auch Satz 7.6). Dabei bezeichnet I_E das von E in E'' erzeugte Ideal. Dieses Ergebnis wurde von P. G. Dodds ([15, Thm. 4.5]) verallgemeinert auf Banachverbände E, welche die *Interpolationseigenschaft* (I) besitzen, für die also gilt:

(I) Sind $(x_n)_{n\in\mathbb{N}}$ und $(y_n)_{n\in\mathbb{N}}$ Folgen in E_+ mit $x_n \leq x_{n+1} \leq y_{n+1} \leq y_n$ für alle $n\in\mathbb{N}$, so existiert ein $y\in E_+$ mit $x_n \leq y \leq y_n$ für alle $n\in\mathbb{N}$.

(Die eben angesprochenen Resultate wurden sogar bewiesen für σ-ordnungsvollständige Vektorverbände bzw. Archimedische Vektorverbände E, welche die Eigenschaft (I) besitzen und für welche die ordnungsbeschränkten Linearformen auf E die Punkte von E trennen.)

Wir wollen nun eine Verallgemeinerung der obigen Resultate beweisen, für den Fall, daß E ein Banachverband ist.

8.1 Theorem. Sei E ein Banachverband. D sei eine Teilmenge von E_+ mit den folgenden Eigenschaften:
(a) Ist P eine stetige Verbandshalbnorm auf E und ist $(x_n)_{n\in\mathbb{N}}$ eine ordnungsbeschränkte, orthogonale Folge in E_+ mit $\inf_n p(x_n) > 0$, so existiert eine durch $y\in D$ majorisierte, orthogonale Folge $(y_n)_{n\in\mathbb{N}}$ in D mit $\inf_n p(y_n) > 0$.
(b) Sind $x, y\in D$ orthogonal, so ist $\sup(x, y) \in D$, und sind $u, v \in D$ mit $u \leq v$, so ist auch $(v - nu)_+$ in D für jedes $n\in\mathbb{N}$.
Jede der nachstehenden Aussagen impliziert, daß $\sigma(E',E)$-konvergente Folgen stets $\sigma(E',I_E)$-konvergent sind:
   (i) Jede durch ein $x\in D$ majorisierte, orthogonale Familie $(x_\alpha)_{\alpha\in\mathscr{A}}$ von Elementen aus D besitzt in D ein Supremum.
   (ii) Jede durch ein $x\in D$ majorisierte, orthogonale Folge $(x_n)_{n\in\mathbb{N}}$ aus D besitzt in D ein Supremum.
   (iii) Jede durch ein $x\in D$ majorisierte, orthogonale Folge $(x_n)_{n\in\mathbb{N}}$ aus D besitzt eine Teilfolge $(x_{n_k})_{k\in\mathbb{N}}$, für welche $\sup_k x_{n_k}$ in D existiert.
   (iv) Sind $(x_n)_{n\in\mathbb{N}}$ und $(y_n)_{n\in\mathbb{N}}$ Folgen in D mit $x_n \leq x_{n+1} \leq y_{n+1} \leq y_n$ für alle $n\in\mathbb{N}$, so existiert ein Element $y\in D$ mit $x_n \leq y \leq y_n$ für jedes $n\in\mathbb{N}$.
   (v) Ist $(x_n)_{n\in\mathbb{N}}$ eine orthogonale Folge in D und $(y_n)_{n\in\mathbb{N}}$ eine monoton fallende Folge in D mit $\sup_{1\leq m\leq n} x_m \leq y_n$ für jedes $n\in\mathbb{N}$, so existieren eine Teilfolge $(x_{n_k})_{k\in\mathbb{N}}$ von $(x_n)_{n\in\mathbb{N}}$ und ein Element $y\in D$ mit $\sup_{1\leq k\leq m} x_{n_k} \leq y \leq y_m$ für alle $m\in\mathbb{N}$.

Bemerkung. 1. Mit Bemerkung 2 von § 6 und Bemerkung 1.(a) von § 5 folgt, daß die Bedingung (a) des Theorems äquivalent ist zu der folgenden Aussage:

(a') Ist $A \subset E'$ beschränkt und nicht relativ $\sigma(E', I_E)$-kompakt, so existiert eine durch $y \in D$ majorisierte, orthogonale Folge $(y_n)_{n \in \mathbb{N}}$ in D mit $\inf_n p_A(x_n) > 0$.

Dem Beweis des Theorems schicken wir das folgende Lemma voraus:

8.2 Lemma. Sei E ein Banachverband. $D \subseteq E_+$ genüge den Bedingungen (b) und (v) von Theorem 8.1. Es seien $\varepsilon > 0$, $x' \in (E')_+$, $(x_n)_{n \in \mathbb{N}}$ eine durch $x \in D$ majorisierte, orthogonale Folge in D und M eine unendliche Teilmenge von $\mathbb{N}$. Dann existieren eine unendliche Menge $L \subseteq M$ und ein Element $x_L \in D$ mit $x_n \leqq x_L \leqq x$ für alle $n \in L$, $\inf(x_n, x_L) = 0$ für alle $n \in \mathbb{N} \setminus M$ und $\langle x', x_L \rangle < \varepsilon$.

Beweis von Theorem 8.1. Jede der Aussagen (i) − (iv) des Theorems impliziert die Aussage (v). Es genügt daher, die Behauptung bei Gültigkeit der Aussage (v) nachzuweisen. Angenommen, die Behauptung ist falsch. Mit Lemma 5.6, Bemerkung 2 von §6 und Voraussetzung (a) (vgl. Bem. 1) folgt die Existenz von $\varepsilon > 0$, einer $\sigma(E', E)$-Nullfolge $(x'_n)_{n \in \mathbb{N}}$ und einer durch $x \in D$ majorisierten, orthogonalen Folge $(x_n)_{n \in \mathbb{N}}$ in D mit $\langle x'_n, x_n \rangle > 3\varepsilon$ für alle $n \in \mathbb{N}$. Durch Betrachten geeigneter Teilfolgen können wir ohne Einschränkung annehmen, daß für jedes $n \in \mathbb{N}$ die Beziehung

$$(1) \qquad \sum_{k \in \mathbb{N}, k \neq n} \langle |x'_n|, x_k \rangle < \varepsilon$$

gilt (siehe [58, Thm. 1]).

Setze $n_1 := 1$. Nach Lemma 8.2 existieren eine unendliche Menge $L_1 \subseteq \mathbb{N} \setminus \{n_1\}$ und $z_1 \in D$ mit $x_n \leqq z_1 \leqq x$ für alle $n \in L_1$, $\inf(x_{n_1}, z_1) = 0$ und $\langle |x'_{n_1}|, z_1 \rangle < \varepsilon$. Induktiv erhält man nun eine absteigende Folge $(L_k)_{k \in \mathbb{N}}$ unendlicher Mengen in $\mathbb{N}$, eine monoton fallende Folge $(z_k)_{k \in \mathbb{N}}$ in D und eine streng monoton wachsende Folge $(n_k)_{k \in \mathbb{N}}$ in $\mathbb{N}$, so daß für jedes $k \in \mathbb{N}$ gilt:

$(2) \qquad n_k \in L_{k-1} \qquad (-\text{ dabei ist } L_0 := \mathbb{N})$

$(3) \qquad x_n \leqq z_k$ für alle $n \in L_k$

$(4) \qquad \inf(x_{n_k}, z_k) = 0$

$(5) \qquad \langle |x'_{n_k}|, z_k \rangle < \varepsilon$.

Sind $L_1, \ldots, L_k$, $n_1, \ldots, n_k$ und $z_1, \ldots, z_k$ bereits konstruiert, so erhalten wir L_{k+1}, n_{k+1} und z_{k+1} wie folgt: Sei $n_k < n_{k+1} \in L_k$. Nach Lemma 8.2 existieren eine unendliche Menge $L_{k+1} \subset L_k \setminus \{n_{k+1}\}$ und $z_{k+1} \in D$ mit $x_n \leqq z_{k+1} \leqq z_k$ für alle $n \in L_{k+1}$, $\inf(x_{n_{k+1}}, z_{k+1}) = 0$ und $\langle |x'_{n_{k+1}}|, z_{k+1} \rangle < \varepsilon$.

Setze nun $y_m := \sup((\sup_{1 \leqq k \leqq m} x_{n_k}), z_m)$ für $m \in \mathbb{N}$. Wegen Voraussetzung (b) und (4) ist $y_m \in D$, und wegen (2), (3) und (4) ist die Folge $(y_m)_{m \in \mathbb{N}}$ monoton fallend. Offensichtlich gilt $\sup_{1 \leqq k \leqq m} x_{n_k} \leqq y_m$ für jedes $m \in \mathbb{N}$. Also existiert nach (v) eine unendliche Menge $M \subseteq \mathbb{N}$ und ein $y \in D$ mit $\sup_{1 \leqq k \leqq m, k \in M} x_{n_k} \leqq y \leqq y_m$ für alle $m \in M$. Ist nun $m \in M$, so gilt:

$$|\langle x'_{n_m}, y \rangle| \geqq |\langle x'_{n_m}, x_{n_m} \rangle| - \langle |x'_{n_m}|, y - x_{n_m} \rangle$$

$$\geqq |\langle x'_{n_m}, x_{n_m} \rangle| - \langle |x'_{n_m}|, y_m - x_{n_m} \rangle$$

$$\geqq |\langle x'_{n_m}, x_{n_m} \rangle| - \langle |x'_{n_m}|, \sup_{1 \leqq k < m} x_{n_k} \rangle - \langle |x'_{n_m}|, z_m \rangle$$

$$\geqq |\langle x'_{n_m}, x_{n_m} \rangle| - \sum_{k \in \mathbb{N}, \, k \neq n_m} \langle |x'_{n_m}|, x_k \rangle - \langle |x'_{n_m}|, z_m \rangle$$

$$> 3\varepsilon - \varepsilon - \varepsilon = \varepsilon \,.$$

Dies widerspricht der Tatsache, daß $(x'_n)_{n \in \mathbb{N}}$ eine $\sigma(E', E)$-Nullfolge ist.

Beweis von Lemma 8.2. Sei $(M_k)_{k \in \mathbb{N}}$ eine Zerlegung von M in paarweis disjunkte, unendliche Mengen. Induktiv erhält man eine Folge $(L_k)_{k \in \mathbb{N}}$ unendlicher Teilmengen von $\mathbb{N}$ und eine Folge $(z_k)_{k \in \mathbb{N}}$ in D, so daß für jedes $k \in \mathbb{N}$ gilt:

(1) $L_k \subseteq M_k$

(2) $x_n \leqq z_k \leqq x$ für alle $n \in L_k$

(3) $\inf(x_n, z_k) = 0$ für alle $n \in N_k := \bigcup_{m > k} M_m \cup (\mathbb{N} \setminus M)$

(4) $\inf(z_n, z_k) = 0$ für alle $n \in \mathbb{N}$ mit $n < k$.

Sei dazu $k \in \mathbb{N}$. $(y_n)_{n \in \mathbb{N}}$ sei eine Abzählung der Menge $\{x_n : n \in N_k\} \cup \{z_n : n < k\}$ (– dabei ist $\{z_n : n < 1\} := \emptyset$). Für $n, m \in \mathbb{N}$ mit $n \neq m$ gilt $\inf(y_n, y_m) = 0$. Weiter ist $\inf(x_m, y_n) = 0$ für jedes $m \in M_k$ und jedes $n \in \mathbb{N}$. Definiere $w_n := (x - n \cdot \sup_{1 \leqq m \leqq n} y_m)_+ \in D$, $n \in \mathbb{N}$. Für jedes $m \in M_k$ und jedes $n \in \mathbb{N}$ gilt dann $x_m \leqq w_{n+1} \leqq w_n \leqq x$. Wegen (v) existieren eine unendliche Menge $L_k \subseteq M_k$ und ein Element $z_k \in D$, so daß für alle $m \in L_k$ und alle $n \in \mathbb{N}$ gilt: $x_m \leqq z_k \leqq w_n$. Damit folgt $\inf(z_k, y_n) = 0$ für alle $n \in \mathbb{N}$ (– dies ist leicht einzusehen, wenn man das von x in E erzeugte Ideal mit einem Raum stetiger Funktionen identifiziert ([56, II.7.4])). Offensichtlich erfüllen dann L_k und z_k die Aussagen $(1) - (4)$. $(z_k)_{k \in \mathbb{N}}$ als ordnungsbeschränkte, orthogonale Folge in E ist eine $\sigma(E, E')$-Nullfolge. Also existiert $k_0 \in \mathbb{N}$ mit $\langle x', z_{k_0} \rangle < \varepsilon$. Man setze nun $L := L_{k_0}$ und $x_L := z_{k_0}$. $\square$

Bemerkungen. 2. Der Beweis von Theorem 8.1 ist Beweisen analoger Aussagen für Boolesche Algebren nachempfunden (vgl. [18, Thm. 2.4] und [24, Thm. 4]). Diese Resultate sind als Spezialfälle in Theorem 8.1 enthalten. Genauer gilt der nachstehende Satz:

Satz. Sei $\mathscr{B}$ eine Boolesche Algebra, welche eine der Eigenschaften (i) – (v) von Theorem 8.1 besitzt (– setze formal D gleich $\mathscr{B}$). Bezeichnet $K_{\mathscr{B}}$ den Stoneschen Darstellungsraum von $\mathscr{B}$ ([56, II. Exerc. 1]), so ist $C(K_{\mathscr{B}})$ ein Grothendieck-Raum.

Beweis. Eine einfache Folgerung aus [56, II.9.8] zeigt, daß eine beschränkte Menge A von Maßen aus $C(K_{\mathscr{B}})'$ genau dann relativ schwach kompakt ist, wenn für jede Folge $(B_n)_{n \in \mathbb{N}}$ paarweise disjunkter, offen-abgeschlossener Mengen in $K_{\mathscr{B}}$ die Beziehung $\lim_n \sup_{\mu \in A} |\mu(B_n)| = 0$ gilt. Wir identifizieren $\mathscr{B}$ gemäß des Stoneschen Darstellungssatzes ([56, II. Exerc. 1]) mit der Booleschen Algebra der offen-abgeschlossenen Mengen in $K_{\mathscr{B}}$. Für $B \in \mathscr{B}$ bezeichne dann χ_B die charakteristische Funktion der Menge B. Setzen wir $D := \{\chi_B : B \in \mathscr{B}\} \subseteq C(K_{\mathscr{B}})_+$, so erfüllt D die Voraussetzungen (a) und (b) von Theorem 8.1. Genügt nun $\mathscr{B}$ und damit auch D einer der Aussagen (i) – (v) von Theorem 8.1, so folgt die Grothendieck-Eigenschaft für $C(K_{\mathscr{B}})$ (– man beachte, daß für einen AM-Raum E mit Einheit das von E in E'' erzeugte Ideal gleich E'' ist). $\Box$

Eine Boolesche Algebra $\mathscr{B}$, für welche $D := \{\chi_B : B \in \mathscr{B}\}$ der Bedingung (i), (ii) bzw. (iii) von Theorem 8.1 genügt, nennen wir im folgenden auch *ordnungsvollständig, σ-ordnungsvollständig* bzw. *σ^*-ordnungsvollständig*. Erfüllt D die Bedingung (iv) bzw. (v) von Theorem 8.1, so sagen wir, $\mathscr{B}$ besitzt die *Interpolationseigenschaft (I)* bzw. die *schwache Interpolationseigenschaft (σI)*. Eine umfassende Untersuchung Boolescher Algebren $\mathscr{B}$, für welche $C(K_{\mathscr{B}})$ die Grothendieck-Eigenschaft besitzt, wurde von W. SCHACHERMAYER durchgeführt ([53]). Mehr über Boolesche Algebren, welche eine der Eigenschaften (i) bis (v) aus Theorem 8.1 besitzen, findet man zum Beispiel in [18], [23], [24], [26], [28], [44] und [57].

3. Ist E ein Banachverband und erfüllt $D = E_+$ eine der Aussagen (i) – (v) von Theorem 8.1, so ist jede $\sigma(E', E)$-konvergente Folge auch $\sigma(E', I_E)$-konvergent (vgl. [15, Thm. 4.5] und [56, II.10.5]).

4. Erfüllt der positive Kegel eines Banachverbandes E eine der Eigenschaften (i) – (v) von Theorem 8.1, so ist E_x für jedes $x \in E_+$ ein Grothendieck-Raum. Besitzt E darüber hinaus eine Ordnungseinheit, so ist E selbst ein Grothendieck-Raum.

5. Ist E ein Banachverband und erfüllt $D = E_+$ die Eigenschaft (i) bzw. (ii) von Theorem 8.1, so ist E schon ordnungsvollständig bzw. σ-ordnungsvollständig ([63, Thm. 5]). Genügt $D = E_+$ der Aussage (iii) bzw. (v) von Theorem 8.1, so sagen wir, E ist *σ^*-ordnungsvollständig* bzw. E besitzt die *schwache Interpolationseigenschaft (σI)*.

Wir wollen nun zeigen, daß sogenannte $\mathscr{F}$-Produkte von Folgen von Banachverbänden stets die Interpolationseigenschaft (I) (siehe S. 41) besitzen. Dazu sind einige Vorbemerkungen und die Einführung einiger Bezeichnungen erforderlich:

Sei $(E_i)_{i \in I}$ eine unendliche Familie von Banachräumen. $\mathscr{F}$ sei ein Filter auf I, der feiner ist als der Filter $\mathscr{F}_0$ derjenigen Teilmengen J von I, für welche $I \setminus J$ eine endliche Menge ist. Den Filter $\mathscr{F}_0$ bezeichnen wir auch als *Fréchet-Filter*. $l^I_\infty(E_i)$ sei die Menge aller beschränkten Familien $(x_i)_{i \in I}$ mit $x_i \in E_i$ für jedes $i \in I$. $l^I_\infty(E_i)$, versehen mit der Norm $\|(x_i)_{i \in I}\| := \sup_i \|x_i\|$, ist ein Banachraum.

Es sei nun $c_0^{\mathscr{F}}(E_i) := \{(x_i)_{i \in I} \in l^I_\infty(E_i) : \lim_{\mathscr{F}} \|x_i\| = 0\}$. Den Banachraum $l^I_\infty(E_i)/c_0^{\mathscr{F}}(E_i)$ nennt man das *$\mathscr{F}$-Produkt* der Familie $(E_i)_{i \in I}$. Ist $E_i = E$ für alle $i \in I$, so schreibt man anstelle von $l^I_\infty(E_i)/c_0^{\mathscr{F}}(E_i)$ kurz $l^I_\infty(E)/c_0^{\mathscr{F}}(E)$. Entsprechendes gilt für $l^I_\infty(E_i)$ und $c_0^{\mathscr{F}}(E_i)$. Für $\mathscr{F} = \mathscr{F}_0$ schreiben wir statt $l^I_\infty(E_i)/c_0^{\mathscr{F}}(E_i)$ bzw. $c_0^{\mathscr{F}}(E_i)$ auch $l^I_\infty(E_i)/c_0^I(E_i)$ bzw. $c_0^I(E_i)$. Falls jeder der Räume E_i ein Banachverband ist, so wird $l^I_\infty(E_i)$ mit der kanonischen Ordnung ebenfalls ein Banachverband. In dieser Situation ist $c_0^{\mathscr{F}}(E_i)$ ein abgeschlossenes Ideal in $l^I_\infty(E_i)$. Nach

[56, II.5.4] ist dann auch $l_\infty^I(E_i)/c_0^{\mathscr{F}}(E_i)$ ein Banachverband. Es gilt nun der folgende Satz:

8.3 Satz. Sei $(E_n)_{n \in \mathbb{N}}$ eine Folge von Banachverbänden. $\mathscr{F}$ sei ein Filter auf $\mathbb{N}$, der feiner ist als der Fréchet-Filter $\mathscr{F}_0$. Dann besitzt $l_\infty^{\mathbb{N}}(E_n)/c_0^{\mathscr{F}}(E_n)$ die Interpolationseigenschaft (I).

Beweis. Es bezeichne q die kanonische Surjektion von $l_\infty^{\mathbb{N}}(E_n)$ auf $l_\infty^{\mathbb{N}}(E_n)/c_0^{\mathscr{F}}(E_n)$. Seien $(\hat{x}_m)_{m \in \mathbb{N}}$ und $(\hat{y}_m)_{m \in \mathbb{N}}$ Folgen in $l_\infty^{\mathbb{N}}(E_n)/c_0^{\mathscr{F}}(E_n)$ mit $\hat{x}_m \leq \hat{x}_{m+1} \leq \hat{y}_{m+1} \leq \hat{y}_m$ für jedes $m \in \mathbb{N}$. Dann existieren Folgen $(x_m)_{m \in \mathbb{N}}$ und $(y_m)_{m \in \mathbb{N}}$ von Elementen aus $l_\infty^{\mathbb{N}}(E_n)$, so daß

$$(1) \qquad x_m \leq x_{m+1} \leq y_{m+1} \leq y_m, \qquad q x_m = \hat{x}_m \qquad \text{und} \qquad q y_m = \hat{y}_m$$

ist für jedes $m \in \mathbb{N}$:

Seien $z_m, w_m \in l_\infty^{\mathbb{N}}(E_n)$ mit $z_m \leq w_m$, $q z_m = \hat{x}_m$ und $q w_m = \hat{y}_m$ für jedes $m \in \mathbb{N}$. Definiere x_m und y_m rekursiv wie folgt:

$$(2) \qquad x_1 := z_1, \qquad y_1 := w_1,$$

$$(3) \qquad x_m := \inf(\sup(x_{m-1}, z_m), y_{m-1}) \qquad \text{und}$$
$$y_m := \sup(\inf(y_{m-1}, w_m), x_{m-1}).$$

Mit vollständiger Induktion weist man leicht nach, daß für jedes $m \in \mathbb{N}$ die folgenden Beziehungen gelten:

$$(4) \qquad x_m \leq y_m$$
$$(5) \qquad q x_m = \hat{x}_m \qquad \text{und} \qquad q y_m = \hat{y}_m.$$

Aus $(2) - (5)$ folgt dann (1).

Wir schreiben nun x_m als Folge $(\xi_{m,k})_{k \in \mathbb{N}}$. Definiere $(\zeta_n)_{n \in \mathbb{N}} = z \in l_\infty^{\mathbb{N}}(E_n)$ durch $\zeta_n := \xi_{n,n}$, $n \in \mathbb{N}$. Es ist dann $z \leq y_m$ und damit auch $qz \leq \hat{y}_m$ für jedes $m \in \mathbb{N}$. Weiter existiert für jedes $m \in \mathbb{N}$ ein Element $u_m \in c_0^{\mathscr{F}}(E_n)$ mit $u_m + x_m \leq z$. Damit folgt $\hat{x}_m \leq qz$ für alle $m \in \mathbb{N}$. Also gilt $\hat{x}_m \leq qz \leq \hat{y}_m$ für alle $m \in \mathbb{N}$, was zu zeigen war. $\square$

Das $\mathscr{F}$-Produkt einer Familie von AM-Räumen mit Einheit ist wieder ein AM-Raum mit Einheit. Aus Satz 8.3 und Bemerkung 4 erhalten wir dann:

8.4 Korollar. Ist $(E_n)_{n \in \mathbb{N}}$ eine Folge von AM-Räumen mit Einheit, so ist $l_\infty^{\mathbb{N}}(E_n)/c_0^{\mathscr{F}}(E_n)$ ein Grothendieck-Raum für jeden Filter $\mathscr{F}$ auf $\mathbb{N}$, der feiner ist als der Fréchet-Filter $\mathscr{F}_0$.

In Paragraph 11 werden wir uns ausführlicher mit der Grothendieck-Eigenschaft bei Räumen vom Typ $l_\infty^I(E_i)$ und $l_\infty^I(E_i)/c_0^{\mathscr{F}}(E_i)$ beschäftigen.

§9. *L*-schwach kompakte Mengen im Dual eines Banachverbandes

Ist E ein AM-Raum, so besitzt E nach Satz 6.6 die Eigenschaft (V_0). In E_+ fallen nun die normbeschränkten und die E''-majorisierten Folgen zusammen.

Also ist eine beschränkte Menge A in E' genau dann relativ $\sigma(E', E'')$-kompakt, wenn gilt:

(L) Jede normbeschränkte, orthogonale Folge $(x_n)_{n \in \mathbb{N}}$ aus E_+ konvergiert gleichmäßig auf A gegen Null, d. h. es ist $\lim_n p_A(x_n) = 0$.

Eine beschränkte Menge im Dual eines Banachverbandes E, welche der Bedingung (L) genügt, bezeichnen wir fortan als *L-schwach kompakte* Menge.

L-schwach kompakte Mengen wurden erstmals von P. MEYER-NIEBERG in [41] und [42] genauer untersucht. Von ihm stammen auch die beiden nachfolgenden Resultate ([41, Satz II.6 und Satz II.8]):

9.1 Satz. Jede L-schwach kompakte Menge im Dual eines Banachverbandes E ist relativ $\sigma(E', E'')$-kompakt.

9.2 Satz. Sei E ein Banachverband. Für eine beschränkte Teilmenge A von E' sind die folgenden Aussagen äquivalent:
 (i) A ist L-schwach kompakt.
(ii) Jede orthogonale Folge in der soliden Hülle soA von A ist eine Nullfolge.

Satz 9.2 ergibt sich leicht aus Lemma 6.4, indem man $F = E''$ setzt und das Mengensystem $\mathscr{S}$ betrachtet, bestehend aus den skalaren Vielfachen der abgeschlossenen Einheitskugel von E''.

Wir wollen uns nun überlegen, welche Bedingungen dazu führen, daß im Dual eines Banachverbandes die relativ schwach kompakten und die L-schwach kompakten Mengen zusammenfallen. Hierfür erweist sich die Einführung der nachstehenden Bezeichnungsweise als nützlich:

9.3 Definition. Ein Banachverband E besitzt die *schwache Dunford-Pettis-Eigenschaft* (kurz: schwache DPE), falls jeder schwach kompakte Operator T von E in einen Banachraum X orthogonale, schwache Nullfolgen in Normnullfolgen abbildet.

Wir erinnern daran, daß ein Banachraum E die *Dunford-Pettis-Eigenschaft* (DPE) besitzt, wenn jeder schwach kompakte Operator T von E in einen Banachraum X schwache Nullfolgen in Normnullfolgen abbildet ([56, II.9.7]). Offensichtlich folgt für Banachverbände aus der DPE stets die schwache DPE. Ob es Banachverbände gibt, welche die schwache DPE, aber nicht die DPE besitzen, ist noch ungeklärt.

Ganz analog zur DPE (siehe [13, Thm. 1]) erhalten wir die nachstehende Charakterisierung der schwachen DPE.

9.4 Satz. Für einen Banachverband E sind die folgenden Aussagen äquivalent:
 (i) E besitzt die schwache DPE.
(ii) Ist $(x_n)_{n \in \mathbb{N}}$ eine orthogonale $\sigma(E, E')$-Nullfolge in E und $(x'_n)_{n \in \mathbb{N}}$ eine $\sigma(E', E'')$-Nullfolge in E', so gilt $\lim_n \langle x'_n, x_n \rangle = 0$.

Beweis. (i) $\Rightarrow$ (ii): Sei $(x_n')_{n \in \mathbb{N}}$ eine $\sigma(E', E'')$-Nullfolge in E'. Die Abbildung $T: E \to c_0: x \to (\langle x_n', x \rangle)_{n \in \mathbb{N}}$ ist linear und stetig. $T'': E'' \to l_\infty$ ist gegeben durch $T''x'' = (\langle x_n', x'' \rangle)_{n \in \mathbb{N}}$, $x'' \in E''$. Damit folgt $T''E'' \subseteq c_0$. Also ist T ein schwach kompakter Operator ([56, II.9.4]). Ist nun $(x_n)_{n \in \mathbb{N}}$ eine orthogonale $\sigma(E, E')$-Nullfolge in E, so gilt nach Voraussetzung $\lim_n \| Tx_n \| = 0$. Insbesondere ist dann $\lim_n \langle x_n', x_n \rangle = 0$.

(ii) $\Rightarrow$ (i): Angenommen, E besitzt nicht die schwache DPE. Dann existieren ein Banachraum X, ein schwach kompakter Operator $T \in L(E, X)$, $\varepsilon > 0$ und eine orthogonale $\sigma(E, E')$-Nullfolge $(x_n)_{n \in \mathbb{N}}$ in E mit $\| Tx_n \| > \varepsilon$ für jedes $n \in \mathbb{N}$. Wähle $y_n' \in X'$ mit $\| y_n' \| = 1$ und $|\langle y_n', Tx_n \rangle| > \varepsilon$, $n \in \mathbb{N}$. Da T' schwach kompakt ist, können wir ohne Einschränkung annehmen, daß die Folge $(T'y_n')_{n \in \mathbb{N}}$ schwach konvergiert ($-$ ansonsten betrachten wir geeignete Teilfolgen von $(x_n)_{n \in \mathbb{N}}$ und $(y_n')_{n \in \mathbb{N}}$). $(Tx_n)_{n \in \mathbb{N}}$ ist eine schwache Nullfolge. Daher existiert eine Teilfolge $(y_{n_k}')_{k \in \mathbb{N}}$ von $(y_n')_{n \in \mathbb{N}}$ mit $|\langle y_{n_{k+1}}' - y_{n_k}', Tx_{n_{k+1}} \rangle| > \varepsilon$ für jedes $k \in \mathbb{N}$. Wir setzen $z_k := x_{n_{k+1}}$ und $z_k' := T'(y_{n_{k+1}}' - y_{n_k}')$, $k \in \mathbb{N}$. $(z_k)_{k \in \mathbb{N}}$ ist eine orthogonale schwache Nullfolge in E und $(z_k')_{k \in \mathbb{N}}$ ist eine schwache Nullfolge in E'. Für jedes $k \in \mathbb{N}$ gilt $|\langle z_k', z_k \rangle| > \varepsilon$. Dies widerspricht der Voraussetzung. $\square$

Wir sind nun in der Lage, Banachverbände zu charakterisieren, für welche im Dual L-schwach kompakte und relativ schwach kompakte Mengen zusammenfallen. Es zeigt sich, daß die reziproke DPE und die schwache DPE die dafür verantwortlichen Eigenschaften sind.

9.5 Theorem. Für einen Banachverband E sind die folgenden Aussagen äquivalent:
(i) Eine Teilmenge A von E' ist genau dann relativ $\sigma(E', E'')$-kompakt, wenn sie L-schwach kompakt ist.
(ii) E besitzt die reziproke und die schwache DPE.

Beweis. (i) $\Rightarrow$ (ii): Wenden wir die Voraussetzung auf einelementige Teilmengen von E' an, so folgt aus der Definition L-schwach kompakter Mengen, daß normbeschränkte orthogonale Folgen in E schwache Nullfolgen sind. Nach C.1 besitzt E dann die reziproke DPE.

Seien $(x_n)_{n \in \mathbb{N}}$ eine orthogonale $\sigma(E, E')$-Nullfolge und $(x_n')_{n \in \mathbb{N}}$ eine $\sigma(E', E'')$-Nullfolge. Für $A := \{x_n': n \in \mathbb{N}\}$ gilt nach Voraussetzung $\lim_n p_A(x_n) = 0$. Mit Satz 9.4 folgt dann, daß E die schwache DPE besitzt.

(ii) $\Rightarrow$ (i): Angenommen, in E' existiert eine relativ $\sigma(E', E'')$-kompakte Menge A, die nicht L-schwach kompakt ist. Da E die reziproke DPE besitzt, gilt $E'' = E'^n$ (C.2). Nach Bemerkung 1.(a) von §5 können wir daher ohne Einschränkung A als solid voraussetzen. Es existieren nun $\varepsilon > 0$, eine normbeschränkte, orthogonale Folge $(x_n)_{n \in \mathbb{N}}$ in E_+ und eine Folge $(x_n')_{n \in \mathbb{N}}$ in A mit $|\langle x_n', x_n \rangle| > \varepsilon$ für alle $n \in \mathbb{N}$. P_n bezeichne die Bandprojektion von E' auf das zu x_n gehörige Band strikter Positivität (siehe S. 24). Wir setzen $y_n' := P_n |x_n'| \in A$. Die

Folge $(y_n')_{n\in\mathbb{N}}$ ist orthogonal und daher nach Theorem 5.1 eine schwache Nullfolge. Weiter ist $(x_n)_{n\in\mathbb{N}}$ eine schwache Nullfolge (C.1). Da E die schwache DPE besitzt, gilt dann $\lim_n \langle y_n', x_n\rangle = 0$ (Satz 9.4). Andererseits ist

$$\langle y_n', x_n\rangle = \langle\, |x_n'|\,, x_n\rangle \geqq |\langle x_n', x_n\rangle| > \varepsilon \quad \text{für jedes} \quad n\in\mathbb{N}\,.$$

Dies ist ein Widerspruch.

Da umgekehrt nach Satz 9.1 jede L-schwach kompakte Menge in E' relativ schwach kompakt ist, folgt die Behauptung. $\square$

Wir geben nun Beispiele von Banachverbänden an, welche die reziproke und die schwache DPE besitzen.

Beispiele. 1. Jeder AM-Raum besitzt die reziproke und die schwache DPE (siehe Bemerkung 3 in § 5, Satz 9.2 und Theorem 9.5). AM-Räume besitzen sogar die DPE ([56, II.9.9]).

2. Ist $(E_i)_{i\in I}$ eine Familie von Banachverbänden mit der reziproken und der schwachen DPE, so besitzt der Banachverband $c_0^I(E_i)$ (mit der kanonischen Ordnung und der Supremumsnorm) ebenfalls die reziproke und die schwache DPE:

Der Nachweis der schwachen DPE ist technisch und verläuft im wesentlichen so, wie der Beweis eines ähnlichen, von P. CEMBRANOS stammenden Resultats ([10, Teorema 1]), über die Vererbbarkeit der DPE von einem Banachraum E auf den Banachraum $c_0^{\mathbb{N}}(E)$. Die reziproke DPE für $c_0^I(E_i)$ ergibt sich mit C.2, da $(c_0^I(E_i))' = l_1^I(E_i')$ ordnungsstetige Norm besitzt.

Für $I = \mathbb{N}$ und $E_n := l_2^n$, $n\in\mathbb{N}$, ist dann $c_0^{\mathbb{N}}(E_n)$ ein Banachverband mit reziproker und schwacher DPE. $c_0^{\mathbb{N}}(E_n)$ ist aber nicht (topologisch) isomorph zu einem AM-Raum.

Auch der nachfolgende Satz liefert Beispiele für Banachverbände mit der reziproken und der schwachen DPE.

9.6 Satz. Sei E ein Banachverband. Jede normbeschränkte, orthogonale Folge in E_+ besitze eine in E'' ordnungsbeschränkte Teilfolge. Dann besitzt E die reziproke und die schwache DPE.

Beweis. Wegen Theorem 9.5 und Satz 9.1 genügt es zu zeigen, daß jede relativ $\sigma(E', E'')$-kompakte Menge $A \subset E'$ schon L-schwach kompakt ist. Sei also $A \subset E'$ relativ $\sigma(E', E'')$-kompakt. Nach Theorem 5.1 gilt $\lim_n p_A(x_n'') = 0$ für jede ordnungsbeschränkte, orthogonale Folge $(x_n'')_{n\in\mathbb{N}}$ in $(E'')_+$. Ist nun $(y_n)_{n\in\mathbb{N}}$ eine normbeschränkte, orthogonale Folge in E_+, so besitzt $(y_n)_{n\in\mathbb{N}}$ nach Voraussetzung eine in E'' ordnungsbeschränkte Teilfolge. Mit obiger Beobachtung folgt dann leicht, daß $\lim_n p_A(y_n) = 0$ gelten muß. Die Menge A ist also L-schwach kompakt. $\square$

Bemerkungen. 1. Die Voraussetzungen von Satz 9.6 lassen sich noch wie folgt abschwächen (siehe Lemma 10.1):

Sei E ein Banachverband. D sei eine Teilmenge von E_+ mit den Eigenschaften:

(a) Ist p eine stetige Verbandshalbnorm auf E und $(x_n)_{n \in \mathbb{N}}$ eine normierte, orthogonale Folge in E_+ mit $\inf_n p(x_n) > 0$, so existiert eine normbeschränkte, orthogonale Folge $(y_n)_{n \in \mathbb{N}}$ in D mit $\inf_n p(y_n) > 0$.

(b) Jede normbeschränkte, orthogonale Folge in D besitzt eine in E'' ordnungsbeschränkte Teilfolge.

Dann besitzt E die reziproke und die schwache DPE.

2. Die Eigenschaft, daß jede normbeschränkte, orthogonale Folge im positiven Kegel eines Banachverbandes E eine in E'' ordnungsbeschränkte Teilfolge besitzt, ist äquivalent zu den nachstehenden Aussagen:

(i) Jede normbeschränkte, orthogonale Folge in E_+ besitzt eine schwach absolut summierbare Teilfolge.

(ii) Jede normierte, orthogonale Folge in E_+ besitzt eine Teilfolge äquivalent zur kanonischen c_0-Basis.

Dies hat seine Ursache darin, daß für normierte, orthogonale Folgen in E_+ die drei Bedingungen „E''-majorisiert", „schwach absolut summierbar" und „Existenz einer Teilfolge äquivalent zur kanonischen c_0-Basis" gleichwertig sind (siehe dazu A.1).

3. Ist E ein Banachverband, welcher den Voraussetzungen von Satz 9.6 genügt, so ist E'' ein (V_0)-Ideal. E besitzt also die Eigenschaft (V_0) (6.1).

Wir möchten nun noch einige Beispiele von Banachverbänden angeben, welche die Voraussetzungen von Satz 9.6 erfüllen.

Beispiele. 3. Jeder AM-Raum genügt den Voraussetzungen von Satz 9.6, denn der Bidual eines AM-Raumes ist ein AM-Raum mit Einheit ([56, II.9.1]).

4. $(p_n)_{n \in \mathbb{N}}$ sei eine Folge in $[1, \infty)$ mit $\lim_n p_n = \infty$. Für $n \in \mathbb{N}$ setzen wir $E_n := l^n_{p_n} (= (\mathbb{R}^n, \| \cdot \|_{p_n}))$. Sind $n, m \in \mathbb{N}$ mit $m \leq n$, so bezeichne $\varepsilon_{n,m}$ den m-ten kanonischen Einheitsvektor in E_n. Wir definieren $E := l^{\mathbb{N}}_\infty(E_n)$ und

$F := \{ (\xi_n)_{n \in \mathbb{N}} = x \in E$: Für jedes $m \in \mathbb{N}$ und alle $n \geq m$ ist $\langle \xi_n, \varepsilon_{n,m} \rangle = c_m = \text{const.} \}$

F ist ein abgeschlossener Untervektorverband von E. Es gilt dann:

Jede normbeschränkte, orthogonale Folge $(x_n)_{n \in \mathbb{N}}$ in E_+ bzw. F_+ besitzt eine Teilfolge $(x_{n_k})_{k \in \mathbb{N}}$, für welche $\sup_k x_{n_k}$ in E bzw. F existiert. Insbesondere genügen die Banachverbände E und F den Voraussetzungen von Satz 9.6.

Beweis. Wir beweisen die Behauptung zunächst für E. Sei $(x_n)_{n \in \mathbb{N}}$ eine orthogonale Folge in E_+ mit $\|x_n\| \leq 1$ für alle $n \in \mathbb{N}$. Für $r \in \mathbb{N}$ bezeichne $P_r: E \to E_r$: $(\xi_n)_{n \in \mathbb{N}} \to \xi_r$ die kanonische Surjektion. $(m_k)_{k \in \mathbb{N}}$ sei eine streng monoton wachsende Folge in $\mathbb{N}$ mit $m_1 = 1$ und $k^{1/p_r} \leq 2$ für alle $r \geq m_k$, $k \in \mathbb{N}$. Weiter sei $(n_k)_{k \in \mathbb{N}}$ eine streng monoton wachsende Folge in $\mathbb{N}$, so daß für jedes $k \in \mathbb{N}$ und alle $1 \leq r < m_k$ die Gleichheit $P_r x_{n_k} = 0$ gilt.

Sei nun $2 \leq l \in \mathbb{N}$ vorgegeben. Es ist

$$\left\| \sum_{1 \leq k \leq l} x_{n_k} \right\| = \sup_r \left\| \sum_{1 \leq k \leq l} P_r x_{n_k} \right\|_{p_r} .$$

Ist $1 \leq j < l$, so gilt

$$\sup_{m_j \leq r < m_{j+1}} \left\| \sum_{1 \leq k \leq l} P_r x_{n_k} \right\|_{p_r}$$

$$= \sup_{m_j \leq r < m_{j+1}} \left\| \sum_{1 \leq k \leq j} P_r x_{n_k} \right\|_{p_r}$$

$$= \sup_{m_j \leq r < m_{j+1}} \left(\sum_{1 \leq k \leq j} \| P_r x_{n_k} \|_{p_r}^{p_r} \right)^{1/p_r}$$

$$\leq \sup_{m_j \leq r < m_{j+1}} \left(\sum_{1 \leq k \leq j} \sup_n \| x_n \|^{p_r} \right)^{1/p_r}$$

$$\leq \sup_{m_j \leq r < m_{j+1}} j^{1/p_r} \leq 2 .$$

Also ergibt sich $\sup_{r < m_l} \left\| \sum_{1 \leq k \leq l} P_r x_{n_k} \right\|_{p_r} \leq 2$.

Ist $r \geq m_l$, so ist

$$\left\| \sum_{1 \leq k \leq l} P_r x_{n_k} \right\|_{p_r} = \left(\sum_{1 \leq k \leq l} \| P_r x_{n_k} \|_{p_r}^{p_r} \right)^{1/p_r} \leq l^{1/p_r} \leq 2 .$$

Somit gilt $\| \sum_{1 \leq k \leq l} x_{n_k} \| = \sup_r \| \sum_{1 \leq k \leq l} P_r x_{n_k} \|_{p_r} \leq 2$. Schreiben wir x_{n_k} als Folge $(\zeta_{k,m})_{m \in \mathbb{N}}$, so existiert $\eta_m := \sup_l \sum_{1 \leq k \leq l} \zeta_{k,m} \in E_m$ für jedes $m \in \mathbb{N}$ und es gilt $\| \eta_m \|_{p_m} \leq 2$ für alle $m \in \mathbb{N}$. Es ist dann $y := (\eta_m)_{m \in \mathbb{N}} \in E$ das Supremum der Folge $(x_{n_k})_{k \in \mathbb{N}}$ in E.

Ist die Folge $(x_n)_{n \in \mathbb{N}}$ aus F_+, so sieht man leicht, daß das oben erhaltene Element y sogar aus F ist. Damit ist die Behauptung bewiesen. $\square$

Der Banachverband $E = l_\infty^{\mathbb{N}}(E_n)$ aus Beispiel 4 ist der Dualraum von $G := l_1^{\mathbb{N}}(E_n')$. Weiter ist F ein $\sigma(E, G)$-abgeschlossener Teilraum von E und daher selbst Dual eines Banachraumes. Nach Bemerkung 3 besitzen E und F die Eigenschaft (V_0) und damit auch die Eigenschaft (V). Da ein dualer Banachraum keinen komplementierbaren, zu c_0 isomorphen Teilraum enthalten kann (A.3), ergibt sich mit Satz 3.2:

9.7 Satz. Die Banachverbände E und F aus Beispiel 4 sind Grothendieck-Räume.

Die Räume E und F aus Beispiel 4 sind für uns auch von einem anderen Blickwinkel her interessant. Die bisher vorgestellten Banachverbände mit Grothendieck- und schwacher Dunford-Pettis-Eigenschaft waren stets verbandsisomorph zu AM-Räumen. Hier ist die Situation nun anders.

9.8 Satz. Sei $(p_n)_{n \in \mathbb{N}}$ eine Folge im Intervall $[1, \infty)$. Gilt $\overline{\lim}_n n^{1/p_n} = \infty$, so ist $l_\infty^{\mathbb{N}}(l_{p_n}^n)$ nicht isomorph zu einem komplementierten Teilraum eines AM-Raumes.

Gilt $\overline{\lim}_n n^{1/p_n} < \infty$, so ist $l_\infty^{\mathbb{N}}(l_{p_n}^n)$ verbandsisomorph zu l_∞.
Ist $p_n > 2$ für alle bis auf endlich viele $n \in \mathbb{N}$, so ist $l_\infty^{\mathbb{N}}(l_{p_n}^n)$ isomorph zu einem Quotienten von l_∞.

Für den Beweis des Satzes verweisen wir auf Appendix D.

Bemerkungen. 4. Man kann zeigen, daß der Untervektorverband F von E aus Beispiel 4 komplementierbar ist in E. Damit folgt, daß auch F stets isomorph ist zu einem Quotienten von l_∞. Falls $\overline{\lim}_n n^{1/p_n} < \infty$ gilt, ist F sogar verbandsisomorph zu einem *AM*-Raum. Ob für den Fall $\overline{\lim}_n n^{1/p_n} = \infty$ eine zu Satz 9.8 analoge Aussage gilt, ist unbekannt.

5. Die Grothendieck-Eigenschaft für die Banachverbände E und F aus Beispiel 4 ergibt sich auch aus der Tatsache, daß E und F isomorph sind zu Quotienten von l_∞ (1.4 und 1.6).

6. Analog zum Beweis der letzten Behauptung von Satz 9.8 (siehe Appendix D) kann man zeigen: Ist $(p_n)_{n \in \mathbb{N}}$ eine Folge in $(1, \infty)$ und gilt $p_n > 2$ für alle bis auf endlich viele $n \in \mathbb{N}$, dann ist $E = l_\infty^{\mathbb{N}}(L_{p_n}[0,1])$ isomorph zu einer direkten Summe derjenigen Räume $L_{p_n}[0,1]$, für welche $1 < p_n \leqq 2$ ist, und eines Quotienten von l_∞. Offenbar ist dann der Banachverband E wieder ein Grothendieck-Raum, besitzt aber nicht die schwache DPE.

§ 10. Hinreichende Bedingungen an die Ordnung eines Banachverbandes für die Gültigkeit der Grothendieck-Eigenschaft

In Theorem 8.1 haben wir Bedingungen an die Ordnung eines Banachverbandes E kennengelernt, welche das Zusammenfallen der $\sigma(E',E)$- und der $\sigma(E',I_E)$-Konvergenz von Folgen bewirken. Ist E ein Banachverband, für welchen das von E in E'' erzeugte Ideal I_E dicht ist in E'', so sind diese Bedingungen hinreichend für die Grothendieck-Eigenschaft.

Wir wollen nun Bedingungen an die Ordnung eines Banachverbandes angeben, welche selbst schon hinreichend sind für die Grothendieck-Eigenschaft. Den Schlüssel dazu liefert das nachstehende Lemma.

10.1 Lemma. Sei E ein Banachverband. D sei eine Teilmenge von E_+ mit den Eigenschaften:
(a) Ist p eine stetige Verbandshalbnorm auf E und $(x_n)_{n \in \mathbb{N}}$ eine normierte, orthogonale Folge in E_+ mit $\inf_n p(x_n) > 0$, so existiert eine normbeschränkte, orthogonale Folge $(y_n)_{n \in \mathbb{N}}$ in D mit $\inf_n p(y_n) > 0$.
(b) Jede normbeschränkte, orthogonale Folge in D besitzt eine in E ordnungsbeschränkte Teilfolge.
Dann ist jede relativ $\sigma(E',I_E)$-kompakte Menge schon L-schwach kompakt. Insbesondere ist jede $\sigma(E',I_E)$-konvergente Folge $\sigma(E',E'')$-konvergent.

Beweis. Sei $A \subset E'$ relativ $\sigma(E', I_E)$-kompakt. Ohne Einschränkung sei A solid (§ 5, Bemerkung 1(a)). Für jede ordnungsbeschränkte, orthogonale Folge $(x_n)_{n \in \mathbb{N}}$ in E_+ gilt dann $\lim_n p_A(x_n) = 0$ (Thm. 5.1). Ist nun $(y_n)_{n \in \mathbb{N}}$ eine normbeschränkte, orthogonale Folge in D, so besitzt $(y_n)_{n \in \mathbb{N}}$ nach Voraussetzung (b) eine ordnungsbeschränkte Teilfolge. Mit obigem folgt dann, daß $\lim_n p_A(y_n) = 0$ gelten muß. Daraus folgt wiederum mit Voraussetzung (a), daß für jede normierte, orthogonale Folge $(z_n)_{n \in \mathbb{N}}$ in E_+ die Beziehung $\lim_n p_A(z_n) = 0$ gilt. Also ist A L-schwach kompakt. Die zweite Behauptung folgt leicht aus Satz 9.1 und Lemma 5.6. $\square$

Das Lemma zusammen mit Theorem 8.1 liefert nun weitere hinreichende Bedingungen für die Grothendieck-Eigenschaft.

10.2 Theorem. Sei E ein Banachverband. D sei eine Teilmenge von E_+ mit den Eigenschaften:

(a) Ist p eine stetige Verbandshalbnorm auf E und $(x_n)_{n \in \mathbb{N}}$ eine normierte, orthogonale Folge in E_+ mit $\inf_n p(x_n) > 0$, so existiert eine normbeschränkte, orthogonale Folge $(y_n)_{n \in \mathbb{N}}$ in D mit $\inf_n p(y_n) > 0$.

(b) Sind $x, y \in D$ orthogonal, so ist $\sup(x, y) \in D$, und sind $u, v \in D$ mit $u \leq v$, so ist $(v - nu)_+ \in D$ für jedes $n \in \mathbb{N}$.

Jede der nachstehenden Aussagen impliziert, daß E ein Grothendieck-Raum ist:

(i) Jede normbeschränkte, orthogonale Familie $(x_\alpha)_{\alpha \in \mathscr{A}}$ aus D besitzt in D ein Supremum.

(ii) Jede normbeschränkte, orthogonale Folge $(x_n)_{n \in \mathbb{N}}$ aus D besitzt in D ein Supremum.

(iii) Jede normbeschränkte, orthogonale Folge $(x_n)_{n \in \mathbb{N}}$ aus D besitzt eine Teilfolge $(x_{n_k})_{k \in \mathbb{N}}$, für welche $\sup_k x_{n_k}$ in D existiert.

(iv) Jede normbeschränkte, orthogonale Folge aus D besitzt eine durch ein $x \in D$ majorisierte Teilfolge und sind $(x_n)_{n \in \mathbb{N}}$ und $(y_n)_{n \in \mathbb{N}}$ Folgen in D mit $x_n \leq x_{n+1} \leq y_{n+1} \leq y_n$ für alle $n \in \mathbb{N}$, so existiert ein $y \in D$ mit $x_n \leq y \leq y_n$ für jedes $n \in \mathbb{N}$.

(v) Jede normbeschränkte, orthogonale Folge aus D besitzt eine durch ein $x \in D$ majorisierte Teilfolge. Und ist weiter $(x_n)_{n \in \mathbb{N}}$ eine orthogonale Folge in D und $(y_n)_{n \in \mathbb{N}}$ eine monoton fallende Folge in D mit $\sup_{1 \leq m \leq n} x_m \leq y_n$ für jedes $n \in \mathbb{N}$, so existieren eine Teilfolge $(x_{n_k})_{k \in \mathbb{N}}$ von $(x_n)_{n \in \mathbb{N}}$ und ein $y \in D$ mit $\sup_{1 \leq k \leq m} x_{n_k} \leq y \leq y_m$ für alle $m \in \mathbb{N}$.

Beweis. Man sieht sofort, daß die Aussage (v) die schwächste der Aussagen (i) – (v) ist. Also genügt es, die Behauptung nur für die Aussage (v) nachzuweisen. Es ist leicht zu sehen, daß in der vorliegenden Situation die Voraussetzungen von Theorem 8.1 und die Aussage (v) von Theorem 8.1 erfüllt sind. Also ist jede $\sigma(E', E)$-konvergente Folge $\sigma(E', I_E)$-konvergent. Andererseits sind auch die Voraussetzungen von Lemma 10.1 erfüllt. Also ist jede $\sigma(E', I_E)$-konvergente Folge $\sigma(E', E'')$-konvergent. Dies beweist die Behauptung. $\square$

Das nachstehende Korollar ist eine unmittelbare Konsequenz von Theorem 10.2 (setze $D = E_+$). Die meisten der dort auftretenden Bedingungen an die Ordnung wurden in § 8 eingeführt (siehe S. 11, 41 und § 8, Bem. 5).

10.3 Korollar. Sei E ein Banachverband. E sei ordnungsvollständig (σ-ordnungsvollständig, σ^*-ordnungsvollständig) oder besitze die Interpolationseigenschaft (schwache Interpolationseigenschaft). Weiter besitze jede normierte, orthogonale Folge in E_+ eine in E ordnungsbeschränkte Teilfolge. Dann ist E ein Grothendieck-Raum.

Bemerkungen. 1. Ist für $D = E_+$ die Aussage (i) bzw. (ii) von Theorem 10.2 erfüllt, so ist E bereits verbandsisomorph zu einem ordnungsvollständigen bzw. σ-ordnungsvollständigen AM-Raum ([43] und [63, Thm. 5]).

2. Aus der Ordnungsvollständigkeit von E und der Tatsache, daß jede normierte, orthogonale Folge in E_+ eine in E ordnungsbeschränkte Teilfolge besitzt, folgt noch nicht, daß E verbandsisomorph ist zu einem AM-Raum. Dies zeigt der Banachverband E aus Beispiel 4 in § 9 (siehe dazu Satz 9.8).

3. Aus Bemerkung 1 von § 9 folgt sofort: Ein Banachverband, welcher den Voraussetzungen von Theorem 10.2 und einer der Bedingungen (i) – (v) des Theorems genügt, besitzt die reziproke und die schwache DPE.

Beispiele. 1. Ist $\mathscr{B}$ eine Boolesche Algebra, die ordnungsvollständig (σ-ordnungsvollständig, σ^*-ordnungsvollständig) ist oder die Interpolationseigenschaft (schwache Interpolationseigenschaft) besitzt (siehe § 8, Bemerkung 2), und bezeichnet $K_{\mathscr{B}}$ den Stoneschen Darstellungsraum von $\mathscr{B}$ ([56, II. Exerc. 1]), so ist $C(K_{\mathscr{B}})$ ein Grothendieck-Raum. Dies wurde bereits in Bemerkung 2 von § 8 begründet (setze $D := \{\chi_B : B \in \mathscr{B}\}$).

2. Sei E ein Banachverband mit der schwachen Interpolationseigenschaft. Ist F ein Ideal in E mit der Eigenschaft, daß jede normierte, orthogonale Folge in F_+ eine in F_+ ordnungsbeschränkte Teilfolge besitzt, so ist $\bar{F}$ ein Grothendieck-Raum (setze in Theorem 10.2 $D := F_+$).

3. Als Spezialfall von 2. ergibt sich:
Ist E σ-ordnungsvollständig und besitzt jede normierte, orthogonale Folge in E_+ eine in E ordnungsbeschränkte Teilfolge, so ist jedes σ-Ideal F in E ein Grothendieck-Raum. Somit ist jedes σ-Ideal in einem σ-ordnungsvollständigen AM-Raum mit Einheit ein Grothendieck-Raum. Insbesondere gilt:
Ist E ein AM-Raum, so ist das von E in E'' erzeugte σ-Ideal stets ein Grothendieck-Raum.

4. Es seien $(E_n)_{n \in \mathbb{N}}$ eine Folge von Banachverbänden und $c > 0$ eine reelle Zahl. Für jede normierte, orthogonale Folge $(\xi_n)_{n \in \mathbb{N}}$ in $(E_m)_+$, $m \in \mathbb{N}$, existiere ein Element $\zeta_m \in E_m$ mit $\|\zeta_m\| \leq c$, so daß ζ_m eine Teilfolge von $(\xi_n)_{n \in \mathbb{N}}$ majorisiert. Ist dann $\mathscr{F}$ ein Filter auf $\mathbb{N}$, der feiner ist als der Fréchet-Filter $\mathscr{F}_0$, so besitzt $l_\infty^{\mathbb{N}}(E_n)/c_0^{\mathscr{F}}(E_n)$ die Grothendieck-Eigenschaft.

Beweis. Wir zeigen, daß jede normbeschränkte, orthogonale Folge im positiven Kegel von $E := l_\infty^{\mathbb{N}}(E_n)/c_0^{\mathscr{F}}(E_n)$ eine in E ordnungsbeschränkte Teilfolge enthält. Da E die Interpolationseigenschaft besitzt (Satz 8.3), folgt dann mit Theorem 10.2 die Behauptung.

Es sei also $(\hat{x}_n)_{n\in\mathbb{N}}$ eine orthogonale Folge in E_+ mit $\|\hat{x}_n\| < 1$ für jedes $n \in \mathbb{N}$. Wähle $x_n \in l_\infty^{\mathbb{N}}(E_n)_+$ mit $\|x_n\| \leq 1$ und $q x_n = \hat{x}_n$ (– dabei bezeichne q die kanonische Surjektion von $l_\infty^{\mathbb{N}}(E_n)$ auf E). Nach [9, Lemma 2] existieren paarweise orthogonale Elemente $y_n \in l_\infty^{\mathbb{N}}(E_n)_+$ mit $y_n \leq x_n$ und $q y_n = \hat{x}_n$ für jedes $n \in \mathbb{N}$. Wir schreiben nun jedes y_n als Folge $(\eta_{n,m})_{m\in\mathbb{N}}$. Durch sukzessives Auswählen von Teilfolgen und „Diagonalisierung" erhalten wir eine Teilfolge $(y_{n_k})_{k\in\mathbb{N}}$ von $(y_n)_{n\in\mathbb{N}}$, so daß für jedes $m \in \mathbb{N}$ die Folge $(\eta_{n_k,m})_{k\in\mathbb{N}}$ eine Majorante $\zeta_m \in (E_m)_+$ mit $\|\zeta_m\| \leq c$ besitzt. Dann ist $z := (\zeta_n)_{n\in\mathbb{N}} \in l_\infty^{\mathbb{N}}(E_n)$ eine Majorante der Folge $(y_{n_k})_{k\in\mathbb{N}}$ und qz somit eine Majorante der Folge $(\hat{x}_{n_k})_{k\in\mathbb{N}}$. $\square$

Die Bedingungen an die Folge $(E_n)_{n\in\mathbb{N}}$ sind unter anderem dann erfüllt, wenn jedes E_n ein σ-Ideal in einem σ-ordnungsvollständigen Raum $C(K_n)$, K_n kompakt, ist oder wenn E_n für jedes $n \in \mathbb{N}$ gleich dem Banachverband E bzw. F aus Beispiel 4 von § 9 ist (– dies ist aus dem in § 9, Beispiel 4, geführten Beweis ersichtlich).

In Beispiel 3 haben wir gesehen, daß gewisse Ideale in σ-ordnungsvollständigen AM-Räumen mit Einheit die Grothendieck-Eigenschaft besitzen. Der nachstehende, von H. P. Lotz mitgeteilte Satz erweitert dieses Resultat in der folgenden Weise:

10.4 Satz: Sei E ein AM-Raum. I sei ein abgeschlossenes Ideal in E mit der Eigenschaft:

(∇)   Ist $(x_n)_{n\in\mathbb{N}}$ eine normierte Folge in I_+, so existiert eine Teilfolge $(x_{n_k})_{k\in\mathbb{N}}$ von $(x_n)_{n\in\mathbb{N}}$ und ein $x \in I$ mit $\|x\| = 1$ und $x_{n_k} \leq x$ für jedes $k \in \mathbb{N}$.

Dann gilt: Ist E ein Grothendieck-Raum, so besitzt auch I die Grothendieck-Eigenschaft.

Beweis. Wir zeigen, daß jede $\sigma(I',I)$-Nullfolge eine Teilfolge besitzt, welche die Einschränkung einer $\sigma(E',E)$-Nullfolge auf I ist. Die Behauptung ergibt sich dann aus der Grothendieck-Eigenschaft von E und 1.1.

Wir beginnen mit einigen Vorüberlegungen: Die Polare I^0 von I ist ein abgeschlossenes Ideal in dem AL-Raum E' und somit ein Projektionsband ([56, II.5.14, II.2.10]). I' ist daher isometrisch verbandsisomorph zu

$$(I^0)^\perp := \{z' \in E' : \inf(|z'|, |y'|) = 0 \text{ für alle } y' \in I^0\}.$$

Daraus folgt, unter Verwendung der Additivität der Norm auf $(E')_+$, daß jedes $x' \in I'$ eine eindeutige normerhaltende Fortsetzung $\tilde{x}' \in E'$ besitzt.

Weiter existiert zu jedem $x' \in I'$ ein $x \in I_+$ mit $\|x\| = 1$ und $\langle |x'|, x \rangle = \|x'\|$. Dies sieht man wie folgt:

Es existiert eine normierte Folge $(x_n)_{n \in \mathbb{N}}$ in I_+ mit $\lim_n \langle |x'|, x_n \rangle = \|x'\|$. Nach Voraussetzung existiert ein $x \in I_+$ mit $\|x\| = 1$, welches eine Teilfolge von $(x_n)_{n \in \mathbb{N}}$ majorisiert. Dieses Element x leistet das Gewünschte.

Analog zeigt man, daß zu jeder Folge $(x_n')_{n \in \mathbb{N}}$ in I' eine Teilfolge $(x_{n_k}')_{k \in \mathbb{N}}$ und ein $x \in I_+$ existieren mit $\|x\| = 1$ und $\langle |x_{n_k}'|, x \rangle = \|x_{n_k}'\|$ für alle $k \in \mathbb{N}$.

Sei nun $(x_n')_{n \in \mathbb{N}}$ eine $\sigma(I', I)$-Nullfolge in I'. Wähle eine Teilfolge $(x_{n_k}')_{k \in \mathbb{N}}$ und ein Element $x \in I_+$ wie oben. $\tilde{x}_n'$ bezeichne die normerhaltende Fortsetzung von x_n' auf E'. Ist $z \in E_+$ mit $\|z\| = 1$, so gilt für jedes $k \in \mathbb{N}$

$$0 \leqq \langle |\tilde{x}_{n_k}'|, z - \inf(z, x) \rangle = \langle |\tilde{x}_{n_k}'|, \sup(z, x) - x \rangle$$
$$= \langle |\tilde{x}_{n_k}'|, \sup(z, x) \rangle - \langle |\tilde{x}_{n_k}'|, x \rangle = \|\tilde{x}_{n_k}'\| - \|\tilde{x}_{n_k}'\| = 0 .$$

Für jedes $k \in \mathbb{N}$ gilt daher $0 = |\langle \tilde{x}_{n_k}', z - \inf(z, x) \rangle|$. Somit ist $\langle \tilde{x}_{n_k}', z \rangle = \langle \tilde{x}_{n_k}', \inf(z, x) \rangle$ für jedes $k \in \mathbb{N}$. Wegen $\inf(z, x) \in I$ ist dann $\lim_k \langle \tilde{x}_{n_k}', z \rangle = \lim_k \langle x_{n_k}', \inf(z, x) \rangle = 0$. Dies zeigt, daß $(\tilde{x}_{n_k}')_{k \in \mathbb{N}}$ eine $\sigma(E', E)$-Nullfolge ist, was zu zeigen war. $\square$

Beispiel. 5. Sei K ein kompakter topologischer Raum. A sei eine abgeschlossene Teilmenge von K mit der Eigenschaft, daß der Durchschnitt abzählbar vieler Umgebungen von A wieder eine Umgebung von A ist. Dann erfüllt das Ideal $J_A := \{ f \in C(K) : f_{|A} = 0 \}$ die Bedingung (∇) des Satzes:
Zunächst überlegt man sich, daß zu jedem $f \in J_A$ eine offene Umgebung U_f von A existiert mit $f_{|U_f} = 0$. Dies verwendet man dann, um zu zeigen, daß zu jeder Folge $(f_n)_{n \in \mathbb{N}}$ in J_A eine offene Umgebung U von A existiert mit $f_{n|U} = 0$ für alle $n \in \mathbb{N}$. Es existiert eine Urysohn-Funktion $f \in C(K)$ mit $0 \leqq f(t) \leqq 1$ für alle $t \in K$, $f_{|K \setminus U} = 1$ und $f_{|A} = 0$, also $f \in J_A$. Gilt nun $\|f_n\| \leqq 1$ für alle $n \in \mathbb{N}$, so folgt, daß f eine Majorante der Folge $(f_n)_{n \in \mathbb{N}}$ in J_A ist mit $\|f\| \leqq 1$.

Eine Menge A mit obiger Eigenschaft bezeichnet man als *P-Menge* (in K). Ist $A = \{x\}$ für ein $x \in K$, so nennt man x einen *P-Punkt* von K ([25, 4L]).

Ist K ein total unzusammenhängender F-Raum (d.h. die Topologie auf K besitzt eine Basis aus offen-abgeschlossenen Mengen und disjunkte offene F_σ-Mengen [1] haben disjunkte Abschlüsse), so besitzt $C(K)$ die Grothendieck-Eigenschaft ([57, Thm. 2.5]). Ist A der Abschluß einer offenen F_σ-Menge in K, so ist A eine P-Menge. Für jede solche Menge A besitzt also das Ideal J_A die Grothendieck-Eigenschaft.

§11. l_∞-direkte Summen und $\mathscr{F}$-Produkte von Banachräumen

In den vorausgegangenen Paragraphen sind uns mehrfach Beispiele von Grothendieck-Räumen vom Typ $l_\infty^{\mathbb{N}}(E_n)$ und $l_\infty^{\mathbb{N}}(E_n)/c_0^{\mathscr{F}}(E_n)$ begegnet (Kor. 8.4; Satz 9.7; Satz 9.8; §9, Bem. 5 und 6; §10, Bsp. 4). Wir wollen uns in diesem

---

[1] Eine Teilmenge A eines topologischen Raumes $(M, \mathscr{T})$ heißt F_σ-Menge, falls eine Folge $(A_n)_{n \in \mathbb{N}}$ abgeschlossener Teilmengen von $(M, \mathscr{T})$ existiert mit $A = \bigcup_n A_n$

Paragraphen nun überlegen, wann Räume vom Typ $l_\infty^I(E_i)$ und $l_\infty^I(E_i)/c_0^{\mathscr{F}}(E_i)$ die Grothendieck-Eigenschaft besitzen. Dabei ist I eine beliebige unendliche Indexmenge und $\mathscr{F}$ ein Filter, der feiner ist als der Fréchet-Filter $\mathscr{F}_0$ bestehend aus den Teilmengen von I mit endlichem Komplement in I (zur Einführung der Notation $l_\infty^I(E_i)$ und $l_\infty^I(E_i)/c_0^{\mathscr{F}}(E_i)$ siehe S. 44). Es wird sich zeigen, daß ein enger Zusammenhang besteht zwischen der Gültigkeit der Grothendieck-Eigenschaft bei Räumen $l_\infty^I(E_i)/c_0^I(E_i)$ und bei Räumen $l_\infty^I(E_i)$ (Theorem 11.1).

Zunächst wollen wir uns jedoch anhand eines Beispiels überlegen, daß für eine Folge $(E_n)_{n \in \mathbb{N}}$ von Banachverbänden mit der Grothendieck-Eigenschaft der Banachverband $l_\infty^{\mathbb{N}}(E_n)$ im allgemeinen kein Grothendieck-Raum mehr zu sein braucht, selbst wenn alle Räume E_n identisch sind.

Beispiel. 1. Für $n \in \mathbb{N}$ sei $E_n := l_1^n$. Für $k \in \mathbb{N}$ definiere $x_k := ((\xi_{n,m})_{m \leq n})_{n \in \mathbb{N}}$ $\in l_\infty^{\mathbb{N}}(E_n)$ durch $\xi_{n,m} := 1$ für $n \geq k$ und $m = k$ und $\xi_{n,m} := 0$ sonst. Die Vektoren x_k sind positiv, normiert und paarweise orthogonal. Ist nun $\alpha_1, \ldots, \alpha_k$, $k \in \mathbb{N}$, eine endliche Folge reeller Zahlen, so gilt $\sum_{1 \leq l \leq k} |\alpha_l| = \| \sum_{1 \leq l \leq k} \alpha_l x_l \|$. Also ist $(x_k)_{k \in \mathbb{N}}$ äquivalent zur kanonischen l_1-Basis. Demzufolge besitzt $l_\infty^{\mathbb{N}}(E_n)$ einen abgeschlossenen, zu l_1 verbandsisomorphen Untervektorverband (Appendix B., S. 65). Nach C.1 und C.2 ist dann $(l_\infty^{\mathbb{N}}(E_n))'$ nicht schwach folgenvollständig und somit kann $l_\infty^{\mathbb{N}}(E_n)$ kein Grothendieck-Raum sein (1.5).

Es sei $F := l_2^{\mathbb{N}}(l_1^n)$. F ist reflexiv und somit ein Grothendieck-Raum. Der Banachverband $l_\infty^{\mathbb{N}}(F)$ enthält einen komplementierbaren, zu $l_\infty^{\mathbb{N}}(E_n)$ isomorphen Teilraum und deshalb kann $l_\infty^{\mathbb{N}}(F)$ ebenfalls nicht die Grothendieck-Eigenschaft besitzen (1.6).

Wir kommen nun zum Hauptresultat dieses Paragraphen. Es stellt eine Beziehung her zwischen der Gültigkeit der Grothendieck-Eigenschaft in $l_\infty^I(E_i)$ und der Gültigkeit der Grothendieck-Eigenschaft in $l_\infty^I(E_i)/c_0^I(E_i)$.

11.1 Theorem. Sei $(E_i)_{i \in I}$ eine unendliche Familie von Banachräumen. Man betrachte die folgenden Aussagen:

 (i) $l_\infty^I(E_i)$ ist ein Grothendieck-Raum.

(ii) $l_\infty^I(E_i)/c_0^I(E_i)$ ist ein Grothendieck-Raum.

Dann gilt stets die Implikation (i) $\Rightarrow$ (ii). Besitzt darüber hinaus E_i für jedes $i \in I$ die Grothendieck-Eigenschaft, so sind die Aussagen (i) und (ii) äquivalent.

Theorem 11.1 ist ein Spezialfall des nachfolgenden Theorems.

11.2 Theorem. Sei E ein Banachraum. F sei ein abgeschlossener Teilraum von E und es existiere eine Projektion P von E' auf F^0, so daß $Id - P$ eine $\sigma(E',E) - \sigma(E',E'')$-folgenstetige Abbildung ist. Dann sind die folgenden Aussagen äquivalent:

 (i) E ist ein Grothendieck-Raum.

(ii) E/F ist ein Grothendieck-Raum.

Beweis. Da Quotienten von Grothendieck-Räumen wieder die Grothendieck-Eigenschaft besitzen (1.6), folgt sofort die Implikation (i) $\Rightarrow$ (ii).

(ii) $\Rightarrow$ (i): Sei $(x'_n)_{n\in\mathbb{N}}$ eine $\sigma(E',E)$-Nullfolge. Es sei $x'_{1,n} := Px'_n$ und $x'_{2,n} := (Id-P)x'_n$, $n\in\mathbb{N}$. Nach Voraussetzung ist $(x'_{2,n})_{n\in\mathbb{N}}$ eine $\sigma(E',E'')$-Nullfolge. Dann ist $(x'_{1,n})_{n\in\mathbb{N}}$ eine $\sigma(F^0,E)$-Nullfolge. Betrachtet man die kanonische Dualität zwischen E/F und $F^0 \cong (E/F)'$, so ergibt sich hieraus, daß $(x'_{1,n})_{n\in\mathbb{N}}$ eine $\sigma((E/F)',E/F)$-Nullfolge ist. Nach Voraussetzung ist $(x'_{1,n})_{n\in\mathbb{N}}$ eine $\sigma(F^0,(F^0)')$-Nullfolge und wegen $\sigma(E',E'')_{|F^0} = \sigma(F^0,(F^0)')$ auch eine $\sigma(E',E'')$-Nullfolge. Die $\sigma(E',E'')$-Konvergenz der Folge $(x'_n)_{n\in\mathbb{N}}$ gegen Null ergibt sich dann aus der Identität $x'_n = x'_{1,n}+x'_{2,n}$. $\square$

11.3 Korollar. Sei E ein Banachraum mit der Grothendieck-Eigenschaft. Genau dann ist E'' ein Grothendieck-Raum, wenn E''/E ein Grothendieck-Raum ist.

Beweis. Bekanntlich ist E''' die direkte Summe von E' und $E^0 \subseteq E'''$. Sei nun $(x'_n)_{n\in\mathbb{N}}$ eine $\sigma(E''',E'')$-Nullfolge. Wir zerlegen x'_n in $x'_n = y'_n + z'_n$ mit $y'_n \in E'$ und $z'_n \in E^0$. Dann ist $(y'_n)_{n\in\mathbb{N}}$ eine $\sigma(E',E)$-Nullfolge und wegen der Voraussetzung sogar eine $\sigma(E',E'')$-Nullfolge. Ist P die Projektion von E''' auf E^0 mit $\ker P = E'$, so ergibt sich, daß $Id-P$ eine $\sigma(E''',E'') - \sigma(E''',E'''')$-folgenstetige Projektion ist. Nach 11.2 folgt dann aus der Grothendieck-Eigenschaft für E''/E die Grothendieck-Eigenschaft für E'' und umgekehrt. $\square$

Wir wollen nun zeigen, daß Theorem 11.1 ein Spezialfall von Theorem 11.2 ist. Wir müssen also nachweisen, daß unter den Gegebenheiten von Theorem 11.1 die Voraussetzungen von Theorem 11.2 erfüllt sind. Dies geschieht mittels zweier Lemmata. Diesen werden jedoch noch einige Bemerkungen vorangestellt:

Sei $(E_i)_{i\in I}$ eine unendliche Familie von Banachräumen. Dann läßt sich $(c_0^I(E_i))'$ in kanonischer Weise mit $l_1^I(E'_i)$ identifizieren. Es sei $S: l_1^I(E'_i) \to (l_\infty^I(E_i))'$ definiert durch $\langle S((\xi'_i)_{i\in I}),(\xi_i)_{i\in I}\rangle := \sum_i\langle\xi'_i,\xi_i\rangle$, $(\xi'_i)_{i\in I}\in l_1^I(E'_i)$, $(\xi_i)_{i\in I}\in l_\infty^I(E_i)$. Der Operator S ist eine lineare Isometrie. Weiter sei $R: (l_\infty^I(E_i))' \to l_1^I(E'_i)$ gegeben durch $Rx' := x'_{|c_0^I(E_i)}$, $x' \in (l_\infty^I(E_i))'$. Dann ist der Operator $Q := S \circ R$ eine Projektion von $(l_\infty^I(E_i))'$ auf $S(l_1^I(E'_i))$ mit $\ker Q = (c_0^I(E_i))^0$. Es ist also $(l_\infty^I(E_i))'$ die topologisch direkte Summe von $(c_0^I(E_i))^0$ und $S(l_1^I(E'_i))$. Vermöge

$$\langle(\xi'_i)_{i\in I},(\xi_i)_{i\in I}\rangle := \sum_i\langle\xi'_i,\xi_i\rangle, \quad (\xi'_i)_{i\in I}\in l_1^I(E'_i), (\xi_i)_{i\in I}\in l_\infty^I(E_i),$$

wird $\langle l_1^I(E'_i), l_\infty^I(E_i)\rangle$ ein duales Paar. Mit $ba(I)$ bezeichnen wir den Banachraum der reellwertigen, beschränkten, endlich additiven Mengenfunktionen auf der Potenzmenge von I ([17, S. 160]).

11.4 Lemma. Sei $(E_i)_{i\in I}$ eine unendliche Familie von Banachräumen. Ist $(x'_n)_{n\in\mathbb{N}}$ eine $\sigma((l_\infty^I(E_i))',l_\infty^I(E_i))$-Nullfolge, so ist $(Rx'_n)_{n\in\mathbb{N}}$ eine $\sigma(l_1^I(E'_i),l_\infty^I(E_i))$-Nullfolge.

58   F. Räbiger

Beweis. Für jedes $n \in \mathbb{N}$ schreiben wir $y_n' := R x_n' \in l_1^I(E_i')$ als Familie $(\eta_{n,i}')_{i \in I}$. Ist $y = (\eta_i)_{i \in I} \in l_\infty^I(E_i)$, so ist $\langle y_n', y \rangle = \sum_i \langle \eta_{n,i}', \eta_i \rangle$. Für $M \subseteq I$ sei
$P_M: l_\infty^I(E_i) \to l_\infty^I(E_i): (\xi_i)_{i \in I} \to P_M((\xi_i)_{i \in I}) =: (\zeta_i)_{i \in I}$ definiert durch $\zeta_i := \xi_i$ für $i \in M$ und $\zeta_i := 0$ für $i \in I \setminus M$. Für jedes $n \in \mathbb{N}$ definieren wir $\lambda_n \in ba(I)$ durch $\lambda_n(M) := \langle x_n', P_M y \rangle$, $M \subseteq I$. Nach Voraussetzung gilt $\lim_n \lambda_n(M) = 0$ für jede Menge $M \subseteq I$. Mit dem verallgemeinerten Lemma von PHILLIPS ([49, S. 21, Thm.]) folgt dann

$$0 = \lim_n \sum_i |\lambda_n(\{i\})| = \lim_n \sum_i |\langle x_n', P_{\{i\}} y \rangle|$$

$$= \lim_n \sum_i |\langle R x_n', P_{\{i\}} y \rangle| = \lim_n \sum_i |\langle \eta_{n,i}', \eta_i \rangle|$$

$$= \lim_n |\langle y_n', y \rangle|.$$

Dies beweist die Behauptung. $\square$

11.5 Lemma. Ist $(E_i)_{i \in I}$ eine unendliche Familie von Grothendieck-Räumen, so ist jede $\sigma(l_1^I(E_i'), l_\infty^I(E_i))$-Nullfolge eine $\sigma(l_1^I(E_i'), (l_1^I(E_i'))')$-Nullfolge.

Beweis. Vermöge $\langle (\xi_i'')_{i \in I}, (\xi_i')_{i \in I} \rangle := \sum_i \langle \xi_i'', \xi_i' \rangle$, $(\xi_i'')_{i \in I} \in l_\infty^I(E_i'')$, $(\xi_i')_{i \in I} \in l_1^I(E_i')$, läßt sich $l_\infty^I(E_i'')$ mit $(l_1^I(E_i'))'$ identifizieren. Angenommen, die Behauptung des Lemmas ist falsch. Dann existieren eine $\sigma(l_1^I(E_i'), l_\infty^I(E_i))$-Nullfolge $(y_n')_{n \in \mathbb{N}}$, $\varepsilon > 0$ und $(\eta_i)_{i \in I} = y \in l_\infty^I(E_i'')$ mit

(1) $\langle y_n', y \rangle > 2\varepsilon$ für alle $n \in \mathbb{N}$.

Jedes y_n' schreiben wir wieder als Familie $(\eta_{n,i}')_{i \in I}$. Ohne Einschränkung gelte $\sup_n \|y_n'\| \le 1$ und $\|y\| \le 1$. Da die finiten Familien dicht liegen in $l_1^I(E_i')$, können wir ohne Einschränkung annehmen, daß für jedes $n \in \mathbb{N}$ die Menge $M_n := \{i \in I: \eta_{n,i}' \ne 0\}$ endlich ist. Induktiv konstruieren wir eine Teilfolge $(y_{n_k}')_{k \in \mathbb{N}}$ der Folge $(y_n')_{n \in \mathbb{N}}$, so daß für jedes $k \in \mathbb{N}$ gilt:

(2) $\displaystyle\sum_{i \in N_k} |\langle \eta_{n_k,i}', \eta_i \rangle| < \varepsilon$ mit $N_k := M_{n_k} \cap \left(\bigcup_{1 \le l < k} M_{n_l} \right)$
         für $k \le 2$ und $N_1 := I \setminus M_{n_l}$.

Für $n_1 := 1$ ist (2) offensichtlich erfüllt. Seien $n_1, \ldots, n_k$, $k \ge 1$, mit der Eigenschaft (2) bereits konstruiert. Da jedes E_i die Grothendieck-Eigenschaft besitzt, ist die Folge $(\eta_{n,i}')_{n \in \mathbb{N}}$ für jedes $i \in I$ eine $\sigma(E_i', E_i'')$-Nullfolge. Wegen der Endlichkeit von $\bigcup_{1 \le l \le k} M_{n_l}$ existiert eine natürliche Zahl $n_{k+1} > n_k$, so daß

$$\sum_{i \in N_{k+1}} |\langle \eta_{n_{k+1},i}', \eta_i \rangle| < \varepsilon$$

ist.

Ohne Einschränkung können wir daher annehmen, daß für jedes $n \in \mathbb{N}$ gilt:

(3) $\displaystyle\sum_{i \in N_n} |\langle \eta_{n,i}', \eta_i \rangle| < \varepsilon$ mit $N_n := M_n \cap \left(\bigcup_{1 \le l < n} M_l \right)$
         für $n \ge 2$ und $N_1 := I \setminus M_1$.

Daraus folgt mit (1) sofort, daß für jedes $n \in \mathbb{N}$ gilt:

(4)
$$\sum_{i \in L_n} \|\eta'_{n,i}\| \geqq \sum_{i \in L_n} \langle \eta'_{n,i}, \eta_i \rangle > \varepsilon \quad \text{mit} \quad L_n := M_n \setminus N_n.$$

Es existiert nun eine Teilfolge $(y'_{n_k})_{k \in \mathbb{N}}$ von $(y'_n)_{n \in \mathbb{N}}$ und normierte Elemente $\zeta_{k,i} \in E_i$, $i \in K_k := M_{n_k} \setminus (\bigcup_{1 \leq l < k} M_{n_l})$, so daß für jedes $k \in \mathbb{N}$ gilt:

(5)
$$\sum_{i \in K_k} \langle \eta'_{n_k,i}, \zeta_{k,i} \rangle > \varepsilon$$

(6)
$$\sum_{1 \leq l < k} \sum_{i \in M_{n_l}} |\langle \eta'_{n_k,i}, \zeta_{l,i} \rangle| < \varepsilon/2$$

($-$ für $k = 1$ setze man die Summe gleich Null).

Dies ergibt sich wie folgt:

Wähle $n_1 := 1$. Wegen (4) existieren normierte Elemente $\zeta_{1,i} \in E_i$, $i \in M_{n_1}$, mit $\sum_{i \in M_{n_1}} \langle \eta'_{n_1,i}, \zeta_{1,i} \rangle > \varepsilon$. Offensichtlich sind dann (5) und (6) für $n_1 := 1$ erfüllt. Seien $n_1, \ldots, n_k \in \mathbb{N}$ und normierte Vektoren $\zeta_{l,i} \in E_i$, $i \in K_l$, $1 \leq l \leq k$, $k \geqq 1$, mit den Eigenschaften (5) und (6) gegeben. Da für jedes $i \in I$ die Folge $(\eta'_{n,i})_{n \in \mathbb{N}}$ eine $\sigma(E'_i, E''_i)$-Nullfolge ist, existiert $n_{k+1} > n_k$ mit

$$\sum_{1 \leq l < k+1} \sum_{i \in M_{n_l}} |\langle \eta'_{n_{k+1},i}, \zeta_{l,i} \rangle| < \varepsilon/2 .$$

Also gilt (6) für n_{k+1}. Wegen (4) und $L_{n_{k+1}} \subseteq K_{k+1}$ folgt die Existenz normierter Vektoren $\zeta_{k+1,i} \in E_i$, $i \in K_{k+1}$, mit $\sum_{i \in K_{k+1}} \langle \eta'_{n_{k+1},i}, \zeta_{k+1,i} \rangle > \varepsilon$. Also gilt auch (5). Wir definieren nun $(\zeta_i)_{i \in I} = z \in l^I_\infty(E_i)$ wie folgt:

$$\zeta_i := \begin{cases} \zeta_{k,i} & \text{falls} \quad i \in K_k, \quad k \in \mathbb{N}, \\ 0 & \text{sonst.} \end{cases}$$

Für jedes $k \in \mathbb{N}$ gilt dann:

$$\begin{aligned}
|\langle y'_{n_k}, z \rangle| &= \left| \sum_{i \in M_{n_k}} \langle \eta'_{n_k,i}, \zeta_i \rangle \right| \\
&\geqq \left| \sum_{i \in K_k} \langle \eta'_{n_k,i}, \zeta_{k,i} \rangle \right| - \sum_{1 \leq l < k} \sum_{i \in M_{n_l}} |\langle \eta'_{n_k,i}, \zeta_{l,i} \rangle| \\
&> \varepsilon - \varepsilon/2 = \varepsilon/2 .
\end{aligned}$$

Dies steht im Widerspruch zu der Tatsache, daß $(y'_n)_{n \in \mathbb{N}}$ eine $\sigma(l^I_1(E'_i), l^I_\infty(E_i))$-Nullfolge ist. $\square$

Beweis von Theorem 11.1: Setze $E := l^I_\infty(E_i)$ und $F := c^I_0(E_i)$. Die Operatoren S, R und $Q = S \circ R$ seien wie auf S. 57 definiert. Dann ist $P := Id - Q$ eine Projektion von E' auf F^0. Da $S : l^I_1(E'_i) \to (l^I_\infty(E_i))'$ stetig ist für die schwachen Topologien ([54, IV.7.4]), folgt aus 11.4 und 11.5, daß $Q = Id - P$ eine $\sigma(E', E) - \sigma(E', E'')$-folgenstetige Projektion ist. Die Behauptung ergibt sich dann aus Theorem 11.2. $\square$

In Korollar 8.4 haben wir gesehen, daß für jede Folge $(E_n)_{n \in \mathbb{N}}$ von AM-Räumen mit Einheit der Banachverband $l^{\mathbb{N}}_\infty(E_n)/c^{\mathbb{N}}_0(E_n)$ die Grothendieck-Eigenschaft besitzt. Aus Theorem 11.1 ergibt sich dann:

11.6 Korollar. Sei $(E_n)_{n\in\mathbb{N}}$ eine Folge von AM-Räumen mit Einheit, welche die Grothendieck-Eigenschaft besitzen. Dann ist $l_\infty^{\mathbb{N}}(E_n)$ ein Grothendieck-Raum.

Allgemeiner würde nach Satz 8.3 und Bemerkung 4 von § 8 sogar gelten:

Ist $(E_n)_{n\in\mathbb{N}}$ eine Folge von Banachverbänden, so daß $l_\infty^{\mathbb{N}}(E_n)/c_0^{\mathbb{N}}(E_n)$ eine Ordnungseinheit besitzt, dann ist $l_\infty^{\mathbb{N}}(E_n)/c_0^{\mathbb{N}}(E_n)$ ein Grothendieck-Raum. Besitzt darüber hinaus jedes E_n die Grothendieck-Eigenschaft, so ist auch $l_\infty^{\mathbb{N}}(E_n)$ ein Grothendieck-Raum.

Daß diese scheinbare Verallgemeinerung im wesentlichen doch nicht mehr liefert als die Korollare 8.4 und 11.6, zeigt der nachfolgende Satz.

11.7 Satz. Sei $(E_i)_{i\in I}$ eine unendliche Familie von Banachverbänden und es besitze $(l_\infty^I(E_i)/c_0^I(E_i))_+$ einen quasi-inneren Punkt $\hat{z}$. Dann ist $\hat{z}$ eine Ordnungseinheit. Genauer existieren eine Menge $J\subseteq I$ mit endlichem Komplement in I, kompakte Räume $(K_j)_{j\in J}$ und surjektive Verbandsisomorphismen $T_j\colon E_j\to C(K_j)$, $j\in J$, mit $\sup_{j\in J}\|T_j\|\cdot\|T_j^{-1}\|<\infty$. Insbesondere ist dann $l_\infty^I(E_i)$ verbandsisomorph zu $l_\infty^{I\setminus J}(E_i)\times l_\infty^J(C(K_j))$.

Der Beweis dieses Satzes ist in Appendix E zu finden. Aus den Sätzen 9.8 und 11.7 erhalten wir sofort das nachstehende Korollar.

11.8 Korollar. Sei $(p_n)_{n\in\mathbb{N}}$ eine Folge in $[1,\infty)$. Die folgenden Aussagen sind äquivalent:
 (i) $l_\infty^{\mathbb{N}}(l_{p_n}^n)$ besitzt eine Ordnungseinheit.
 (ii) $l_\infty^{\mathbb{N}}(l_{p_n}^n)$ ist verbandsisomorph zu einem AM-Raum.
 (iii) $\overline{\lim}_n n^{1/p_n}<\infty$.
 (iv) $(l_\infty^{\mathbb{N}}(l_{p_n}^n)/c_0^{\mathbb{N}}(l_{p_n}^n))_+$ besitzt einen quasi-inneren Punkt.
 (v) $l_\infty^{\mathbb{N}}(l_{p_n}^n)_+$ besitzt einen quasi-inneren Punkt.

Ebenfalls aus Satz 11.7 erhalten wir eine Charakterisierung von Banachverbänden, welche eine Ordnungseinheit besitzen.

11.9 Korollar. Für einen Banachverband E sind die folgenden Aussagen äquivalent:
 (i) E besitzt eine Ordnungseinheit.
 (ii) Es existiert eine unendliche Menge I, so daß $l_\infty^I(E)_+$ einen quasi-inneren Punkt besitzt.
 (iii) Es existiert eine unendliche Menge I, so daß $(l_\infty^I(E)/c_0^I(E))_+$ einen quasi-inneren Punkt besitzt.

Die Implikation von (i) nach (ii) ist für beliebige Familien von Banachverbänden im allgemeinen nicht richtig. Genauer:
Ist $(E_i)_{i\in I}$ eine unendliche Familie von Banachverbänden und besitzt jedes E_i eine Ordnungseinheit, so braucht weder $l_\infty^I(E_i)_+$ noch $(l_\infty^I(E_i)/c_0^I(E_i))_+$ einen quasi-

inneren Punkt zu besitzen. Dies ist zum Beispiel der Fall für $I = \mathbb{N}$ und $E_n = l_{p_n}^n$, wo $(p_n)_{n \in \mathbb{N}}$ eine Folge in $[1, \infty)$ ist mit $\overline{\lim}_n n^{1/p_n} = \infty$ (siehe Kor. 11.8).

Wir wollen uns nun der Quotientenbildung bei Räumen vom Typ $l_\infty^I(E_i)$ bzw. $l_\infty^I(E_i)/c_0^I(E_i)$ zuwenden. Und zwar interessieren wir uns hier nur für Quotienten, die wieder eine l_∞-direkte Summe bzw. ein $\mathscr{F}$-Produkt einer Familie von Banachräumen sind.

Fortan sei $(E_i)_{i \in I}$ eine unendliche Familie von Banachräumen. Ist $\mathscr{F}$ ein Filter auf I, der feiner ist als der Fréchet-Filter $\mathscr{F}_0$, so ist $l_\infty^I(E_i)/c_0^{\mathscr{F}}(E_i)$ das Bild von $l_\infty^I(E_i)/c_0^I(E_i)$ unter einer stetigen, linearen Abbildung, und falls jedes E_i ein Banachverband ist, kann diese Abbildung sogar als Verbandshomomorphismus gewählt werden. Die Abbildung, welche dies leistet, ist gegeben durch

$$Q: l_\infty^I(E_i)/c_0^I(E_i) \to l_\infty^I(E_i)/c_0^{\mathscr{F}}(E_i): x + c_0^I(E_i) \to x + c_0^{\mathscr{F}}(E_i), \; x \in l_\infty^I(E_i).$$

Daraus ergibt sich mit 1.6 sofort:

11.10 Satz. Sei $(E_i)_{i \in I}$ eine unendliche Familie von Banachräumen. Besitzt $l_\infty^I(E_i)/c_0^I(E_i)$ die Grothendieck-Eigenschaft, so ist auch $l_\infty^I(E_i)/c_0^{\mathscr{F}}(E_i)$ ein Grothendieck-Raum für jeden Filter $\mathscr{F}$ auf I, der feiner ist als der Fréchet-Filter $\mathscr{F}_0$.

Beispiel. 2. Ist $(E_n)_{n \in \mathbb{N}}$ eine Folge von AM-Räumen mit Einheit, so ist $l_\infty^{\mathbb{N}}(E_n)/c_0^{\mathscr{F}}(E_n)$ ein Grothendieck-Raum für jeden Filter $\mathscr{F}$ auf $\mathbb{N}$, der feiner ist als der Fréchet-Filter $\mathscr{F}_0$ (siehe Kor. 8.4).

Eine andere Form der Quotientenbildung ist wie folgt gegeben: $(E_i)_{i \in I}$ und $(F_i)_{i \in I}$ seien unendliche Familien von Banachräumen. Für jedes $i \in I$ existiere eine lineare Surjektion $T_i: E_i \to F_i$. Es bezeichne U_i bzw. V_i die abgeschlossene Einheitskugel von E_i bzw. F_i. Wir setzen

$$\alpha_i := \sup\{\lambda > 0: \lambda V_i \subseteq T_i U_i\}, \; i \in I.$$

Ist nun $\sup_i \|T_i\| < \infty$ und $\inf_i \alpha_i > 0$, so ist $T: l_\infty^I(E_i) \to l_\infty^I(F_i): (\xi_i)_{i \in I} \to (T_i \xi_i)_{i \in I}$ eine lineare Surjektion. Ist $\mathscr{F}$ ein Filter auf I, der feiner ist als der Fréchet-Filter $\mathscr{F}_0$, so ist wegen $T(c_0^{\mathscr{F}}(E_i)) \subseteq c_0^{\mathscr{F}}(F_i)$ durch $x + c_0^{\mathscr{F}}(E_i) \to Tx + c_0^{\mathscr{F}}(F_i), \; x \in l_\infty^I(E_i)$, eine lineare Surjektion $T_{\mathscr{F}}$ von $l_\infty^I(E_i)/c_0^{\mathscr{F}}(E_i)$ auf $l_\infty^I(F_i)/c_0^{\mathscr{F}}(F_i)$ gegeben. Mit den Bezeichnungen von oben ergibt sich dann sofort der nachstehende Satz.

11.11 Satz. Seien $(E_i)_{i \in I}$ und $(F_i)_{i \in I}$ unendliche Familien von Banachräumen. Zu jedem $i \in I$ existiere eine lineare Surjektion $T_i: E_i \to F_i$. Es gelte $\inf_i \alpha_i > 0$ und $\sup_i \|T_i\| < \infty$. Besitzt $l_\infty^I(E_i)/c_0^{\mathscr{F}}(E_i)$ bzw. $l_\infty^I(E_i)$ die Grothendieck-Eigenschaft, so ist auch $l_\infty^I(F_i)/c_0^{\mathscr{F}}(F_i)$ bzw. $l_\infty^I(F_i)$ ein Grothendieck-Raum für jeden Filter $\mathscr{F}$ auf I, der feiner ist als der Fréchet-Filter $\mathscr{F}_0$.

Dieser Satz, zusammen mit Korollar 8.4 und Theorem 11.1, führt nun zu weiteren Beispielen von Grothendieck-Räumen vom Typ $l_\infty^{\mathbb{N}}(E_n)/c_0^{\mathscr{F}}(E_n)$ bzw. $l_\infty^{\mathbb{N}}(E_n)$.

Beispiele. 3. Ist E isomorph zu einem Quotienten eines AM-Raumes mit Einheit, so besitzt der Raum $l_\infty^{\mathbb{N}}(E)/c_0^{\mathscr{F}}(E)$ die Grothendieck-Eigenschaft für jeden Filter $\mathscr{F}$ auf $\mathbb{N}$, der feiner ist als der Fréchet-Filter $\mathscr{F}_0$. Die nachstehend angeführten Beispiele von Banachräumen sind sämtlich isomorph zu Quotienten von Räumen $C(K)$, K kompakt:

(a) Alle separablen Lindenstrauss-Räume, d. h. alle separablen Banachräume, deren Dual isometrisch isomorph ist zu einem AL-Raum ([29]); insbesondere also alle separablen AM-Räume.

(b) Die Räume $L_p[0, 1]$ und l_p für $2 \leqq p \leqq \infty$ ([38, 2.f.5], [37, 2.b.3], [3, S. 146, Prop. 4]).

(c) Alle injektiven Banachräume ([37, 2.f.2]).

Insbesondere ergibt sich, daß der Raum $l_\infty^{\mathbb{N}}(c_0)/c_0^{\mathscr{F}}(c_0)$ die Grothendieck-Eigenschaft besitzt.

4. Die in [29] konstruierte Abbildung T_E von $C(\Delta)$ (Δ die Cantor-Menge) auf einen separablen Lindenstrauss-Raum E bildet die Einheitskugel eines dichten Teilraums von $C(\Delta)$ auf die Einheitskugel eines dichten Teilraums von E ab. Nach Satz 11.11 und Korollar 8.4 besitzt daher für jede Folge $(E_n)_{n \in \mathbb{N}}$ separabler Lindenstrauss-Räume der Raum $l_\infty^{\mathbb{N}}(E_n)/c_0^{\mathscr{F}}(E_n)$ die Grothendieck-Eigenschaft.

5. Mit Theorem 11.1 folgt aus Beispiel 3, daß $l_\infty^{\mathbb{N}}(E)$ die Grothendieck-Eigenschaft besitzt, falls E ein injektiver Banachraum oder einer der Räume $L_p[0, 1]$ bzw. l_p, $2 \leqq p \leqq \infty$, ist.

Wir hatten gesehen (Beispiel 2), daß für jede Folge $(E_n)_{n \in \mathbb{N}}$ von AM-Räumen mit Einheit und für jeden Filter $\mathscr{F}$ auf $\mathbb{N}$, der feiner ist als der Fréchet-Filter $\mathscr{F}_0$, der Raum $l_\infty^{\mathbb{N}}(E_n)/c_0^{\mathscr{F}}(E_n)$ die Grothendieck-Eigenschaft besitzt. Es erhebt sich nun die Frage, ob derselbe Schluß für beliebige unendliche Indexmengen I richtig bleibt. Setzen wir die Existenz meßbarer Kardinalzahlen voraus, so können wir zeigen, daß sich obiges Resultat nicht auf beliebige Indexmengen verallgemeinern läßt. Dabei nennt man eine Kardinalzahl m *meßbar*, falls gilt:

Ist I eine Menge mit Kardinalität m, so existiert auf der Potenzmenge von I ein von Null verschiedenes, $\{0, 1\}$-wertiges, abzählbar additives Maß μ mit $\mu(\{i\}) = 0$ für alle $i \in I$.

Dies ist äquivalent dazu, daß auf I ein freier Ultrafilter $\mathscr{U}$ existiert mit der abzählbaren Durchschnittseigenschaft, d. h. für jede Folge $(U_n)_{n \in \mathbb{N}}$ in $\mathscr{U}$ gilt $\bigcap_n U_n \in \mathscr{U}$ ([25, 12.2]).

Daß es nicht unnatürlich ist, die Existenz meßbarer Kardinalzahlen vorauszusetzen, wird von J. R. SHOENFIELD in einem Übersichtsartikel über meßbare Kardinalzahlen diskutiert ([60]).

Wir kommen nun zu unserem Gegenbeispiel.

11.12 Satz. Ist I eine Menge mit meßbarer Kardinalität, so besitzt für jeden freien Ultrafilter $\mathscr{U}$ auf I mit der abzählbaren Durchschnittseigenschaft der Raum

$l^I_\infty(c_0)/c_0^{\mathcal{U}}(c_0)$ einen zu c_0 isomorphen Quotienten. Damit folgt, daß für jeden Banachraum E mit einem zu c_0 isomorphen Quotienten der Raum $l^I_\infty(E)/c^I_0(E)$ nicht die Grothendieck-Eigenschaft besitzt.

Beweis. Sei $\mathcal{U}$ ein freier Ultrafilter auf I, welcher die abzählbare Durchschnittseigenschaft besitzt. Weiter sei $(\xi_i)_{i \in I} = x \in l^I_\infty(c_0)$. Jedes ξ_i schreiben wir als Folge $(\xi_{i,n})_{n \in \mathbb{N}}$. Für $n \in \mathbb{N}$ definieren wir $\eta_{x,n} := \lim_{\mathcal{U}} \xi_{i,n}$. Die Folge $(\eta_{x,n})_{n \in \mathbb{N}}$ konvergiert gegen Null:
Angenommen, dies ist nicht der Fall. Dann existieren $\varepsilon > 0$ und eine unendliche Menge $M \subseteq \mathbb{N}$ mit $|\eta_{x,n}| > \varepsilon$ für alle $n \in M$. Zu jedem $n \in M$ existiert nun ein $U_n \in \mathcal{U}$ mit $|\xi_{i,n}| > \varepsilon$ für alle $i \in U_n$. Nach Voraussetzung ist $U := \bigcap_{n \in M} U_n \in \mathcal{U}$. Ist $i \in U$, so gilt $|\xi_{i,n}| > \varepsilon$ für alle $n \in M$, also kann ξ_i kein Element von c_0 sein. Dies ist ein Widerspruch.
Ist $(\xi_i)_{i \in I} = x$ aus $c_0^{\mathcal{U}}(c_0)$, so gilt

$$0 \leq |\eta_{x,n}| = \lim_{\mathcal{U}} |\xi_{i,n}| \leq \lim_{\mathcal{U}} \|\xi_i\| = 0 \,.$$

Also ist $\eta_{x,n} = 0$ für alle $n \in \mathbb{N}$.
Wir definieren nun einen Operator $T: l^I_\infty(c_0)/c_0^{\mathcal{U}}(c_0) \to c_0$ durch $T(x + c_0^{\mathcal{U}}(c_0)) := (\eta_{x,n})_{n \in \mathbb{N}}$. T ist wohldefiniert, linear und es ist $\|T\| = 1$. Ist $\eta \in c_0$ und setzen wir $x = (\xi_i)_{i \in I}$ mit $\xi_i := \eta$ für alle $i \in I$, so gilt $T(x + c_0^{\mathcal{U}}(c_0)) = \eta$. Dies zeigt, daß T surjektiv ist. c_0 ist somit isomorph zu einem Quotienten von $l^I_\infty(c_0)/c_0^{\mathcal{U}}(c_0)$. Ist c_0 Quotient eines Banachraumes E, so folgt mit den Sätzen 11.10 und 11.11, daß auch $l^I_\infty(E)/c^I_0(E)$ einen zu c_0 isomorphen Quotienten besitzt. $l^I_\infty(E)/c^I_0(E)$ kann daher kein Grothendieck-Raum sein (1.8). $\square$

Wir kommen nun zu einer letzten Bedingung, welche die Grothendieck-Eigenschaft für Räume vom Typ $l^{\mathbb{N}}_\infty(E_n)$ bzw. $l^{\mathbb{N}}_\infty(E_n)/c_0^{\mathcal{F}}(E_n)$ garantiert. Den Hintergrund hierfür bildet Beispiel 4 von § 10.

11.13 Satz. Es seien $(E_n)_{n \in \mathbb{N}}$ eine Folge von Banachverbänden und $c > 0$ eine reelle Zahl. Für jede normierte, orthogonale Folge $(x_n)_{n \in \mathbb{N}}$ in $(E_m)_+$, $m \in \mathbb{N}$, existiere ein Element $z_m \in E_m$ mit $\|z_m\| \leq c$, so daß z_m eine Teilfolge von $(x_n)_{n \in \mathbb{N}}$ majorisiert. Ist dann $\mathcal{F}$ ein Filter auf $\mathbb{N}$, der feiner ist als der Fréchet-Filter, so besitzt $l^{\mathbb{N}}_\infty(E_n)/c_0^{\mathcal{F}}(E_n)$ die Grothendieck-Eigenschaft. Ist darüber hinaus jedes E_n ein Grothendieck-Raum, so besitzt auch $l^{\mathbb{N}}_\infty(E_n)$ die Grothendieck-Eigenschaft.

Beweis. Der erste Teil des Satzes wurde bereits in § 10, Beispiel 4, bewiesen. Der zweite Teil des Satzes folgt aus dem ersten unter Verwendung von Theorem 11.1. $\square$

Ist $(E_n)_{n \in \mathbb{N}}$ eine Folge von σ-ordnungsvollständigen AM-Räumen mit Einheit und bezeichnet F_n ein σ-Ideal in E_n, so sind die Voraussetzungen von Satz 11.13 mit $c = 1$ erfüllt. Da F_n für jedes $n \in \mathbb{N}$ ein Grothendieck-Raum ist (siehe § 10, Bsp. 3), gilt:

11.14 Korollar. Sei $(E_n)_{n\in\mathbb{N}}$ eine Folge von σ-ordnungsvollständigen *AM*-Räumen mit Einheit. F_n sei ein σ-Ideal in E_n, $n\in\mathbb{N}$. Dann besitzt $l_\infty^\mathbb{N}(F_n)$ die Grothendieck-Eigenschaft.

Appendix A. Der Folgenraum c_0

Sei E ein Banachraum. Eine Folge $(x_n)_{n\in\mathbb{N}}$ in E heißt *äquivalent zur kanonischen c_0-Basis*, falls gilt:

Es existieren Konstanten $s_1, s_2 > 0$, so daß bei jeder Wahl endlich vieler reeller Zahlen $(\alpha_k)_{1\le k\le n}$, $n\in\mathbb{N}$, die Beziehung

$$s_1 \sup_{1\le k\le n} |\alpha_k| \le \left\| \sum_{1\le k\le n} \alpha_k x_k \right\| \le s_2 \sup_{1\le k\le n} |\alpha_k|$$

gilt.

Die abgeschlossene lineare Hülle $\overline{\mathrm{lin}}\,\{x_n\colon n\in\mathbb{N}\} \subseteq E$ von $\{x_n\colon n\in\mathbb{N}\}$ ist dann ein zu c_0 isomorpher Teilraum von E. Ist E zusätzlich ein Banachverband und die Folge $(x_n)_{n\in\mathbb{N}}$ positiv und orthogonal, so ist $\overline{\mathrm{lin}}\,\{x_n\colon n\in\mathbb{N}\}$ ein zu c_0 verbandsisomorpher, abgeschlossener Untervektorverband von E. Eine Folge $(x_n)_{n\in\mathbb{N}}$ in E heißt *schwach absolut summierbar*, wenn $\sum_n |\langle x', x_n\rangle| < \infty$ ist für jedes $x'\in E'$. Ein Resultat von C. BESSAGA und A. PEŁCZYŃSKI ([4, Thm. 5]) besagt nun:

A.1 Theorem. Sei E ein Banachraum (Banachverband). E enthält genau dann einen zu c_0 isomorphen Teilraum (verbandsisomorphen, abgeschlossenen Untervektorverband), wenn eine schwach absolut summierbare (positive, orthogonale, schwach absolut summierbare) Folge $(x_n)_{n\in\mathbb{N}}$ in E existiert mit $\inf_n \|x_n\| > 0$. In dieser Situation ist dann eine Teilfolge $(x_{n_k})_{k\in\mathbb{N}}$ von $(x_n)_{n\in\mathbb{N}}$ äquivalent zur kanonischen c_0-Basis.

Als Folgerung aus Theorem A.1 erhalten wir das nachstehende Korollar.

A.2 Korollar. Sei E ein Banachraum (Banachverband). Weiter seien F ein Banachraum und $T\in L(E, F)$. Genau dann gibt es in E einen zu c_0 isomorphen Teilraum (verbandsisomorphen, abgeschlossenen Untervektorverband) G derart, daß $T_{|G}$ ein Isomorphismus ist, wenn eine schwach absolut summierbare (positive, orthogonale, schwach absolut summierbare) Folge $(x_n)_{n\in\mathbb{N}}$ in E existiert mit $\inf_n \| T x_n \| > 0$. In dieser Situation gibt es eine Teilfolge $(x_{n_k})_{k\in\mathbb{N}}$ von $(x_n)_{n\in\mathbb{N}}$, so daß $(x_{n_k})_{k\in\mathbb{N}}$ und $(T x_{n_k})_{k\in\mathbb{N}}$ äquivalent sind zur kanonischen c_0-Basis. Der Teilraum $G := \overline{\mathrm{lin}}\,\{x_{n_k}\colon k\in\mathbb{N}\}$ leistet dann das Gewünschte.

Das nachstehende Resultat ist eine Folgerung aus A.1 und dem Lemma von PHILLIPS (1.2).

A.3 Korollar. Es seien E ein Banachraum und $T\in L(E', c_0)$ surjektiv. Dann existiert keine schwach absolut summierbare Folge $(x_n')_{n\in\mathbb{N}}$ in E' mit $T x_n' = e_n$ für jedes $n\in\mathbb{N}$ (dabei bezeichnet e_n den n-ten kanonischen Einheitsvektor in c_0). Insbesondere kann E' keinen komplementierten, zu c_0 isomorphen Teilraum enthalten.

Beweis. Angenommen, es existiert eine schwach absolut summierbare Folge $(x'_n)_{n \in \mathbb{N}}$ in E' mit $Tx'_n = e_n$ für jedes $n \in \mathbb{N}$. Es bezeichne f_n den n-ten kanonischen Einheitsvektor in $l_1 = (c_0)'$. Dann gilt $\langle x'_m, T'f_n \rangle = \langle Tx'_m, f_n \rangle = \delta_{nm}$ für $n, m \in \mathbb{N}$. Weiter ist $\lim_n \langle x', T'f_n \rangle = 0$ für jedes $x' \in E'$. Wir definieren nun $\lambda_n \in ba(\mathbb{N})$ (siehe 1.2) durch $\lambda_n(M) := \langle x'_M, T'f_n \rangle$, $M \subseteq \mathbb{N}$, wo x'_M der $\sigma(E', E)$-Limes der Reihe $\sum_{m \in M} x'_m$ ist. Es gilt $\lim_n \lambda_n(M) = 0$ für jedes $M \subseteq \mathbb{N}$. Mit dem Lemma von PHILLIPS (1.2) folgt dann

$$0 = \lim_n \sum_m |\lambda_n(\{m\})| = \lim_n \sum_m |\langle x'_m, T'f_n \rangle| = 1.$$

Dies ist offensichtlich ein Widerspruch. $\square$

Appendix B. Der Folgenraum l_1

Sei E ein Banachraum. Eine Folge $(x_n)_{n \in \mathbb{N}}$ in E heißt *äquivalent zur kanonischen l_1-Basis*, falls gilt:
Es existieren Konstanten $s_1, s_2 > 0$, so daß bei jeder Wahl endlich vieler reeller Zahlen $(\alpha_k)_{1 \leq k \leq n}$, $n \in \mathbb{N}$, die Beziehung

$$s_1 \sum_{1 \leq k \leq n} |\alpha_k| \leq \left\| \sum_{1 \leq k \leq n} \alpha_k x_k \right\| \leq s_2 \sum_{1 \leq k \leq n} |\alpha_k|$$

gilt.

Dann ist $\overline{\mathrm{lin}}\{x_n : n \in \mathbb{N}\} \subseteq E$ ein zu l_1 isomorpher Teilraum von E. Ist E zusätzlich ein Banachverband und die Folge $(x_n)_{n \in \mathbb{N}}$ positiv und orthogonal, so ist $\overline{\mathrm{lin}}\{x_n : n \in \mathbb{N}\}$ ein zu l_1 verbandsisomorpher, abgeschlossener Untervektorverband von E. Ein fundamentales Resultat von H. P. ROSENTHAL ([51]) charakterisiert diejenigen beschränkten Folgen in einem Banachraum, welche eine Teilfolge äquivalent zur kanonischen l_1-Basis enthalten:

B.1 Theorem. Es seien E ein Banachraum und $(x_n)_{n \in \mathbb{N}}$ eine beschränkte Folge in E. Dann besitzt $(x_n)_{n \in \mathbb{N}}$ eine Teilfolge $(x_{n_k})_{k \in \mathbb{N}}$, für die genau eine der beiden folgenden Aussagen zutrifft:
(i) $(x_{n_k})_{k \in \mathbb{N}}$ ist äquivalent zur kanonischen l_1-Basis.
(ii) $(x_{n_k})_{k \in \mathbb{N}}$ ist eine $\sigma(E, E')$-Cauchyfolge.

Als Folgerung aus Theorem B.1 ergibt sich:

B.2 Korollar. Sei E ein Banachraum. Weiter seien F ein schwach folgenvollständiger Banachraum und $T \in L(E, F)$ ein nicht schwach kompakter Operator. Dann existiert in E ein zu l_1 isomorpher Teilraum G derart, daß $T_{|G}$ ein Isomorphismus ist.

Beweis. Da F ein schwach folgenvollständiger Banachraum und T ein nicht schwach kompakter Operator ist, folgt mit Hilfe des Satzes von EBERLEIN die Existenz einer beschränkten Folge $(x_n)_{n\in\mathbb{N}}$ in E, so daß keine Teilfolge von $(Tx_n)_{n\in\mathbb{N}}$ eine $\sigma(F,F')$-Cauchyfolge ist. Dann kann keine Teilfolge von $(x_n)_{n\in\mathbb{N}}$ eine $\sigma(E,E')$-Cauchyfolge sein. Nach Theorem B.1 existiert eine Teilfolge $(x_{n_k})_{k\in\mathbb{N}}$ von $(x_n)_{n\in\mathbb{N}}$ derart, daß $(x_{n_k})_{k\in\mathbb{N}}$ und $(Tx_{n_k})_{k\in\mathbb{N}}$ äquivalent sind zur kanonischen l_1-Basis. Der Teilraum $G := \overline{\mathrm{lin}}\,\{x_{n_k}: k\in\mathbb{N}\}$ leistet dann das Gewünschte. $\square$

Appendix C. Die reziproke Dunford-Pettis-Eigenschaft

Sei E ein Banachraum. Wir sagen, E besitzt die *reziproke Dunford-Pettis-Eigenschaft* (kurz die reziproke DPE), falls jeder Operator T von E in einen Banachraum F, der schwache Nullfolgen in Normnullfolgen abbildet, schwach kompakt ist.

Mehr über Banachräume mit der reziproken DPE, insbesondere über die Beziehung zwischen der reziproken DPE und der in §3 eingeführten Eigenschaft (V), findet man in [36]. In Banachverbänden läßt sich die reziproke DPE in sehr einfacher und vielfältiger Weise charakterisieren (vgl. [32, Satz]):

C.1 Satz. Sei E ein Banachverband. Dann sind die folgenden Aussagen äquivalent:
 (i) E besitzt die reziproke DPE.
 (ii) E' enthält keinen Teilraum isomorph zu c_0.
 (iii) E enthält keinen komplementierten, zu l_1 isomorphen Teilraum.
 (iv) E enthält keinen abgeschlossenen Untervektorverband, verbandsisomorph zu l_1.
 (v) Jede normbeschränkte, orthogonale Folge in E ist eine schwache Nullfolge.
 (vi) Jeder Operator T von E in einen Banachraum F, der orthogonale, schwache Nullfolgen aus E in Normnullfolgen abbildet, ist schwach kompakt.

Beweisskizze. (i) $\Rightarrow$ (ii): Sei $(x'_n)_{n\in\mathbb{N}}$ eine schwach absolut summierbare Folge in E'. Definiere $T\in L(E, l_1)$ durch $x\to(\langle x'_n, x\rangle)_{n\in\mathbb{N}}$, $x\in E$. Da l_1 die Schur-Eigenschaft besitzt ([3, S. 116, Prop. 3]), bildet T schwache Nullfolgen in Normnullfolgen ab. Also ist T schwach kompakt und wegen der Schur-Eigenschaft von l_1 sogar kompakt. Ist $(e_n)_{n\in\mathbb{N}}$ die Folge der kanonischen Einheitsvektoren (in l_∞), so folgt wegen $T'e_n = x'_n$ und der Kompaktheit von T', daß $(x'_n)_{n\in\mathbb{N}}$ eine Nullfolge ist. Mit Theorem A.1 ergibt sich dann Aussage (ii).

Die Äquivalenz von (ii) und (iii) wurde von C. BESSAGA und A. PEŁCZYŃSKI nachgewiesen ([4, Thm. 4]). Da jeder abgeschlossene, zu l_1 verbandsisomorphe Untervektorverband in E komplementierbar ist ([40, Kor. 15]), erhalten wir (iii) $\Rightarrow$ (iv). Die Implikation (iv) $\Rightarrow$ (v) wurde von B. KÜHN ([32, Hilfssatz 2]) nachgewiesen.

(v) $\Rightarrow$ (vi): Ist $T \in L(E, F)$ wie in (vi), so bildet T' die Einheitskugel von F' ab in eine L-schwach kompakte Menge und damit in eine relativ $\sigma(E', E'')$-kompakte Menge (siehe Satz 9.1). Also ist T schwach kompakt.

Die Implikation (vi) $\Rightarrow$ (i) ist trivial. $\square$

Sei E ein Banachverband. Dann folgt aus Aussage (ii) von Satz C.1, daß E' ein KB-Raum ([56, II.5.15]) oder, äquivalent dazu, daß E' schwach folgenvollständig ist ([56, II.10.6]). Dies wiederum impliziert, daß c_0 kein Teilraum von E' sein kann. Andererseits ist E' genau dann ein KB-Raum, wenn E' ordnungsstetige Norm besitzt (dies folgt aus [56, II.5.11] und der Tatsache, daß jede normbeschränkte, monoton wachsende Folge in E' ein Supremum besitzt). Aus diesen Beobachtungen und [56, II.5.10] ergibt sich dann:

C.2 Satz. Für einen Banachverband E sind die folgenden Aussagen äquivalent:
 (i) E besitzt die reziproke DPE.
 (ii) E' ist schwach folgenvollständig.
 (iii) E' besitzt ordnungsstetige Norm.
 (iv) $E'' = E'^n$.

Aus Satz C.2 folgt sofort, daß jeder AM-Raum die reziproke DPE besitzt. Denn für jeden AM-Raum E ist E' ein AL-Raum ([56, II.9.1]), und jeder AL-Raum besitzt ordnungsstetige Norm ([56, II.8.3]).

Appendix D. Der Beweis von Satz 9.8

Zunächst möchten wir noch einmal die Aussage von Satz 9.8 wiederholen.

D.1 Satz. Sei $(p_n)_{n \in \mathbb{N}}$ eine Folge im Intervall $[1, \infty)$. Gilt $\overline{\lim}_n n^{1/p_n} = \infty$, so ist $l_\infty^{\mathbb{N}}(l_{p_n}^n)$ nicht isomorph zu einem komplementierten Teilraum eines AM-Raumes. Gilt $\overline{\lim}_n n^{1/p_n} < \infty$, so ist $l_\infty^{\mathbb{N}}(l_{p_n}^n)$ verbandsisomorph zu l_∞. Ist $p_n > 2$ für alle bis auf endlich viele $n \in \mathbb{N}$, so ist $l_\infty^{\mathbb{N}}(l_{p_n}^n)$ isomorph zu einem Quotienten von l_∞.

Für den ersten Teil des Beweises benötigen wir den Begriff der sogenannten Projektionskonstante. Ist X ein Banachraum, so existiert eine Menge I und eine Isometrie j von X in l_∞^I. Als *Projektionskonstante* von X bezeichnet man die Zahl

$$\gamma(X) := \inf \{ \|P\| : P \text{ ist Projektion von } l_\infty^I \text{ auf } jX \}.$$

Die Zahl $\gamma(X)$ ist unabhängig von der Wahl der Menge I und der Isometrie j ([61, S. 223]). Nach einem Resultat von D. RUTOVITZ ([52, Thm. 3]) gilt:

(1)   Für $p \geq 2$ ist $\gamma(l_p^n) \geq (2/\pi)^{1/2} n^{1/p}$ für jedes $n \in \mathbb{N}$.

Diese Beziehung werden wir nun für den Beweis des ersten Teils von Satz D.1 ausnützen.

Beweis von Satz D.1. Es sei $\overline{\lim}_n n^{1/p_n} = \infty$. Angenommen, $E := l_\infty^n(l_{p_n}^n)$ ist isomorph zu einem komplementierbaren Teilraum G_1 eines *AM*-Raumes G. Da E ein dualer Banachraum ist, muß G_1 (aufgefaßt als Teilraum von G_1'' vermöge der kanonischen Einbettung) komplementierbar sein in G_1''. Weiter ist G_1'' isomorph zu einem komplementierbaren Teilraum von G''. Es existiert eine Menge I, so daß G'' isometrisch isomorph ist zu einem Teilraum von l_∞^I. Nach [56, II.7.10, Cor. 1] ist G'' als ordnungsvollständiger *AM*-Raum mit Einheit komplementierbar in l_∞^I. Zusammenfassend ergibt sich nun: E ist isomorph zu einem komplementierbaren Teilraum F von l_∞^I. Es bezeichne T einen Isomorphismus von E auf F und R eine Projektion von l_∞^I auf F.

Wir definieren $P_m: E \to E: (\xi_n)_{n \in \mathbb{N}} \to P_m((\xi_n)_{n \in \mathbb{N}}) = (\eta_n)_{n \in \mathbb{N}}$ durch $\eta_n := \xi_n$ für $n = m$ und $\eta_n := 0$ für $n \neq m$, $n, m \in \mathbb{N}$. Es sei $F_m := T(P_m E)$, $m \in \mathbb{N}$. Dann ist für jedes $m \in \mathbb{N}$ die Abbildung $T \circ P_m \circ T^{-1} \circ R$ eine Projektion von l_∞^I auf F_m. Wegen $\|P_m\| = 1$ existiert eine Konstante $c > 0$ mit $\gamma(F_m) \leq c$ für alle $m \in \mathbb{N}$. Andererseits können wir mit Hilfe von T zu jedem $m \in \mathbb{N}$ Isomorphismen T_m von F_m auf $l_{p_m}^m$ finden mit $\|T_m\| \|T_m^{-1}\| \leq \|T\| \|T^{-1}\| =: a$. Nach einem Resultat von D. RUTOVITZ ([52, Lemma 1]) gilt dann $\gamma(l_{p_m}^m) \leq a \cdot \gamma(F_m)$ für jedes $m \in \mathbb{N}$. Daraus folgt schließlich $\gamma(l_{p_m}^m) \leq a \cdot c$ für alle $m \in \mathbb{N}$. Dies steht im Widerspruch zu Beziehung (1) auf Seite 67.

Es gelte nun $\overline{\lim}_n n^{1/p_n} < \infty$. Für $z \in \mathbb{R}^n$ gilt stets die Beziehung $(n^{1/p_n})^{-1} \|z\|_{p_n} \leq \|z\|_\infty \leq \|z\|_{p_n}$. Damit folgt, daß die Räume $E = l_\infty^{\mathbb{N}}(l_{p_n}^n)$ und $l_\infty^{\mathbb{N}}(l_\infty^n)$ algebraisch identisch sind. Bezeichnet i die identische Abbildung von E nach $l_\infty^{\mathbb{N}}(l_\infty^n)$, so ist i ein Verbandsisomorphismus zwischen den Banachverbänden E und $l_\infty^{\mathbb{N}}(l_\infty^n)$. Weiter ist $l_\infty^{\mathbb{N}}(l_\infty^n)$ in kanonischer Weise verbandsisomorph zu l_∞. Damit folgt, daß E und l_∞ isomorph sind als Vektorverbände und wegen [56, II.5.3] sogar isomorph als Banachverbände.

Wir kommen nun zum Beweis der letzten Behauptung. Ohne Einschränkung können wir annehmen, daß $p_n > 2$ ist für jedes $n \in \mathbb{N}$. Sei $q_n \in \mathbb{R}_+$ mit $(1/p_n) + (1/q_n) = 1$. Es ist dann $1 < q_n < 2$ für jedes $n \in \mathbb{N}$. Nach [38, 2.f.5] existiert für jedes $n \in \mathbb{N}$ eine Isometrie T_n von $L_{q_n}[0,1]$ in $L_1[0,1]$. Weiter existieren Isometrien S_n von $l_{q_n}^n$ in $L_{q_n}[0,1]$. Somit existieren Isometrien R_n von $l_{q_n}^n$ in $L_1[0,1]$. Die Abbildung $R: l_1^{\mathbb{N}}(l_{q_n}^n) \to l_1^{\mathbb{N}}(L_1[0,1]): (\xi_n)_{n \in \mathbb{N}} \to (R_n \xi_n)_{n \in \mathbb{N}}$ ist dann eine Isometrie. Folglich ist R' eine Surjektion von $l_\infty^{\mathbb{N}}(L_\infty[0,1])$ auf $E = (l_1^{\mathbb{N}}(l_{q_n}^n))' = l_\infty^{\mathbb{N}}(l_{p_n}^n)$ ([64, 11-3-4]). Da $L_\infty[0,1]$ und l_∞ isomorph sind als Banachräume ([37, S. 111, Remark]), folgt, daß E stetiges, lineares Bild von $l_\infty^{\mathbb{N}}(l_\infty)$ ist. $l_\infty^{\mathbb{N}}(l_\infty)$ wiederum ist aber isomorph zu l_∞. $\square$

Appendix E. Der Beweis von Satz 11.7

Zunächst wiederholen wir noch einmal die Aussage von Satz 11.7.

E.1 Satz. Sei $(E_i)_{i \in I}$ eine unendliche Familie von Banachverbänden und es besitze $(l_\infty^I(E_i)/c_0^I(E_i))_+$ einen quasi-inneren Punkt $\hat{z}$. Dann ist $\hat{z}$ eine Ordnungseinheit.

Genauer existieren eine Menge $J \subseteq I$ mit endlichem Komplement in I, kompakte Räume $(K_j)_{j \in J}$ und surjektive Verbandsisomorphismen $T_j: E_j \to C(K_j)$, $j \in J$, mit $\sup_{j \in J} \|T_j\| \cdot \|T_j^{-1}\| < \infty$. Insbesondere ist dann $l_\infty^I(E_i)$ verbandsisomorph zu $l_\infty^{I \setminus J}(E_i) \times l_\infty^J(C(K_j))$.

Dem Beweis dieses Satzes schicken wir zwei Lemmata voraus. Das erste Lemma charakterisiert Ordnungseinheiten von Banachverbänden und im zweiten Lemma zeigen wir, daß unter den Voraussetzungen des Satzes alle bis auf endlich viele der Räume E_i eine Ordnungseinheit besitzen müssen.

E.2 Lemma. Sei E ein Banachverband. Für ein Element $z \in E_+$ sind die folgenden Aussagen äquivalent:
 (i) z ist eine Ordnungseinheit von E.
 (ii) Es existieren $\varepsilon > 0$ und $n_0 \in \mathbb{N}$, so daß $\|x - \inf(x, n_0 z)\| < 1 - \varepsilon$ ist für alle $x \in E_+$ mit $\|x\| \leq 1$.

Beweis. Die Implikation (i) $\Rightarrow$ (ii) gilt offensichtlich.

(ii) $\Rightarrow$ (i): Es bezeichne U die abgeschlossene Einheitskugel von E und es sei $U_+ := U \cap E_+$. Wir definieren

$$B := (3\varepsilon^{-1} n_0[-z, z])^0 \cap U^0 = \{x' \in U^0: \langle |x'|, n_0 z \rangle \leq \varepsilon/3\}.$$

Sei nun $x' \in B \cap (E')_+$. Es existiert $x \in U_+$ mit $\langle x', x \rangle \geq \|x'\| - \varepsilon/3$. Damit folgt

$$\|x'\| \leq \langle x', x \rangle + \varepsilon/3$$
$$= \langle x', x - \inf(x, n_0 z) \rangle + \langle x', \inf(x, n_0 z) \rangle + \varepsilon/3$$
$$\leq \|x - \inf(x, n_0 z)\| + \langle x', n_0 z \rangle + \varepsilon/3$$
$$< 1 - \varepsilon + \varepsilon/3 + \varepsilon/3 = 1 - \varepsilon/3 .$$

Da B solid ist, gilt für jedes $x' \in B$ die Ungleichung $\|x'\| < 1 - \varepsilon/3$. Ist $y' \in (3\varepsilon^{-1} n_0[-z, z])^0 \cap (E')_+$, so gilt ebenfalls $\|y'\| < 1 - \varepsilon/3$:
Falls $\|y'\| \leq 1$ ist, wurde dies bereits gezeigt. Ist nun $\|y'\| > 1$, so ist $z' := y'/\|y'\| \in (3\varepsilon^{-1} n_0[-z, z])^0$ mit $\|z'\| = 1$. Andererseits müßte nach obigen Ausführungen dann $\|z'\| < 1 - \varepsilon$ gelten, was nicht sein kann.

Da $(3\varepsilon^{-1} n_0[-z, z])^0$ solid ist, folgt $(3\varepsilon^{-1} n_0[-z, z])^0 \subseteq U^0$. Daraus wiederum ergibt sich $U \subseteq 3\varepsilon^{-1} n_0[-z, z]$, also ist z eine Ordnungseinheit. $\square$

E.3 Lemma. Sei $(E_i)_{i \in I}$ eine unendliche Familie von Banachverbänden. Weiter sei $(\zeta_i)_{i \in I} = z \in l_\infty^I(E_i)_+$ so, daß qz ein quasi-innerer Punkt von $(l_\infty^I(E_i)/c_0^I(E_i))_+$ ist (dabei bezeichnet q die kanonische Surjektion von $l_\infty^I(E_i)$ auf $l_\infty^I(E_i)/c_0^I(E_i)$). Dann existiert eine Menge $J \subseteq I$ mit endlichem Komplement in I, so daß ζ_j für jedes $j \in J$ eine Ordnungseinheit von E_j ist.

Beweis. Angenommen, die Behauptung ist falsch. Dann existiert eine unendliche Menge $H := \{i_n: n \in \mathbb{N}\} \subseteq I$, so daß für jedes $n \in \mathbb{N}$ das Element ζ_{i_n} keine Ordnungseinheit von E_{i_n} ist. Nach Lemma E.2 existiert zu jedem $n \in \mathbb{N}$ ein $\xi_n \in (E_{i_n})_+$ mit $\|\xi_n\| \leq 1$ und $\|\xi_n - \inf(\xi_n, n \zeta_{i_n})\| > 1/2$. Definiere $(\xi_i)_{i \in I} = x \in l_\infty^I(E_i)_+$ durch

$\xi_i := \xi_n$ falls $i = i_n$ ist für ein $n \in \mathbb{N}$ und $\xi_i := 0$ sonst. Ist $(\eta_i)_{i \in I} = y \in c_0^I(E_i)$, so gilt für jedes $n \in \mathbb{N}$

$$\| x - \inf(x, nz) + y \| \geq \sup_m \| \xi_{i_m} - \inf(\xi_{i_m}, n\zeta_{i_m}) + \eta_{i_m} \|.$$

Sei nun $m_0 \in \mathbb{N}$ so, daß $\| \eta_{i_m} \| < 1/4$ ist für alle $m \geq m_0$. Für jedes $n \in \mathbb{N}$ gilt dann

$$\| x - \inf(x, nz) + y \|$$
$$\geq \sup_{m \geq m_0} (\| \xi_m - \inf(\xi_m, n\zeta_{i_m}) \| - \| \eta_{i_m} \|)$$
$$\geq \sup_{m \geq m_0} \| \xi_m - \inf(\xi_m, n\zeta_{i_m}) \| - 1/4$$
$$> 1/2 - 1/4 = 1/4 \, .$$

Damit folgt $\| qx - \inf(qx, nqz) \| = \| q(x - \inf(x, nz)) \| \geq 1/4$ für alle $n \in \mathbb{N}$. Dies widerspricht der Tatsache, daß qz quasi-innerer Punkt von $(l_\infty^I(E_i)/c_0^I(E_i))_+$ ist. $\square$

Beweis von Satz E.1: Sei $(\zeta_i)_{i \in I} = z \in l_\infty^I(E_i)_+$ mit $qz = \hat{z}$ (dabei ist q dieselbe Abbildung wie in Lemma E.3). Nach Lemma E.3 existiert eine Menge $J \subseteq I$ mit endlichem Komplement in I, so daß ζ_j für jedes $j \in J$ eine Ordnungseinheit von E_j ist.

Angenommen, $(\zeta_j)_{j \in J} = \tilde{z} \in l_\infty^J(E_j)_+$ ist keine Ordnungseinheit von $l_\infty^J(E_j)$. Wegen E.2 existiert dann eine Folge $(x_n)_{n \in \mathbb{N}}$ in $l_\infty^J(E_j)_+$ mit $\| x_n - \inf(x_n, n\tilde{z}) \| > 1/2$ und $\| x_n \| \leq 1$ für jedes $n \in \mathbb{N}$. Wir schreiben x_n als Familie $(\xi_{n,j})_{j \in J} \in l_\infty^J(E_j)$. Es existiert eine streng monoton wachsende Folge $(n_k)_{k \in \mathbb{N}}$ in $\mathbb{N}$ und eine Folge $(j_k)_{k \in \mathbb{N}}$ in J, so daß für jedes $k \in \mathbb{N}$ gilt:

(1) $\| \xi_{n_k, j_k} - \inf(\xi_{n_k, j}, n_k \zeta_{j_k}) \| > 1/2$

(2) $U_l \subseteq n_k[-\zeta_{j_l}, \zeta_{j_l}]$ für $1 \leq l < k$
        (dabei bezeichnet U_l die abgeschlossene Einheitskugel von E_{j_l})

(3) $j_l \neq j_k$ für $1 \leq l < k \, .$

Die Auswahl dieser Folgen erfolgt induktiv:
Setze $n_1 := 1$. Wegen $\| x_{n_1} - \inf(x_{n_1}, n_1 \tilde{z}) \| > 1/2$ existiert $j_1 \in J$ mit $\| \xi_{n_1, j_1} - \inf(\xi_{n_1, j_1}, n_1 \zeta_{j_1}) \| > 1/2$. Also sind für n_1 und j_1 die Bedingungen (1) bis (3) erfüllt.
Seien $n_1, \ldots, n_k \in \mathbb{N}$ und $j_1, \ldots, j_k \in J$, $k \geq 1$, mit den Eigenschaften (1), (2) und (3) bereits gewählt. Da jedes ζ_j, $j \in J$, eine Ordnungseinheit ist, existiert $n_{k+1} > n_k$ mit $U_l \subseteq n_{k+1}[-\zeta_{j_l}, \zeta_{j_l}]$ für $1 \leq l < k+1$. Wegen $\| x_{n_{k+1}} - \inf(x_{n_{k+1}}, n_{k+1}\tilde{z}) \| > 1/2$ existiert ein $j_{k+1} \in J$ mit $\| \xi_{n_{k+1}, j_{k+1}} - \inf(\xi_{n_{k+1}, j_{k+1}}, n_{k+1} \zeta_{j_{k+1}}) \| > 1/2$. Aus $U_l \subseteq n_{k+1}[-\zeta_{j_l}, \zeta_{j_l}]$ für $1 \leq l < k+1$ ergibt sich dann notwendig $j_{k+1} \neq j_l$ für $1 \leq l < k+1$. Also gelten auch (1), (2) und (3) für $n_1, \ldots, n_{k+1}$ und $j_1, \ldots, j_{k+1}$.

Wir definieren $(\xi_j)_{j \in J} = x \in l_\infty^J(E_j)$ durch $\xi_j := \xi_{n_k, j_k}$, falls $j = j_k$ ist für ein $k \in \mathbb{N}$ und $\xi_j := 0$ sonst. Es seien nun $m \in \mathbb{N}$ und $(\eta_j)_{j \in J} = y \in c_0^J(E_j)$ beliebig vorgegeben. Wähle $k \in \mathbb{N}$ mit $\| \eta_{j_k} \| < 1/4$ und $n_k \geq m$. Dann gilt

$$\|x - \inf(x, m\tilde{z}) + y\| \geq \|\xi_{j_k} - \inf(\xi_{j_k}, m\zeta_{j_k})\| - \|\eta_{j_k}\|$$
$$= \|\xi_{n_k, j_k} - \inf(\xi_{n_k, j_k}, m\zeta_{j_k})\| - \|\eta_{j_k}\|$$
$$\geq \|\xi_{n_k, j_k} - \inf(\xi_{n_k, j_k}, n_k\zeta_{j_k})\| - \|\eta_{j_k}\|$$
$$> 1/2 - 1/4 = 1/4 .$$

Damit folgt sofort $\|q_1 x - \inf(q_1 x, m q_1 \tilde{z})\| \geq 1/4$ für alle $m \in \mathbb{N}$ (hierbei bezeichnet q_1 die kanonische Surjektion von $l_\infty^J(E_j)$ auf $l_\infty^J(E_j)/c_0^J(E_j)$). Also kann $q_1\tilde{z}$ kein quasi-innerer Punkt von $(l_\infty^J(E_j)/c_0^J(E_j))_+$ sein. Bezeichnet P die kanonische Surjektion von $l_\infty^I(E_i)$ auf $l_\infty^J(E_j)$, so wird durch $qx \to q_1 Px =: S(qx)$, $x \in l_\infty^I(E_i)$, ein Verbandsisomorphismus S von $l_\infty^I(E_i)/c_0^I(E_i)$ auf $l_\infty^J(E_j)/c_0^J(E_j)$ definiert. Offensichtlich gilt $S\hat{z} = q_1\tilde{z}$. Mit $\hat{z}$ müßte daher auch $q_1\tilde{z}$ quasi-innerer Punkt sein ([56, II.6.4]), was aber, wie wir gesehen haben, nicht der Fall ist. Also muß $\tilde{z}$ entgegen unserer Annahme eine Ordnungseinheit sein. Dann ist $q_1\tilde{z}$ eine Ordnungseinheit von $l_\infty^J(E_j)/c_0^J(E_j)$ und da S ein Verbandsisomorphismus ist, muß $\hat{z} = S^{-1}q_1\tilde{z}$ eine Ordnungseinheit von $l_\infty^I(E_i)/c_0^I(E_i)$ sein. Damit ist die erste Behauptung von Satz E.1 bewiesen.

Wir haben oben gezeigt, daß $\tilde{z}$ eine Ordnungseinheit von $l_\infty^J(E_j)$ ist. Also existiert ein $m \in \mathbb{N}$ mit $U_{E_j} \subseteq m[-\zeta_j, \zeta_j]$ für jedes $j \in J$ (dabei bezeichnet U_{E_j} die abgeschlossene Einheitskugel von E_j). Versieht man E_j mit dem Eichfunktional $g_{[-\zeta_j, \zeta_j]}$, so ist $(E_j, g_{[-\zeta_j, \zeta_j]})$ isometrisch verbandsisomorph zu einem Raum $C(K_j)$, K_j kompakt, vermöge einer Abbildung S_j, $j \in J$. Es bezeichne R_j die identische Abbildung von E_j auf $(E_j, g_{[-\zeta_j, \zeta_j]})$. Dann ist für jedes $j \in J$ die Abbildung $T_j := S_j \circ R_j$ ein Verbandsisomorphismus von E_j auf $C(K_j)$ mit $\sup_j \|T_j^{-1}\| \leq \sup_j \|\zeta_j\|$ und $\sup_j \|T_j\| \leq m$. Also gilt $\sup_j \|T_j\| \|T_j^{-1}\| < \infty$. Definieren wir $T: l_\infty^J(E_j) \to l_\infty^J(C(K_j)): (\xi_j)_{j \in J} \to (T_j\xi_j)_{j \in J}$, so ist T ein surjektiver Verbandsisomorphismus. Damit folgt sofort, daß $l_\infty^I(E_i)$ und $l_\infty^{I \setminus J}(E_i) \times l_\infty^J(C(K_j))$ verbandsisomorph sind. $\square$

Appendix F. Grothendieck-Räume mit atomarem Dualraum

Sei E ein Banachverband. Ein Element $x \in E_+$ heißt *Atom* in E, falls das von x in E erzeugte Ideal $I_x := \bigcup_n n[-x, x]$ eindimensional ist. E heißt *atomar*, falls E gleich dem von den Atomen in E erzeugten Band ist. Das Beispiel $E = l_\infty$ zeigt, daß nicht reflexive, atomare Grothendieck-Räume existieren. Hingegen ist für einen Banachverband mit der Grothendieck-Eigenschaft der Dualraum nur in trivialen Fällen atomar. Bevor wir dies präzisieren, geben wir die folgende, wohlbekannte Charakterisierung von atomaren Banachverbänden mit ordnungsstetiger Norm an ([8, Cor. 4.2]):

F.1 Lemma. Für einen Banachverband E sind die folgenden Aussagen äquivalent:

 (i) E ist atomar und besitzt ordnungsstetige Norm.

(ii) Jedes Ordnungsintervall in E ist kompakt.

Aus dem Lemma folgt sofort, daß jeder abgeschlossene Untervektorverband eines atomaren Banachverbandes mit ordnungsstetiger Norm wieder atomar ist und ordnungsstetige Norm besitzt.

Es gilt nun das nachstehende Resultat.

F.2 Satz. Sei E ein Banachraum. E enthalte einen zu l_1 isomorphen Teilraum. Weiter enthalte E' keinen zu c_0 isomorphen Teilraum. Dann ist der Dual von E nicht isomorph zu einem atomaren Banachverband.

Beweis. Da l_1 isomorph ist zu einem Teilraum von E, existiert eine $\sigma(E',E)-$ $\sigma(l_\infty,l_1)$-stetige Surjektion Q von E' auf l_∞ ([64, 11-3-4]). $L_1[0,1]$ als separabler Banachraum läßt sich isometrisch einbetten in l_∞ vermöge eines Operators T. Nach einem Resultat von A. GROTHENDIECK ([65, Prop. 1]) existiert ein Operator $S\in L(L_1[0,1],E')$, so daß $T = Q \circ S$ ist. Mit T ist daher auch S ein Isomorphismus. Angenommen, E' ist isomorph zu einem atomaren Banachverband F. Ohne Einschränkung identifizieren wir im folgenden die Räume E' und F. Wir gehen also davon aus, daß E' ein atomarer Banachverband ist. Da c_0 nicht als abgeschlossener Teilraum in E' enthalten ist, folgt mit [56, II.5.15], daß E' ein Band in E''' ist. Insbesondere existiert dann eine positive, kontraktive Projektion von E''' auf E'. Nach [56, IV.1.5] ist dann S ein ordnungsbeschränkter Operator, das heißt, S bildet ordnungsbeschränkte Teilmengen von $L_1[0,1]$ auf ordnungsbeschränkte Teilmengen von E' ab. Die Ordnungsintervalle in $L_1[0,1]$ sind schwach kompakt ([56, II.5.10, II.8.3]). Das Bild eines Ordnungsintervalls von $L_1[0,1]$ unter S ist daher normabgeschlossen in E' und wegen Lemma F.1 kompakt. Da S ein Isomorphismus ist, ergibt sich, daß jedes Ordnungsintervall in $L_1[0,1]$ kompakt ist. Dies ist offensichtlich nicht der Fall und wir erhalten so einen Widerspruch. $\square$

Als Folgerung hieraus erhalten wir das zu Beginn dieses Abschnittes angedeutete Resultat:

F.3 Korollar. Sei E ein Grothendieck-Raum. Ist E' isomorph zu einem atomaren Banachverband, so ist E reflexiv.

Beweis. Nach 1.5 ist E' schwach folgenvollständig. E' enthält daher keinen zu c_0 isomorphen Teilraum. Wegen Satz F.2 kann dann E keinen zu l_1 isomorphen Teilraum enthalten. Dies ist nach 1.11 nur möglich, wenn E reflexiv ist. $\square$

Literatur

1. Aliprantis CD, Burkinshaw O (1978) Locally Solid Riesz Spaces. Academic Press, New York San Francisco London
2. Andô T (1961) Convergent sequences of finitely additive measures. Pacific J Math 11:395–404
3. Beauzamy B (1982) Introduction to Banach spaces and their geometry. North-Holland, Amsterdam New York Oxford
4. Bessaga C, Pełczyński A (1958) On bases and unconditional convergence of series in Banach spaces. Stud Math 17:151–164
5. Bourgain J (1981) New classes of $\mathscr{L}^p$-spaces. Lecture Notes in Mathematics 889. Springer-Verlag, Berlin Heidelberg New York
6. Burkinshaw O (1974) Weak compactness in the order dual of a vector lattice. Trans Amer Math Soc 187:183–201
7. Burkinshaw O, Dodds P (1976) Weak sequential compactness and completeness in Riesz spaces. Canad J Math 28:1332–1339
8. Burkinshaw O, Dodds P (1977) Disjoint sequences, compactness and semireflexivity in locally convex Riesz spaces. Illinois J Math 21:759–775
9. Cartwright DI, Lotz HP (1977) Disjunkte Folgen in Banachverbänden und Kegel-absolutsummierende Abbildungen. Arch Math 28:525–532
10. Cembranos P (1982) Algunas propiedades del espacio de Banach $c_0(E)$. Actualités mathématiques, Actes de 6e Congr. Group Math Expr Latine (Luxembourg 1981): 333–336
11. Dashiell FK (1981) Nonweakly compact operators from order-Cauchy complete $C(S)$ lattices, with applications to Baire classes. Trans Amer Math Soc 266:397–413
12. Diestel J, Seifert CJ (1978) The Banach-Saks ideal, I. Operators acting on $C(\Omega)$. Commentationes Math, Tomus specialis in honorem Ladislai Orlicz, I., 109–118
13. Diestel J (1980) A survey of results related to the Dunford-Pettis property. Proc Conf on Integration, Topology and Geometry in Linear Spaces, Chapel Hill, 15–60. Contemporary Mathematics, Vol. 2, American Math Soc, Providence, Rhode Island
14. Diestel J (1984) Sequences and series in Banach spaces. Springer-Verlag, New York Berlin Heidelberg Tokyo
15. Dodds PG (1975) Sequential convergence in the order duals of certain classes of Riesz spaces. Trans Amer Math Soc 203:391–403
16. Duhoux M (1978) Mackey topologies on Riesz spaces and weak compactness. Math Z 158:199–209
17. Dunford N, Schwartz JT (1958) Linear operators. Part I: General theory. Wiley, New York
18. Faires B (1976) On Vitali-Hahn-Saks-Nikodym type theorems. Ann Inst Fourier Univ Grenoble 26,4:99–114
19. Faires BT (1978) Varieties and vector measures. Math Nachr 85:303–314
20. Figiel T, Johnson WB, Tzafriri L (1975) On Banach lattices and spaces having local unconditional structure, with applications to Lorentz function spaces. J Approx Theory 13:395–412
21. Figiel T, Ghoussoub N, Johnson WB (1981) On the structure of non-weakly compact operators on Banach lattices. Math Annalen 257:317–334

22. Fremlin DH (1973) Topological Riesz spaces and measure theory. Cambridge University Press, London
23. Freniche Ibáñez FJ (1983) Teorema de Vitali-Hahn-Saks en algebras de Boole. Thesis, Sevilla
24. Freniche Ibáñez FJ (1984) The Vitali-Hahn-Saks theorem for Boolean algebras with the subsequential interpolation property. Proc Amer Math Soc 92:362−366
25. Gillman L, Jerison M (1976) Rings of continuous functions. Springer-Verlag, New York Heidelberg Berlin
26. Graves WH, Wheeler RF (1983) On the Grothendieck and Nikodym properties for algebras of Baire, Borel and universally measurable sets. Rocky Mountain J Math 13:333−353
27. Grothendieck A (1953) Sur les applications linéaires faiblement compactes d'espaces du type $C(K)$. Canad J Math 5:129−173
28. Haydon R (1981) A non-reflexive Grothendieck space that does not contain l_∞. Israel J Math 40:65−73
29. Johnson WB, Zippin W (1973) Separable L_1 preduals are quotients of $C(\Delta)$. Israel J Math 16:198−202
30. Johnson WB, Tzafriri L (1977) Some more Banach spaces which do not have local unconditional structure. Houston J Math 3:55−60
31. Kühn B (1977) Orthogonalkompakte Teilmengen topologischer Vektorverbände. Dissertation, Dortmund
32. Kühn B (1979) Banachverbände mit ordnungsstetiger Dualnorm. Math Z 167: 271−277
33. Kühn B (1980) Schwache Konvergenz in Banachverbänden. Arch Math 35:554−558
34. Kuo T-H (1976) Weak compactness of operators on Grothendieck spaces. J Nat Chiao Tung Univ 2:133−138
35. Lacey HE (1974) The isometric theory of classical Banach spaces. Springer-Verlag, Berlin Heidelberg New York
36. Leavelle TL (1983) The reciprocal Dunford-Pettis property. Preprint
37. Lindenstrauss J, Tzafriri L (1977) Classical Banach spaces I. Sequence spaces. Springer-Verlag, Berlin Heidelberg New York
38. Lindenstrauss J, Tzafriri L (1979) Classical Banach spaces II. Function spaces. Springer-Verlag, Berlin Heidelberg New York
39. Lotz HP, Rosenthal HP (1978) Embeddings of $C(\Delta)$ and $L^1[0,1]$ in Banach lattices. Israel J Math 31:169−179
40. Meyer-Nieberg P (1973) Charakterisierung einiger topologischer und ordnungstheoretischer Eigenschaften von Banachverbänden mit Hilfe disjunkter Folgen. Arch Math 24:640−647
41. Meyer-Nieberg P (1973) Zur schwachen Kompaktheit in Banachverbänden. Math Z 134:303−315
42. Meyer-Nieberg P (1974) Über Klassen schwach kompakter Operatoren in Banachverbänden. Math Z 138:145−159
43. Meyer-Nieberg P (1978) Ein elementarer Beweis einer Charakterisierung von M-Räumen. Math Z 161:95−96
44. Moltó A (1981) On the Vitali-Hahn-Saks theorem. Proc Royal Soc Edinburgh 90A: 163−173

45. Niculescu CP (1981) Weak compactness in Banach lattices. J Operator Theory 6:217–231
46. Niculescu C (1983) Order σ-continuous operators on Banach lattices. In: Banach Space Theory and its Applications, Proceedings, Bucharest 1981, 188–201. Springer-Verlag, Berlin Heidelberg New York Tokyo
47. Pełczyński A (1962) Banach spaces on which every unconditionally converging operator is weakly compact. Bull Acad Pol Sci 10:641–648
48. Pełczyński A (1965) On strictly singular and strictly cosingular operators. I. Strictly singular and strictly cosingular operators in $C(S)$-spaces. Bull Acad Pol Sci 13:31–41
49. Rosenthal HP (1970) On relatively disjoint families of measures, with some applications to Banach space theory. Stud Math 37:13–36, 311–313
50. Rosenthal HP (1972/1975) On factors of $C[0,1]$ with non-separable dual. Israel J Math 13:361–378, ibid 21:93–94
51. Rosenthal HP (1974) A characterization of Banach spaces containing l_1. Proc Nat Acad Sci (USA) 71:2411–2413
52. Rutovitz D (1965) Some parameters associated with finite-dimensional Banach spaces. J London Math Soc 40:241–255
53. Schachermayer W (1982) On some classical measure-theoretical theorems for non-sigma-complete Boolean algebras. Dissertationes Math 214
54. Schaefer HH (1971) Topological vector spaces, 3rd print. Springer-Verlag, New York Heidelberg Berlin
55. Schaefer HH (1971) Weak convergence of measures. Math Annalen 193:57–64
56. Schaefer HH (1974) Banach lattices and positive operators. Springer-Verlag, New York Heidelberg Berlin
57. Seever GL (1968) Measures on F-spaces. Trans Amer Math Soc 133:267–280
58. Simons S (1975) On the Dunford-Pettis property and Banach spaces that contain c_0. Math Annalen 216:225–231
59. Simons S (1977) Weak compactness in locally convex vector lattices. Arch Math 29:537–548
60. Shoenfield JR (1971) Measurable Cardinals. In Proc of the Summer School and Colloquium in Mathematical Logic, Manchester, 1969, 19–49. North-Holland, Amsterdam London
61. Sobczyk A (1962) Extension properties of Banach spaces. Bull Amer Math Soc 68:217–224
62. Tokarev EV (1984) Quotient spaces of Banach lattices and Marcinkiewicz spaces. Siberian Math J 25:332–338
63. Veksler AJ, Geiler VA (1972) Order and disjoint completeness of linear partially ordered spaces. Siberian Math J 13:30–35
64. Wilansky A (1978) Modern Methods in Topological Vector Spaces. McGraw-Hill
65. Grothendieck A (1955) Une caractérisation vectorielle-métrique des espaces L^1. Canad J Math 7:552–561

Verzeichnis der Symbole

$\mathbb{N}$ = Menge der natürlichen Zahlen

$\mathbb{R}$ = Menge der reellen Zahlen

δ_{nm} = Kronecker-Symbol (gleich eins für $n = m$ und gleich null für $n \neq m$)

$\mathscr{F}_0$ = Fréchet-Filter

$\mathscr{F}$ = Filter

A^0 = Polare von A (S. 9)

$\bar{A}$ = Abschluß von A in einem lokalkonvexen Raum $(E, \mathscr{T})$

$A + B$ = $\{x + y \colon x \in A, y \in B\}$

$A \times B$ = $\{(x, y) \colon x \in A, y \in B\}$

cvA = konvexe Hülle von A

$\lin A$ = lineare Hülle von A

g_A = Eichfunktional von A (S. 9)

p_A : definiert durch $p_A(x') = \sup_{x \in A} |\langle x, x' \rangle|$

$C(K)$ = Menge der reellwertigen, beschränkten, stetigen Funktionen auf einem topologischen Raum K

$C[0,1]$ = Menge der reellwertigen, (beschränkten) stetigen Funktionen auf $[0,1]$

$c_0, c_0^I,$
$c_0^I(E),$
$c_0^I(E_i)$ = c_0-direkte Summe (S. 10)

$c_0^{\mathscr{F}}(E_i)$ = c_0-direkte Summe (S. 44)

$L_p(X, \Sigma, \mu)$ = Lebesgue-Raum, $1 \leqq p \leqq \infty$ ([17, IV.2.18, IV.2.19])

$L_p[0,1]$ = Lebesgue-Raum bezüglich des üblichen Lebesgueschen Maßraumes (X, Σ, μ) auf $[0,1]$, $1 \leqq p \leqq \infty$

$l_p, l_p^I,$
$l_p^I(E),$
$l_p^I(E_i),$
$l_p^m(E),$
$l_p^m(E_i)$ = l_p-direkte Summe, $1 \leqq p \leqq \infty$ (S. 10)

$\phi^I(E_i)$ = finite Familien (S. 10)

E, F und G seien lokalkonvexe Räume

$E \oplus F$ = direkte Summe von E und F (S. 10)

E/F = Quotient von E nach F

$E \cong F$ = Isomorphie lokalkonvexer Räume (S. 10)

E' = Dualraum von E (S. 10)

E'', E''' = Dualraum höherer Ordnung (S. 10)

$L(E, F)$ = Menge der stetigen, linearen Abbildungen von E nach F (S. 10)

Id = identische Abbildung

T' = Adjungierte eines Operators T

T'', T''' = Adjungierte höherer Ordnung

$T_{|G}$ = Einschränkung eines Operators (S. 10)

$T \circ S$ = Hintereinanderausführung von Abbildungen

$\sigma(E, F)$ = schwache Topologie (S. 9, S. 10)

$\langle . , . \rangle$ = kanonische Bilinearform (S. 9)

E sei ein Vektorverband

E_+ $= \{x \in E: x \geqq 0\} = $ positiver Kegel

$\inf(x, y)$ $= \inf\{x, y\}$

$\sup(x, y)$ $= \sup\{x, y\}$

$\inf_\alpha x_\alpha$ $= \inf\{x_\alpha: \alpha \in \mathscr{A}\}$

$\sup_\alpha x_\alpha$ $= \sup\{x_\alpha: \alpha \in \mathscr{A}\}$

$x_\alpha \downarrow 0$ $\Leftrightarrow \inf_\alpha x_\alpha = 0$ und aus $\alpha, \beta \in \mathscr{A}$ mit $\alpha \leqq \beta$ folgt $x_\beta \leqq x_\alpha$

x_+ $= \sup(x, 0)$

x_- $= \sup(-x, 0)$

$|x|$ $= x_+ + x_-$

$[x, y]$ $= \{z \in E: x \leqq z \leqq y\}$

A_+ $= A \cap E_+$

$A^\perp$ $= \{x \in E: \inf(|x|, |y|) = 0$ für alle $y \in A\}$

soA $= $ solide Hülle von A (S. 11)

E_x $= $ zu x assoziierter AM-Raum mit Einheit (S. 24)

(E, x') $= $ zu x' assoziierter AL-Raum (S. 25)

i_x $= $ kanonische Injektion von E_x in E (S. 24)

$j_{x'}$ $= $ kanonische Abbildung von E in (E, x') (S. 25)

I_x $= $ das von x erzeugte (Haupt-)Ideal

I_E $= $ das von E in E'' erzeugte Ideal

E^n $= $ Menge der ordnungsstetigen Linearformen auf E (S. 11)

E^s $= $ Menge der σ-ordnungsstetigen Linearformen auf E (S. 11)

$o(E, B)$ $= $ Topologie der gleichmäßigen Konvergenz auf den von B erzeugten Ordnungsintervallen (S. 25)

Sachverzeichnis

Ideal 11
Interpolationseigenschaft (I) 41
Isomorphismus zwischen lokalkonvexen
   Räumen 10

Komplementierbarer Teilraum 10

l_1-Basis 65
l_p-direkte Summe 10
l_∞-direkte Summe 10
Lemma von Phillips 12
Lindenstrauss-Raum 23
L-normierter Raum 11
L-schwach kompakte Menge 46

Majorisierte Menge 29
Meßbare Kardinalzahl 62
M-normierter Raum 11

Operator 10
Ordnungsdicht 11
Ordnungseinheit 11
Ordnungskonvergentes Netz 11
Ordnungsseparabel 11
Ordnungsstetige Linearform 11
Ordnungsstetige Norm 11
Ordnungsvollständig 11, 44
Orthogonal 11
Orthogonales Komplement 11

P-Menge 55
Polare 9
Positiver Kegel 11
P-Punkt 55
Projektion 10
Projektionsband 11
Projektionskonstante 67
Projizierbarer Teilraum 10

Quasi-innerer Punkt 11

Reziproke Dunford-Pettis-
   Eigenschaft 66
Rosenthal-Eigenschaft 39

Satz von Eberlein 10
Schwach absolut summierbare
   Folge 19, 64
Schwache Dunford-Pettis-Eigenschaft 46
Schwache Interpolationseigenschaft (σI)
   44
Schwache Topologie 9, 10
Schwach kompakter Operator 10
σ-Ideal 11
Solid 11
Solide Hülle 11
σ-ordnungsstetige Linearform 11
σ-ordnungsvollständig 11, 44
σ^*-ordnungsvollständig 44

(V_0)-Ideal 29

Sitzungsberichte der Heidelberger Akademie der Wissenschaften
Mathematisch-naturwissenschaftliche Klasse

Die Jahrgänge bis 1921 einschließlich erschienen im Verlag von Carl Winter, Universitätsbuchhandlung in Heidelberg, die Jahrgänge 1922–1933 im Verlag Walter de Gruyter & Co. in Berlin, die Jahrgänge 1934–1944 bei der Weißschen Universitätsbuchhandlung in Heidelberg. 1945, 1946 und 1947 sind keine Sitzungsberichte erschienen.

Ab Jahrgang 1948 erscheinen die „Sitzungsberichte" im Springer-Verlag.

Inhalt des Jahrgangs 1979/80:

1. H. P. Schmitt. Akute und intervalläre Strahlenschäden des Zentralnervensystems. DM 84,–.
2. W. v. Engelhardt. Phaetons Sturz – ein Naturereignis? DM 26,–.
3. R. Haas. Influenza – Bagatelle oder tödliche Bedrohung? DM 19,80.
4. T. Kirsten (Hrsg.). Geophysik in Heidelberg. DM 52,–.
5. M. Becke-Goehring. Anorganische Chemie zwischen gestern und morgen. DM 24,–.

Inhalt des Jahrgangs 1980:

1. F. Duspiva. Das Problem der Determination und Differenzierung in der Biologie. DM 20,–.
2. E. Hinz. *Schistosoma intercalatum*-Infektionen in Afrika. Saisonkrankheiten in Nigeria. DM 42,–.
3. J. C. Vogel. Fractionation of the Carbon Isotopes During Photosynthesis. DM 18,80.
4. W. Doerr, W.-W. Höpker, W. Hofmann, K. Kayser, C. Tschahargane. Onkologisches Panorama. Krebsregister, Früherkennung, Phylogenie. DM 18,20.

Inhalt des Jahrgangs 1981:

1. F. Kirchheimer. Die Medaillen der Kurpfälzischen Akademie der Wissenschaften. DM 23,–.
2. S. Berking. Zur Rolle von Modellen in der Entwicklungsbiologie. DM 24,50.
3. Th. Wieland. Moderne Naturstoffchemie am Beispiel des Pilzgiftstoffes Phalloidin. DM 19,–.
4. S. Sambursky. Religion und Naturwissenschaft im spätantiken Denken. DM 10,50.

W. Doerr, W. Hofmann, A. J. Linzbach, K. Rother, F. Seitelberger. Neue Beiträge zur Theoretischen Pathologie. Herausgegeben von H. Schipperges. Supplement. Geb. DM 62,–.

Th. Henkelmann. Zur Geschichte des pathophysiologischen Denkens. John Brown (1735–1788) und sein System der Medizin. Supplement. Geb. DM 54,–.

Inhalt des Jahrgangs 1982:

1. E. G. Jung. Licht und Hautkrebse. Modelle und Risikoerfassung. DM 26,–.
2. H. H. Schaefer. Georg Cantor und das Unendliche in der Mathematik. DM 17,50.
3. G. Greiner. Spektrum und Asymptotik stark stetiger Halbgruppen positiver Operatoren. DM 18,50.
4. W. Doerr. Cancer à deux. DM 13,80.
5. W. Jaeger. Untersuchungen zu Farbkonstanz und Farbgedächtnis. DM 12,80.
6. H. Habs. Die sogenannte Pest des Thukydides. Versuch einer epidemiologischen Analyse. DM 24,80.

B. M. Thimm. Brucellosis. Distribution in Man, Domestic and Wild Animals. Supplement. Geb. DM 45,–.

G. Breitfellner. Der Sekundenherztod. Ein morphologisches, funktionelles und sektions-statistisches Profil. Supplement. Geb. DM 128,–.

Sitzungsberichte der Heidelberger Akademie der Wissenschaften
Mathematisch-naturwissenschaftliche Klasse
Erschienene Jahrgänge (s. auch 3. Umschlagseite)

Inhalt des Jahrgangs 1983:

1. H. Maier-Leibnitz. Die Verantwortungen des Naturwissenschaftlers. DM 8,–.
2. F. Cramer. „Denn nur also beschränkt war je das Vollkommene möglich…". Eine wissenschaftstheoretische Interpretation von Goethes Gedicht „Metamorphose der Tiere". DM 8,80.
3. H. Schaefer. Über die Wirkung elektrischer Felder auf den Menschen. DM 37,–.
4. W. Doerr. Altern – Schicksal oder Krankheit? DM 13,50.
5. F. Kirchheimer. Die Jubiläumsmedaillen 1686 und 1786 der Universität Heidelberg. DM 19,80.
6. H. Mohr. Evolutionäre Erkenntnistheorie – ein Plädoyer für ein Forschungsprogramm –. DM 8,80.

H. Wellmer. Dengue Haemorrhagic Fever in Thailand. Supplement. Geb. DM 52,–.

H. Schipperges. Historische Konzepte einer Theoretischen Pathologie. Supplement. Geb. DM 69,–.

Inhalt des Jahrgangs 1984:

1. R. Lüst. Extraterrestrische Astronomie. DM 17,–.
2. F. Leonhardt. Zu den Grundfragen der Ästhetik bei Bauwerken. DM 12,–.
3. Ch. Rüchardt. Die Bindung zwischen Kohlenstoffatomen, das Rückgrat der Organischen Chemie, und ihre Grenzen. DM 12,80.
4. J. Peiffer. Zur Neuropathologie der Nebenwirkungen nervenärztlicher Therapie. DM 18,–.
5. F. Linder. Geistige Grundlagen der chirurgischen Therapie. DM 14,–.

Medizinische Anthropologie. Herausgegeben von E. Seidler. Supplement. Geb. DM 76,–.

W.-W. Höpker. Mißbildungen. Interrelationen, Assoziationen und diagnostische Validität. Supplement. Geb. DM 74,–.

Inhalt des Jahrgangs 1985:

1. H. A. Staab. Zur Entstehung des Neuen in den Naturwissenschaften – dargestellt an einem Beispiel der Chemiegeschichte. DM 16,50.
2. S. Sambursky. Proklos, Präsident der platonischen Akademie, und sein Nachfolger, der Samaritaner Marinos. DM 13,–.
3. R. Haas. AIDS – Ein Virusinfekt des Immunsystems. DM 21,50.
4. F. Räbiger. Beiträge zur Strukturtheorie der Grothendieck-Räume. DM 39,50.

Preisänderungen vorbehalten

Springer-Verlag Berlin Heidelberg New York Tokyo

Sitzungsberichte der Heidelberger Akademie der Wissenschaften
Mathematisch-naturwissenschaftliche Klasse
Jahrgang 1985, 5. Abhandlung

Wolfgang Kaiser

Entwicklungslinien der Breitbandkommunikation

Springer-Verlag Berlin Heidelberg New York Tokyo

Sitzungsberichte der Heidelberger Akademie der Wissenschaften
Mathematisch-naturwissenschaftliche Klasse
Jahrgang 1985, 5. Abhandlung

Wolfgang Kaiser

Entwicklungslinien der Breitbandkommunikation

Mit 34 Abbildungen und 8 Tabellen

Vorgetragen in der Sitzung vom 9. Februar 1985

Springer-Verlag
Berlin Heidelberg New York Tokyo

Professor Dr.-Ing. Dr.-Ing. E. h. Wolfgang Kaiser
Institut für Nachrichtenübertragung
der Universität Stuttgart
Breitscheidstraße 2, 7000 Stuttgart 1

ISBN 978-3-540-15758-8   ISBN 978-3-642-82579-8 (eBook)
DOI 10.1007/ 978-3-642-82579-8

Einleitung

Die Telekommunikation, d. h. die mit nachrichtentechnischen Mitteln über größere Entfernungen hinweg geführte Kommunikation, ist in der heutigen Zeit für die Verständigung zwischen den Menschen unersetzlich. Der Austausch von Informationen ist aber auch die Basis jeder geschäftlichen Zusammenarbeit, wobei die zunehmende Arbeitsteilung und die internationale Verflechtung den Bedarf an Kommunikationsmitteln immer weiter steigern. Man schätzt, daß in modernen Industriegesellschaften bald die Hälfte aller Erwerbstätigen mit der Übermittlung von Informationen und deren Verarbeitung beschäftigt ist. Die Informationsverarbeitung oder Informatik dringt in immer neue Einsatzfelder vor und bedient sich dabei der Möglichkeiten der Telekommunikation. Diesen Trend zum Zusammenwachsen von Telekommunikation und Informatik kennzeichnet man durch das Kunstwort *Telematik*.

Die heutige Situation auf dem Gebiet der Telekommunikation ist geprägt durch getrennte Übertragungswege für die schmalbandigen Telekommunikationsdienste, nämlich Sprach-, Text- und Datenkommunikation einerseits, und den Empfang breitbandiger Telekommunikationsformen (im wesentlichen Fernsehen) andererseits. Das *Fernsprechen* erfüllt den uralten Wunsch der Menschen, sich auch dann akustisch verständigen zu können, wenn die Gesprächspartner weit voneinander entfernt sind. Das *Fernsehen* entspricht dem Bedürfnis nach Information und Unterhaltung. Diese beiden Formen der Telekommunikation sind gleichzeitig aber auch typisch für die beiden Kategorien der *Individualkommunikation* und der Massen- oder *Verteilkommunikation*. Bei der Individualkommunikation kann jeweils ein Teilnehmer A mit einem Teilnehmer B in Dialogform kommunizieren, wobei in einem Wählnetz sehr viele derartige Verbindungen gleichzeitig möglich sind. Im Gegensatz hierzu bezeichnet die Massenkommunikation eine einseitig gerichtete Ausstrahlung von einer Zentrale zu vielen Empfängern, wozu anstatt des Wählnetzes ein Verteilnetz über Funk oder Kabel ausreicht.

Fernsprechen und Fernsehen sind die am weitesten verbreiteten Formen der Telekommunikation und werden dies sicherlich auch für die absehbare Zukunft bleiben. Daneben entwickeln sich aber immer mehr auch neue Nutzungsformen. Wie Tabelle 1 zeigt, unterscheidet man dabei sechs Nachrichtenarten: Sprache, Text, Daten, stillstehende und bewegte Bilder sowie Musik. Für die ersten vier Nachrichtenarten, d. h. für das Fernsprechen und die verschiedenen Formen der

Tabelle 1. Formen der Schmal- und Breitbandkommunikation

	Nachrichtenart	Schmalbandkommunikation		Breitbandkommunikation	
		Telekommuni-kationsform	Bandbreite bzw. Bitrate	Telekommunikationsform	Bandbreite bzw. Bitrate
Individualkommunikation	Sprache	Fernsprechen	300–3400 Hz bzw. 64 kbit/s		
	Text	Fernschreiben Teletex Telefax Bildschirmtext	50 bit/s 2400 bit/s 300–3400 Hz 1200 bit/s		
	Daten	Datex-L Datex-P	0,3–48 kbit/s 2,4–48 kbit/s		
				Datentransfer	2…34 Mbit/s
	Stillstehende Bilder			Computergraphik	8 Mbit/s
	Bewegte Bilder			Bildfernsprechen	140 Mbit/s
				Videokonferenz	140 Mbit/s
Massenkommunikation	Text			Videotext Kabeltext	5 MHz 5 MHz
	Stillstehende Bilder			Bildabruf	2…34 Mbit/s
	Bewegte Bilder			Fernsehen	6 MHz bzw. 140 Mbit/s
				Fernsehen mit erhöhter Auflösung	25 MHz
	Musik	Hörfunk	50 kHz bzw. 1 Mbit/s		

Text- und Datenübertragung sowie in vielen Fällen auch noch für die Übertragung stillstehender Bilder, genügen Telekommunikationsverbindungen mit relativ geringer Bandbreite, während im Gegensatz hierzu für bewegte Bilder Übertragungskanäle mit einer mehr als tausendfach größeren Bandbreite von mindestens 6 MHz nötig sind.

So haben sich im Laufe der Zeit entsprechend den bisher verfügbaren technischen Möglichkeiten zwei getrennte Netze herausgebildet. Das Fernsprechnetz und die in ihrem Umfang wesentlich kleineren, auf der Infrastruktur des Fernsprechnetzes aufbauenden Text- und Datennetze verwenden ein Teilnehmeranschlußkabel, das insgesamt viele hundert dünne Kupferadern enthält und damit, wie Abb. 1 zeigt, nur Nachrichtensignale übertragen kann, die relativ niedrige Frequenzen enthalten. Diese bestehenden Netze ermöglichen durch den Einsatz entsprechender Teilnehmerendgeräte neue Nutzungsformen, vor allem auf dem Gebiet der elektronischen Textkommunikation. So bilden Bildschirmtext, Teletex und Telefax sowie Telebox und TEMEX moderne Formen der Telekommunikation, auf die jedoch im Rahmen dieser Arbeit nicht näher eingegangen werden soll.

Zur Übertragung eines oder gar mehrerer Fernsehprogramme sind, wie Abb. 1 deutlich macht, Fernsprechanschlußleitungen untauglich. Hierfür benötigt man Koaxialkabel, die einen Innenleiter und einen ihn rohrförmig umschließen-

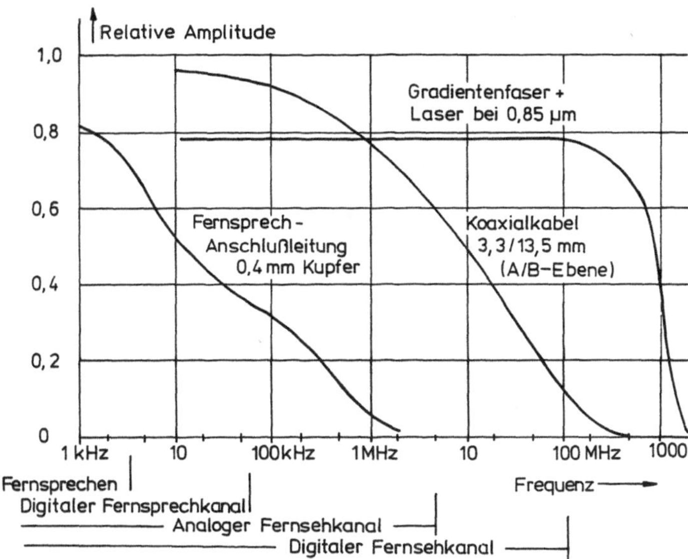

Abb. 1. Amplitudengang verschiedener Leitungen einschließlich des Modulationssignals einer Glasfaserverbindung von je 1 km Länge

den Außenleiter aufweisen und aufgrund ihrer geometrischen Abmessungen geeignet sind, Frequenzen bis etwa 500 MHz zu übertragen. Alle zum Empfang von Fernsehen und UKW-Hörfunk eingesetzten Antennenanlagen verwenden derartige Koaxialkabel. Im unteren Teil des Bildes sind die zur analogen bzw. digitalen Übertragung von Fernsprech- und Fernsehsignalen notwendigen Bandbreiten angegeben.

Neue Technologien erlauben in der Zukunft die Schaffung eines *einheitlichen* Nachrichtennetzes, in dem sowohl die Individual- als auch die Verteilkommunikation gleichermaßen verwirklicht werden können. Dann können auch Formen der Breitband-Individualkommunikation, wie z. B. das Bildfernsprechen, genutzt werden. Die Begriffe Breitbandkommunikation und Massenkommunikation sind, wie an Hand von Tabelle 1 deutlich gemacht werden soll, nicht deckungsgleich. Im folgenden werden die Entwicklungslinien näher betrachtet, die ausgehend vom heutigen Stand der Technik der Breitbandkommunikation zu dem einheitlichen Breitbandnetz führen.

Heutige Verteilnetze

Im Gegensatz zu der im Fernsprechnetz verwendeten, für den Sprachdialog eingerichteten, sternförmigen Netzstruktur weisen Breitband-Kabelanlagen eine Baumstruktur (Abb. 2) auf, d. h. die Hörfunk- und Fernsehsignale werden, ausgehend von der Zentrale, über ein Netz von Koaxialkabeln unterschiedlichen Durchmessers (vergleichbar dem Stamm, den Ästen und Zweigen eines Baumes)

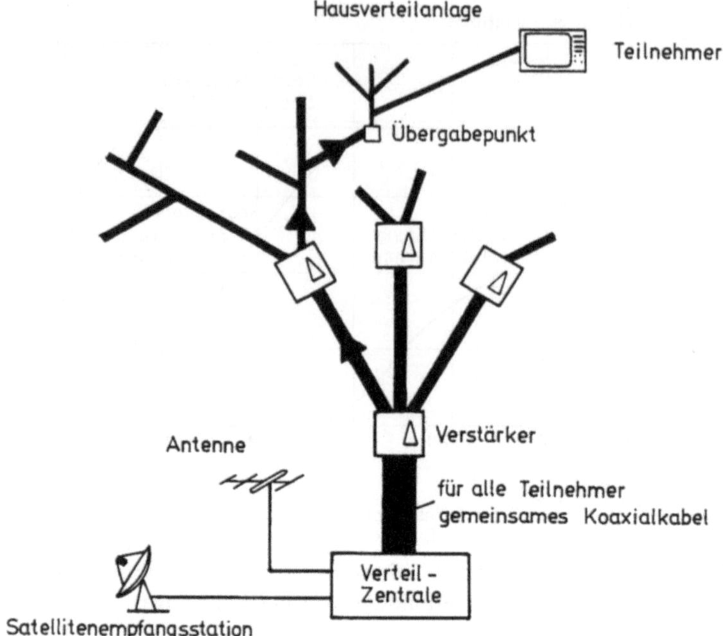

Abb. 2. Breitbandkabelnetz in Baumstruktur

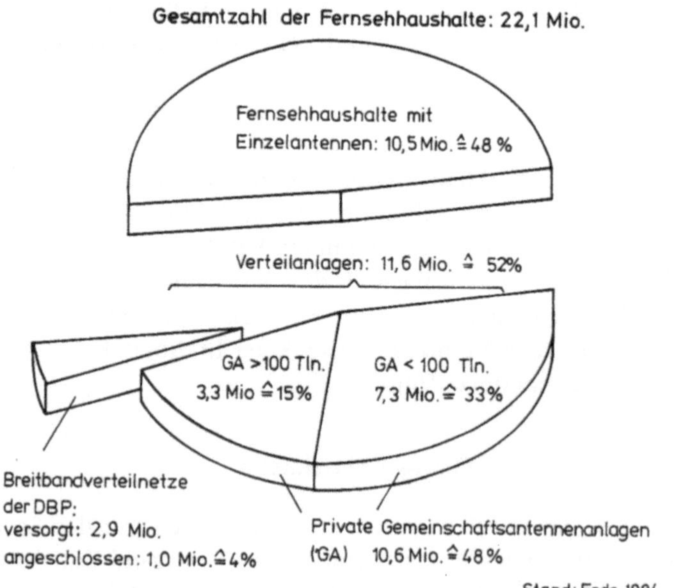

Abb. 3. Prozentuale Aufgliederung der Antennen- und Verteilanlagen in der Bundesrepublik Deutschland

Tabelle 2. Beispiele für Nutzungsformen in Breitbandverteilnetzen

Art der Kommunikation	Beispiele für Programme und Dienste
Verteilen	Fernsehen (1., 2. und 3. Programm) Hörfunk (UKW) Lokale Programme Ausländische Programme
Eingeschränktes Verteilen (Zusatzeinrichtungen erforderlich)	Fernsehen gegen zusätzliches Entgelt (Pay-TV) Elektronischer Text (Videotext, Kabeltext) Standbilder (Dias)

bis zu den sog. Übergabepunkten geführt, an die sich dann die Hausverteilanlagen anschließen. Wegen der Baumstruktur können dem Teilnehmer zunächst nur Verteildienste, aber keine Vermittlungsdienste angeboten werden.

Wie Abb. 3 zeigt, sind etwa 11,6 Mio., d. h. 52% der insgesamt 22,1 Mio. Fernsehhaushalte in der Bundesrepublik Deutschland, bereits heute an eine Breitband-Kabelanlage angeschlossen, womit sie in der Regel mehr als drei Fernsehprogramme und eine große Zahl von Hörfunkprogrammen in ausgezeichneter Qualität empfangen können. Allerdings handelt es sich dabei häufig um relativ kleine Anlagen, denn nur etwa ein Drittel dieser Kabelhaushalte (4,3 Mio.) befindet sich in Anlagen mit mehr als 100 Anschlüssen.

An Breitbandverteilnetze der Deutschen Bundespost (sog. BK-Netze) waren Ende 1984 etwa 1 Million Teilnehmer angeschlossen, die vorhandenen BK-Netze würden aber den Anschluß von 2,9 Mio. Teilnehmern (entsprechend 13% aller Haushalte) erlauben. Wegen der verstärkten Ausbauaktivitäten wächst dieser Prozentsatz schnell und soll Ende 1985 22% und gegen Ende des Jahrzehnts etwa 50% betragen.

In derartigen Verteilnetzen erfolgt der Informationsfluß in der Richtung von der Verteilzentrale zu den Teilnehmern, ist also einseitig gerichtet. Daher können nur die Kommunikationskategorien „Verteilen" und „Beschränktes Verteilen" verwirklicht werden, wobei der letztere Begriff kennzeichnen soll, daß die Informationen nur von Teilnehmern empfangen werden können, die sich von dem unbeschränkten Teilnehmerkreis durch den Einsatz besonderer Endgeräte und meist auch die Zahlung zusätzlicher Gebühren unterscheidet. Tabelle 2 gibt einige Beispiele.

Erweiterte Nutzung von Verteilnetzen

Zu den Verteildiensten gehört insbesondere die Übertragung von Fernseh- und Hörfunkprogrammen, wobei die von der Deutschen Bundespost festgelegte

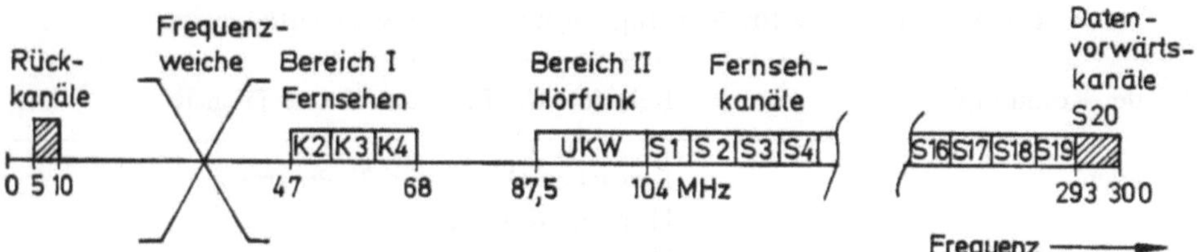

Abb. 4. Frequenzplan für Breitbandkommunikationsanlagen

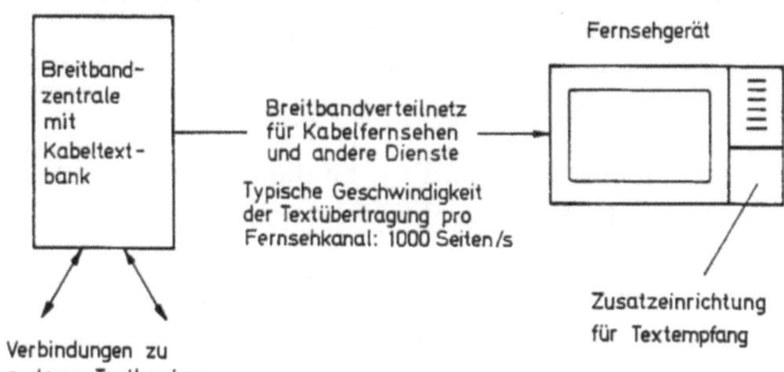

Abb. 5. Kabeltext (Prinzip)

Standardtechnik für Breitbandkommunikations(BK)-Anlagen zunächst 12 Kanäle mit Fernsehbandbreite sowie 24 UKW-Hörfunk-Kanäle vorsah. Wie Abb. 4 zeigt, können in dem Frequenzbereich von 47 – 300 MHz aber etwa 27 Kanäle mit Fernsehbandbreite belegt werden. Um dies zu ermöglichen, sind neuzeitliche Fernsehempfänger so ausgerüstet, daß sie den Empfang der Kanäle in den zusätzlichen Frequenzbereichen 108 – 174 MHz und 230 – 300 MHz ermöglichen. In Kürze wird der in BK-Anlagen zur Nutzung freigegebene Frequenzbereich sogar bis 440 MHz ausgedehnt.

Die für Fernsehen nicht genutzten Breitbandkanäle können für Dienste genutzt werden, die über das sog. Kabelfernsehen hinausreichen. So können derartige Kanäle beispielsweise für die schnelle Übermittlung elektronischer Texte eingesetzt werden, eine Telekommunikationsform, die die Bezeichnung *Kabeltext* (Abb. 5) trägt. Mit Kabeltext können dem Teilnehmer etwa 1000 Textseiten je Sekunde und je Fernsehkanal für seinen individuellen Zugriff angeboten werden, wodurch die bei Videotext infolge der niedrigen Übermittlungsgeschwindigkeit auftretenden Wartezeiten deutlich verkürzt werden und ein schnelles „Blättern" möglich wird. So könnte eine Art von „elektronischer Zeitung" entstehen [1].

Neue Koaxialkabel-Verteilnetze können mit relativ geringem Aufwand so erweitert werden, daß Rückkanäle zur Verfügung stehen, auf denen der Teilnehmer Signale zurück zur Zentrale senden kann. Damit wird eine ganze Reihe neuer, interaktiver Telekommunikationsdienste [2] möglich, zu denen das Abrufen

Tabelle 3. Beispiele für zusätzliche Nutzungsformen in Breitbandverteilnetzen

Art der Kommunikation	Beispiele
Abrufen durch Teilnehmer	Elektronischer Textabruf Abruf von Dia-Serien Kurzfilme
Abrufen durch Zentrale	Fernmessen Notrufe Einschaltquoten
Dialog mit Zentrale	Auskunftsdienste Interaktiver Unterricht Fernseheinkauf Buchung und Reservierung Spiele

von Texten und Bildern, das Erfassen von Informationen durch die Zentrale und die vielfältigen Möglichkeiten des Dialogs mit der Zentrale gehören. Tabelle 3 gibt hierfür einige Beispiele. Im Hinblick auf die vielen Fragen hinsichtlich der Nutzungsformen in Breitband-Kabelnetzen mit Rückkanälen und deren Akzeptanz hatte die Kommission für den Ausbau des technischen Kommunikationssystems (KtK) seinerzeit empfohlen [3], Pilotprojekte als Testbasis einzusetzen. In den Kabelfernsehpilotprojekten in Ludwigshafen und München (ab Mitte 1985 auch in Berlin und Dortmund) werden allerdings zunächst vor allem weitere Fernseh- und Hörfunkprogramme angeboten, und erst zu einem späteren Zeitpunkt sollen neue Nutzungsformen erprobt werden.

Die Standard-BK-Technik sieht vor, daß für die in der Rückwärtsrichtung zu übertragenden Daten, Texte, Abrufkommandos usw. der Frequenzbereich von 5 – 10 MHz verwendet wird. Dabei lassen sich die zur Trennung der beiden Frequenzbereiche für die Vorwärts- bzw. Rückwärtsrichtung erforderlichen Frequenzweichen mit geringem Aufwand realisieren, so daß die Erweiterung eines Baumnetzes auf ein rückkanalfähiges Netz nur geringe Zusatzinvestitionen erfordert. Allerdings benötigt der Teilnehmer ein Bediengerät zum Eintasten der Abrufbefehle und in der Zentrale muß eine rechnergesteuerte Datenbank installiert sein (Abb. 6).

In einer Dissertation [4] wurde gezeigt, daß durch eine Unterteilung des Frequenzbandes von 5 bis 10 MHz in 24 Unterkanäle und die Wahl geeigneter Übertragungsparameter die zahlreichen Probleme bei der Realisierung derartiger Rückkanalsysteme bewältigt werden können und jedem der Teilnehmer, selbst wenn alle gleichzeitig den Rückkanal nutzen wollen, eine effektive Übertragungsgeschwindigkeit von mindestens 600 bit/s zur Verfügung steht (Abb. 7).

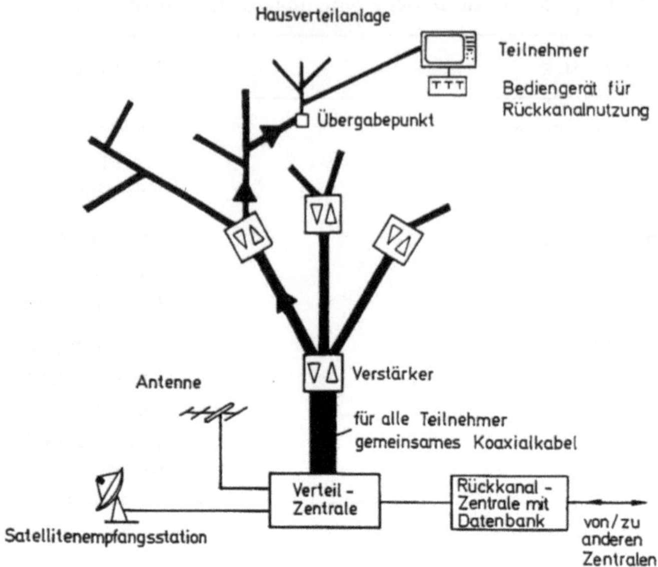

Abb. 6. Breitbandverteilnetz in Baumstruktur, das auf Rückkanalbetrieb erweitert wurde

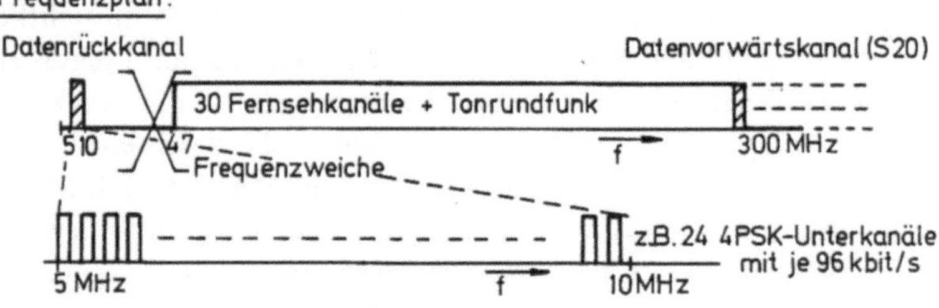

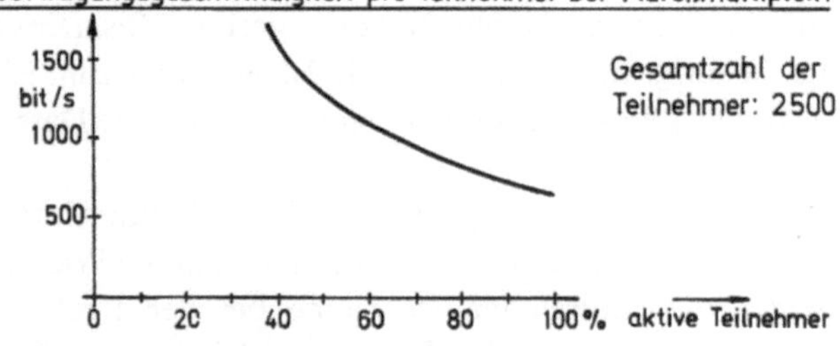

Abb. 7. Rückkanäle in Breitbandverteilnetzen

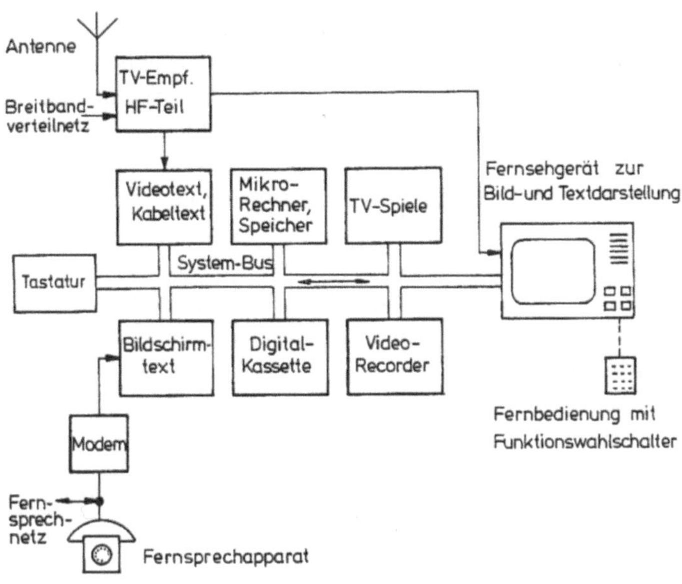

Abb. 8. „Intelligentes" Heim-Terminal

Auf dem Gebiet der Nutzung der Massenkommunikation zeigt sich deutlich der Wunsch und der Trend zu einer stärkeren Individualisierung. Der Heimfernsehempfänger entwickelt sich immer mehr zu einem vielseitig genutzten, „intelligenten" Heimterminal (Abb. 8), das neben der Wiedergabe von Fernsehsendungen allgemein zur Darstellung von Texten und Bildern eingesetzt werden kann und mit Hilfe eines eingebauten Mikrorechners häufig auch noch in der Lage ist, Text- und Datenverarbeitungsfunktionen durchzuführen. Damit wird eine breite Öffentlichkeit allmählich an den Umgang mit neuen Formen der Mensch-Maschine-Kommunikation herangeführt, wobei eine benutzerfreundliche Gestaltung der Bedienungsweise notwendig ist, um den Zugang zu diesen neuen Nutzungsformen zu erleichtern.

Satellitentechnik

In den vergangenen Jahrzehnten hat auch der Nachrichtensatellit als Übertragungsmedium für den internationalen Fernsprechverkehr sowie den Austausch von Fernsehprogrammen zwischen Ländern und Kontinenten immer mehr an Bedeutung gewonnen [5]. Wesentliche Fortschritte sind dabei der Raumfahrttechnik, insbesondere im Hinblick auf die inzwischen erreichbare Nutzlast der Trägerraketen und die verbesserte Stabilisierung der Satelliten, zu verdanken. Dies hat zum einen dazu geführt, daß in Satelliten größere Sendeleistungen installiert werden konnten, und zum anderen, daß durch die Verwendung großflächiger

Antennen eine schärfere Bündelung der Funkstrahlung vom Satelliten zu den Bodenstationen erreicht werden konnte. Dies führt zu einfacheren Bodenstationen, was den Einsatz der Satelliten innerhalb eines Landes begünstigt. Während der im Jahr 1965 erstmals in Betrieb genommene Fernmeldesatellit Intelsat I 240 Fernsprechkanäle erlaubte, können über den seit 1981 betriebenen Intelsat V bereits 12 000 Ferngespräche gleichzeitig geführt und zusätzlich zwei Fernsehprogramme übertragen werden.

Alle diese Satelliten befinden sich auf einer geostationären Umlaufbahn, d. h. sie umrunden die Erde auf einem Orbitkreis in einer Höhe von etwa 35 800 km über dem Äquator genau einmal pro Tag und scheinen daher von der Erde aus gesehen stillzustehen (Abb. 9). Da es nur eine einzige derartig ausgezeichnete Umlaufbahn gibt, deuten sich über Nordamerika bereits Probleme der Verknappung möglicher Satellitenpositionen an.

Die Nachrichtensatelliten werden immer stärker für die direkte Datenkommunikation, den mobilen Verkehr, Verbindungen zwischen Schiffen und Flugzeugen, zur Navigation usw. eingesetzt, und die künftige Realisierung von Vermittlungsfunktionen in Satelliten wird die Einsatzmöglichkeiten weiter verbreitern. Gleichzeitig werden als Alternative zu den Satelliten Tiefseekabel mit immer größerer Kanalkapazität, in absehbarer Zukunft auch in Glasfasertechnik ver-

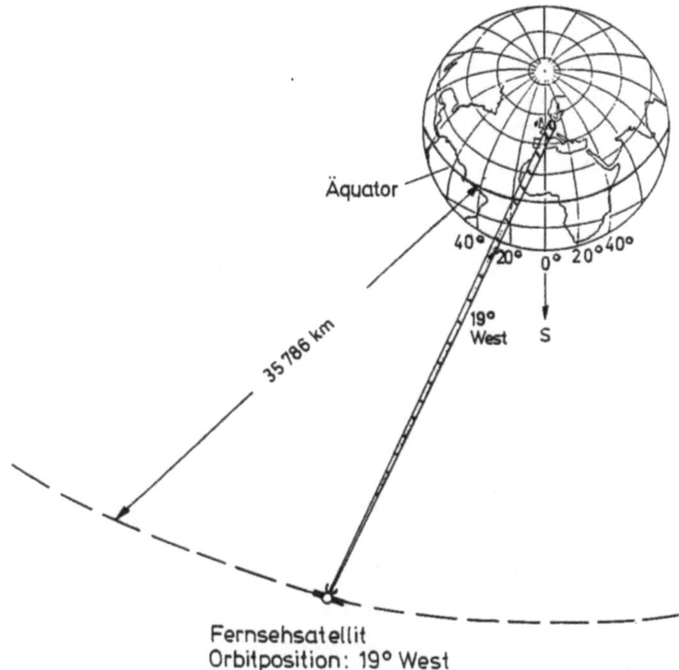

Abb. 9. Prinzip des geostationären Fernsehsatelliten zur Versorgung der Bundesrepublik Deutschland

legt. Alle diese neuen Übertragungstechniken sorgen dafür, daß die telekommunikativen Verbindungen zwischen allen Ländern und Regionen, bis hin zu den abgelegensten Orten unserer Erde, immer zahlreicher werden. Ein wesentlicher Vorteil der Satellitenkommunikation ist die Möglichkeit, relativ kurzfristig ein flächendeckendes Netz aufzubauen.

Bislang standen für die Rundfunkversorgung ausschließlich terrestrische Sendernetze zur Verfügung. Mit der Verfügbarkeit des European Communication Satellite (ECS) begann zu Anfang des Jahres 1984 die regelmäßige Ausstrahlung von Fernsehprogrammen in Europa. Grundsätzlich muß man zwischen Fernmelde- und Direktsatelliten unterscheiden.

Der Fernmeldesatellit ist für eine Nachrichtenverbindung zwischen festen Punkten ausgelegt. Er kann selbstverständlich auch zur Abstrahlung von Rundfunkprogrammen eingesetzt werden. Wegen der geringen Sendeleistung sind jedoch Empfangsanlagen mit erheblichem Aufwand (Antennendurchmesser mindestens drei Meter) erforderlich, die nur für die Einspeisung in größere Kabelverteilnetze wirtschaftlich vertretbar sind. Fernmeldesatelliten arbeiten nach internationalen Regeln auch in einem Frequenzbereich, der nicht dem Rundfunk, sondern dem festen Funkdienst über Satelliten zugeordnet ist.

Beim Rundfunk-Direktsatelliten hingegen erreicht man durch die Verwendung einer zehn- bis hundertfach größeren Sendeleistung und einer schärferen Bündelung der Ausstrahlung auf eine Richtkeule mit einem Öffnungswinkel von nur etwa $1°$ eine Leistungsflußdichte am Empfangsort von etwa $50 \cdot 10^{-12}\,\text{Watt/m}^2$, so daß ein direkter Empfang von Fernsehprogrammen mit

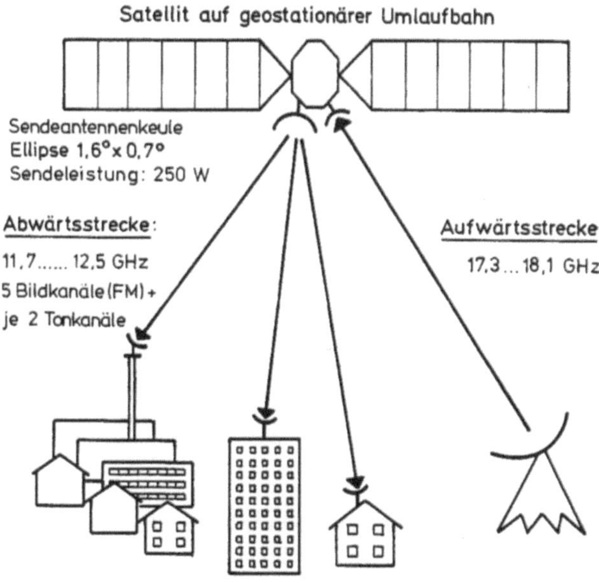

Abb. 10. Fernseh-Direktsatellit

einer Parabolspiegel-Empfangsantenne von nur etwa 0,9 m Durchmesser möglich wird. Auf der Funkverwaltungskonferenz (WARC 1977) in Genf wurden jedem Land fünf derartige Kanäle mit Fernsehbandbreite zugeteilt. Abb. 10 veranschaulicht das Prinzip der Betriebsweise. Die zur Ausstrahlung vorgesehenen Fernsehprogramme werden im 18 GHz-Frequenzbereich von den zugehörigen Bodenstationen zum Satelliten übertragen und dort von sog. Transpondern mit hoher Sendeleistung im 12 GHz-Bereich wieder abgestrahlt, damit sie von den vielen Empfangsanlagen innerhalb des Versorgungsbereichs aufgefangen werden können.

Wie Abb. 9 veranschaulicht, befindet sich der für die Bundesrepublik Deutschland vorgesehene Fernseh-Direktsatellit in einer Orbitposition 19° West und kann fünf Fernsehprogramme ausstrahlen, wobei die Richtkeule das gesamte Gebiet der Bundesrepublik einschließlich Berlin „ausleuchtet". Durch die teilweise Überlappung der Richtkeule der für die angrenzenden Länder zugelassenen Kanäle (Abb. 11) können an vielen Orten mehr als fünf Satellitenprogramme empfangen werden. Besonders vorteilhaft ist die Einspeisung der empfangenen

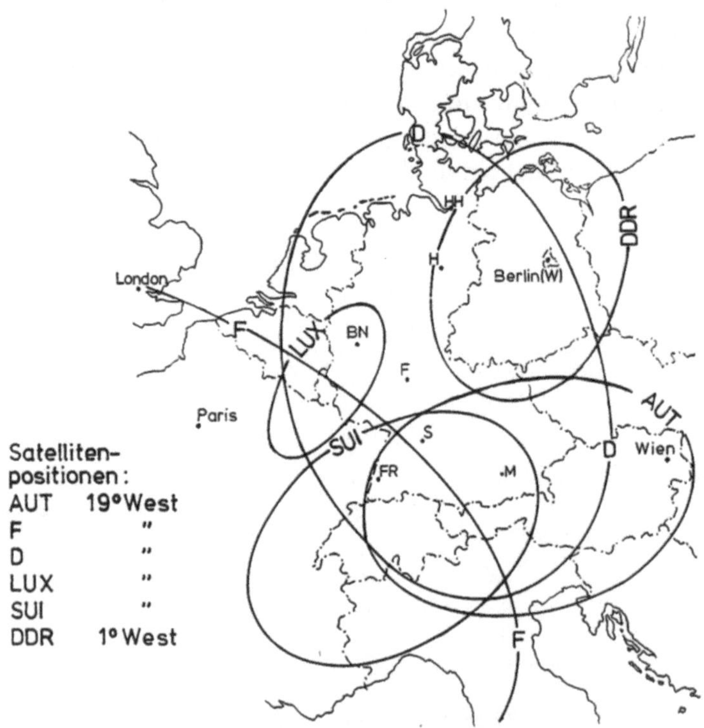

Abb. 11. Versorgungsbereiche einiger mitteleuropäischer Länder. An den Bereichsgrenzen beträgt die Leistungsflußdichte des empfangenen Signals 50 pW/m^2. Außerhalb dieser Grenzen ist mit erhöhtem Antennenaufwand ebenfalls Empfang möglich

Programme in Gemeinschafts- oder Kabelfernsehanlagen. Bereits heute sind in USA einige tausend Bodenstationen für diesen Zweck eingesetzt.

Tabelle 4 gibt einen Überblick über die vorhandenen und geplanten Möglichkeiten zum Empfang von Rundfunkprogrammen via Satellit in der Bundesrepublik Deutschland. Im April 1980 haben die Regierungen der Bundesrepublik Deutschland und Frankreichs ein Abkommen geschlossen, welches die technisch-industrielle Zusammenarbeit beider Länder auf dem Gebiet der Rundfunk-Direktsatelliten zum Gegenstand hat. Das Programm umfaßt die Entwicklung, die Fertigung, den Start und die Positionierung im Orbit von zwei baugleichen Rundfunksatelliten, die in ihrer funktechnischen Auslegung den Festlegungen der Genfer Satelliten-Konferenz von 1977 (WARC 77) entsprechen. Beide Satelliten (TV-SAT für Deutschland und TDF für Frankreich) sollen ab 1986 für die Programmausstrahlung zur Verfügung stehen. Der Direktsatellit für die präoperationelle Phase wird zunächst 2 Fernsehsignale und anstatt des dritten Fernsehsignals 16 Stereo-Hörfunksignale ausstrahlen. Direktsatelliten für die operationelle Phase sind noch in der Diskussion. Im Fernmeldesatelliten ECS hat die Deutsche Bundespost zwei Fernsehkanäle gemietet, wovon der sog. Westbeam-Kanal der Anstalt für Kabelkommunikation in Ludwigshafen und damit dem

Tabelle 4. Satellitenrundfunk in der Bundesrepublik Deutschland

	Bezeichnung	Kanäle	Frequenz-bereich (GHz)	Erforderlicher Durchmesser der Parabol-spiegelantenne	Übertragung / Nutzung
Direktsatellit	**TV-Sat** Orbit: 19° West Präoperationell (1986)	3 TV oder 2 TV und 16 Hörfunk	11,7 – 12,5	0,6 – 0,9 m für Einzelanlagen 1,2 m für Einspeisung in Kabelnetze	Direktempfang oder Einspeisung in Kabelnetze
	Operationell (1987/88)	5 TV oder 4 TV und 16 Hörfunk			
Fernmeldesatelliten	**ECS** 10° Ost Westbeam (1984) Ostbeam (1984)	 1 TV 1 TV	10,95–11,7	 2,4 m 3 m	Einspeisung in Kabelnetze: AKK/PKS u.a. (Pilotprojekte Ludwigshafen u.München) ZDF/ORF/SRG
	DFS 23,5° Ost Deutscher Fernmeldesatellit "Kopernikus" (1987)	Insgesamt 11 Kanäle, davon max. 7 für Fernsehen	11,45–11,7 und 12,5–12,75	3 m	Außer für Fernsehen auch für: Fernsprechen Text- u. Datenkommunikation Videokonferenz
	Intelsat V 57° Ost (1985)	max. 6 TV	10,95–11,7	3 m	Über Vergabe noch nicht entschieden

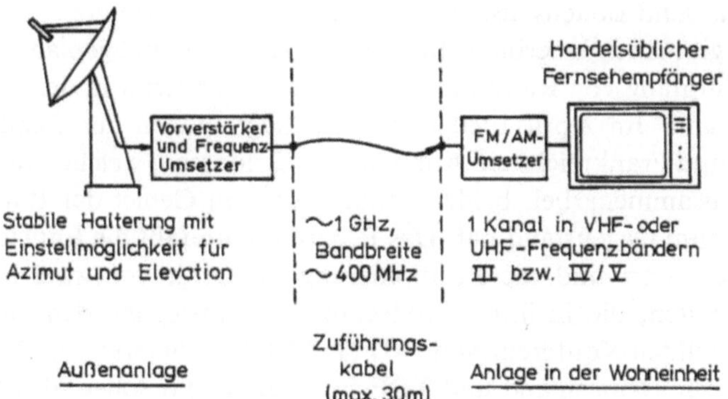

Abb. 12. Einrichtung zum direkten Empfang eines von einem Direktsatelliten abgestrahlten Fernsehprogramms

Sat1-Gremium und der Ostbeam-Kanal dem aus ZDF, ORF und SRG gebildeten 3Sat-Konsortium zugeordnet wurden. Weitere Möglichkeiten wird der für 1987 vorgesehene deutsche Fernmeldesatellit „Kopernikus" bieten. Dazu treten weitere internationale Satellitenprojekte, so daß der bisher bestehende Frequenzengpaß deutlich aufgelockert wird.

Der Empfang eines einzelnen, von einem Direktsatelliten abgestrahlten Fernsehprogramms kann mit einer einfachen Antennenanlage (Abb. 12) erfolgen, deren Preis (einschl. Montage) bei Mengenproduktion auf 1000–2000 DM geschätzt wird. Die Parabolspiegelantenne zum phasenrichtigen Bündeln der ankommenden Strahlen muß mit hoher Genauigkeit ($<1°$) auf den Satelliten ausgerichtet sein, der sich scheinbar stationär 35 800 km hoch über dem Atlantik — etwa auf halbem Weg zwischen Monrovia und Pernambuco — befindet. Dies bedeutet für die Bundesrepublik einen Elevationswinkel von 25 ... 28° und einen Azimutwinkel von 211 ... 220°. Vom süddeutschen Raum aus betrachtet entspricht die Position des Satelliten etwa dem Sonnenstand Anfang März bzw. Anfang Oktober nachmittags kurz nach 14 Uhr. Damit sind die von terrestrischen Rundfunkausstrahlungen her bekannten Abschattungsprobleme durch Berge und Hochbauten ganz wesentlich reduziert.

Da im Hinblick auf eine geringe Störbeeinflussung die Signale vom Satelliten in frequenzmodulierter Form abgestrahlt werden, ist in der Wohnung des Teilnehmers zusätzlich zum Fernsehempfänger ein FM/AM-Umsetzer notwendig, der selbstverständlich auch in das Fernsehgerät miteingebaut sein kann.

Technik der optischen Nachrichtenübertragung

Während sich die Telekommunikation in den vergangenen Jahrzehnten in eher ruhigen Bahnen weiterentwickelte, befindet sie sich derzeit im Umbruch

- von der Analogtechnik zur Digitaltechnik
- von den Einzelnetzen zu einem integrierten Netz und
- von Kupferkabeln zu Lichtwellenleiterkabeln.

Bestimmend für diesen schnellen Wandel sind die in Tabelle 5 aufgeführten starken innovativen Kräfte. Dabei kommt der Mikroelektronik eine Schrittmacherfunktion zu. Die Anzahl der Transistorfunktionen, die auf einem Siliziumplättchen (Chip) untergebracht werden können, verdoppelt sich alle 2 – 3 Jahre. Gleichzeitig fallen die Kosten je Transistorfunktion im reziproken Verhältnis, so daß die Kosten je Chip trotz steigender Komplexität etwa konstant bleiben. Bereits heute ist die Miniaturisierung der Halbleiterbausteine schon so weit fortgeschritten, daß mehrere hunderttausend Transistorfunktionen auf einem Siliziumchip untergebracht sind, und in Kürze werden Chips mit 1 oder gar 4 Mio. Transistorfunktionen auf dem Markt erscheinen. Damit eröffnen sich Möglichkeiten, die noch vor 1 – 2 Dekaden aus Aufwandsgründen für eine allgemeine Einführung nicht in Frage kamen. So gestatten mikroelektronische Bausteine die Einführung digitaler Telekommunikationssysteme (wie im folgenden Kapitel näher ausgeführt wird), stärker an den menschlichen Benutzer angepaßte Dienste, z. B. bei der Textkommunikation, und Rechnerunterstützung für praktisch jedermann und an jedem Ort.

Die optische Nachrichtenübertragung auf Lichtwellenleitern (Glasfasern) hat in den vergangenen Jahren große Fortschritte gemacht und verspricht, eine Alternative zu der heute verwendeten elektrischen Übertragung auf Kupferleitungen zu werden. Ein optisches Nachrichtenübertragungssystem (Abb. 13) besteht aus einem Lichtsender, der das elektrische Signal in ein Lichtsignal umwandelt, einer extrem dünnen Glasfaser, in der das Licht geführt wird, und einer Photodiode als Lichtempfänger, in der das Licht wieder in elektrischen Strom zurückverwandelt

Tabelle 5. Innovative Kräfte für die evolutionäre Weiterentwicklung der Telekommunikation

---

Mikroelektronik ermöglicht
- digitale Übertragungs- und Vermittlungstechnik
- Signalprozessoren
- „intelligentere" Endgeräte
- dezentrale Text- und Datenverarbeitung

Satellitentechnik zur
- breitbandigen Verbindung von Netzinseln
- Verteilung von Fernsehsignalen

Optische Nachrichtenübertragung ermöglicht
- höhere Übertragungsgeschwindigkeit
- größeren Verstärkerabstand

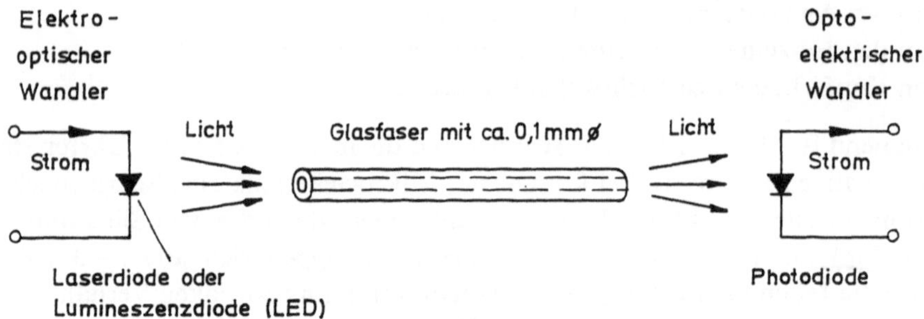

Abb. 13. Prinzip eines optischen Übertragungssystems

wird. Die elektro-optische Wandlung erfolgt in der Weise, daß in einer Laserdiode (LD) oder in einer Lumineszenzdiode (LED) Licht erzeugt wird, dessen Intensität (Helligkeit) proportional ist zu der Stärke des Stromes, der durch die Diode fließt.

Der in die Lichtleitfaser eingekoppelte Lichtstrahl wird durch Totalreflexion an der Grenzschicht, die den Faserkern umgibt, sehr verlustarm im Innern der Faser über große Entfernungen geführt. Zur Erzeugung dieser Grenzschicht muß das für die Faser verwendete Quarzglas im Faserkern einen geringfügig (ca. 1%) höheren Brechungsindex n_K als im Fasermantel (n_M) haben.

Abb. 14 veranschaulicht das Snellius'sche Brechungsgesetz, das die Verhältnisse sowohl bei der Einkopplung des Lichtstrahls in die Faser als auch bei der Weiterleitung beschreibt. Unterhalb eines bestimmten Lichteinfallwinkels γ_L, dessen Sinus als numerische Apertur A_N bezeichnet wird, und des sich hieraus ergebenden Grenzwinkels γ_K, kann ein Lichtstrahl den Kern nicht mehr verlassen. Das angegebene Zahlenbeispiel mit $n_K/n_M = 1{,}01$ läßt erkennen, daß nur solche Lichtstrahlen durch Totalreflexion weitergeleitet werden, deren Grenzwinkel $\gamma_K \leqq 8°$ beträgt. Die übrigen Anteile der Lichtstrahlung treten in den Fasermantel aus und gehen für die Lichtübertragung verloren.

Wie Abb. 15 veranschaulicht, legen schräg eingekoppelte Lichtstrahlen innerhalb der Kernzone einen längeren Weg zurück als Strahlen, die parallel zur Faserachse eingekoppelt werden. Mit einem kurzen Lichtimpuls gleichzeitig gestartete Strahlen verschiedener Einfallswinkel benötigen daher unterschiedlich lange bis zu ihrem Eintreffen am Faserende. Anstelle eines einzigen kurzen Impulses kommt dort eine Folge nacheinander eintreffender Teilimpulse (Moden) an, die sich zu einem verbreiterten Empfangsimpuls der Dauer Δt_{Mo} zusammenfügen. Einzeln gesendete Lichtimpulse können daher auf der Empfangsseite nur unterschieden werden, wenn ein bestimmter Impulsabstand nicht unterschritten wird. Dieser Effekt, der als *Modendispersion* bezeichnet wird, entspricht einer Beschränkung der maximal übertragbaren Frequenz ähnlich wie bei der elektrischen Übertragung, so daß auch eine Glasfaser eine begrenzte Bandbreite aufweist. Diese „Grenzfrequenz" $f_g = 1/2\Delta t_{Mo}$ ist von der Faserlänge abhängig, so daß

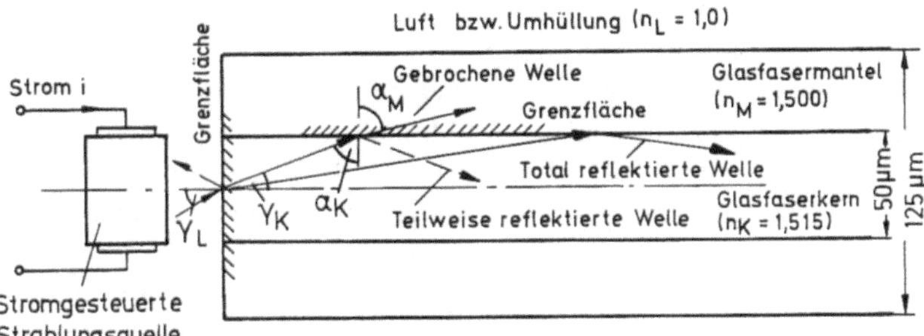

$$\text{Snellius'sches Brechungsgesetz: } n_x \sin\alpha_x = n_y \sin\alpha_y$$

Einkopplung in Glasfaser:
$$n_L \sin\gamma_L = n_K \sin\gamma_K$$

$$\text{Numerische Apertur } A_N = \sin\gamma_L = n_K \sin\gamma_K = n_K \sqrt{1-\cos^2\gamma_K} = \sqrt{n_K^2 - n_M^2}$$

$$\text{Beispiel: } \gamma_L = 12° \text{ bei } \gamma_K = 8°$$

Weiterleitung:

$$\text{Grenzwinkel der Totalreflexion für } \alpha_M = 90° \text{ d.h. } \alpha_K = \arcsin\frac{n_M}{n_K}$$

$$\text{Beispiel: } \gamma_K = 90° - \alpha_K = 8°$$

Abb. 14. Einkopplung und Weiterleitung des Lichtstrahls

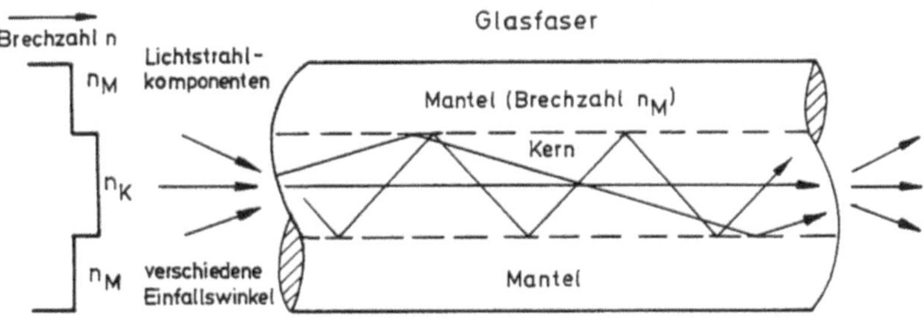

Zwei Impulse auf Sendeseite, die aus Lichtstrahlkomponenten mit verschiedenen Einfallswinkeln bestehen

Lichtstrahlkomponenten kommen auf Empfangsseite infolge unterschiedlicher Laufzeit zeitlich versetzt an

Abb. 15. Modendispersion in einer Glasfaser mit stufenförmigem Verlauf der Brechzahl

man die ausnutzbare Modulationsbandbreite überlicherweise als Bandbreite-Länge-Produkt BL in MHz · km angibt.

Im Gegensatz zu einem Lichtwellenleiter mit stufenförmigem Übergang der Brechzahl n_K des Kerns zu derjenigen des Mantels n_M nimmt bei der Gradientenfaser durch genau dosierte Zusätze zum Quarzmaterial die Brechzahl des Kerns annähernd parabelförmig auf den Wert von n_M ab. Entsprechend diesem Brechzahlprofil wird ein unter schiefem Winkel eingekoppelter Strahl zum dichteren, stärker brechenden Kerninneren zurückgebeugt. Er legt dabei zwar einen längeren Weg zurück als ein Achsenstrahl, pflanzt sich aber in den schwächer brechenden Randzonen schneller fort, so daß eine deutliche Verringerung der Modendispersion und damit eine Erhöhung des Bandbreite-Länge-Produkts erreicht wird. Die typische Bandbreite einer Gradientenfaser von 1 km Länge mit BL = 1000 MHz · km ist in Abb. 1 dargestellt. Man erkennt, daß Lichtwellenleiter für die Breitbandkommunikation besonders geeignet sind. In Abb. 16 ist der Modenverlauf in typischen Glasfasern mit den zugehörigen Brechzahlprofilen dargestellt.

Der Effekt der Modendispersion kann vermieden werden, wenn man den Kerndurchmesser bei einem Stufenprofil-Lichtwellenleiter so klein macht (z. B. 5 µm), daß sich nur ein einziger Ausbreitungsmodus in Achsennähe ausbilden kann. Man spricht dann von Monomodefasern, deren Bandbreite-Länge-Produkt um 1 − 2 Größenordnungen höher liegt als bei Gradientenfasern. Ihre Her-

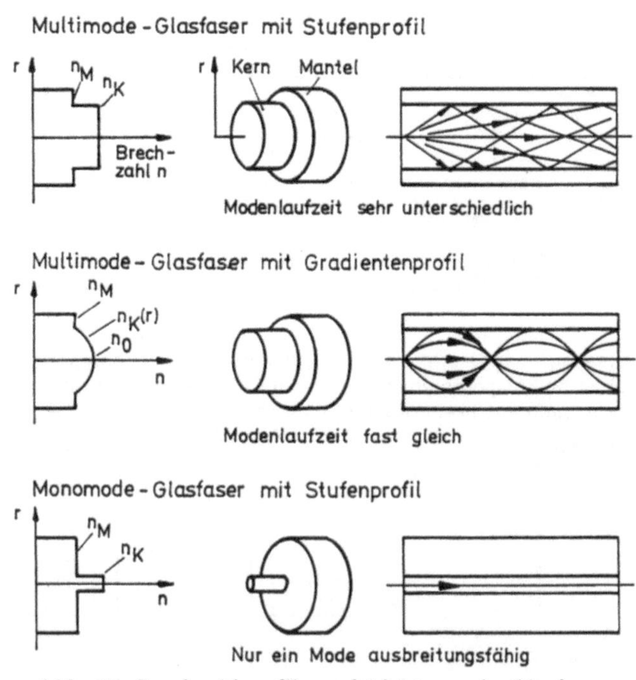

Abb. 16. Brechzahlprofile und Lichtwege in Glasfasern

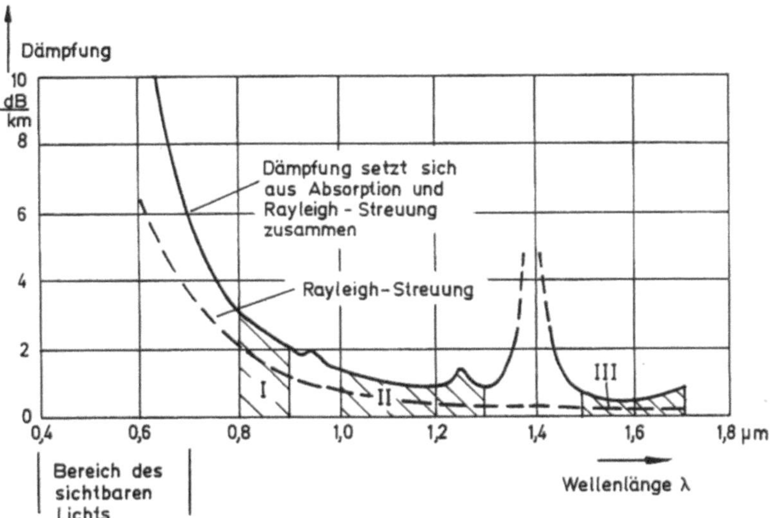

Abb. 17. Optische Dämpfung in einer Glasfaser als Funktion der Wellenlänge

stellung und Handhabung ist schwieriger als bei der heute meistens verwendeten Gradientenfaser, so daß sie vorläufig nur bei hochwertigen Übertragungsstrecken eingesetzt wird.

Während normales Fensterglas bei einer Dicke von 1 m nahezu undurchsichtig ist, nimmt die Intensität eines Lichtstrahls in einer für die optische Nachrichtenübertragung geeigneten Glasfaser auf einem Kilometer Länge nur um etwa ein Drittel ab. Diese geringe Dämpfung erreicht man durch die Verwendung von hochreinem synthetischem Quarzglas. In Abb. 17 kann man den wellenlängenabhängigen Verlauf dieser Dämpfung erkennen. Die unvermeidlichen Restinhomogenitäten führen zu internen Streuverlusten, die mit wachsender Wellenlänge proportional zu $1/\lambda^4$ abnehmen, wobei diese als Rayleigh-Streuung bezeichnete Dämpfung etwa 0,8 dB/km bei $\lambda = 1$ µm beträgt. Überlagert sind weitere Absorptions- und Streuverluste, die durch Verunreinigungen entstehen. Vor allem im Bereich um 1,4 µm führen Restmengen von OH-Ionen zu deutlichen Dämpfungsspitzen. Üblicherweise nutzt man die Glasfaser — abhängig von den zur Verfügung stehenden Wandlern — in den drei Bereichen (Fenstern) I – III im nahen und mittleren Infrarotbereich.

Abb. 18 gibt typische Werte für eine Lumineszenzdiode (LED) bzw. eine Laserdiode (LD) als optische Sendequellen. Obwohl die Strahlungsleistung der beiden Dioden in derselben Größenordnung liegt, emittiert die Laserdiode eine sehr viel höhere Lichtleistung in die Glasfaser, da die strahlende Fläche klein ist und durch die stimulierte Emission (Lasereffekt oberhalb eines bestimmten Schwellenstromes) ein lawinenartiges Anwachsen der Photonenzahl entsteht, das als kohärente Strahlung eine scharfe Bündelung aufweist. Dementsprechend weist die

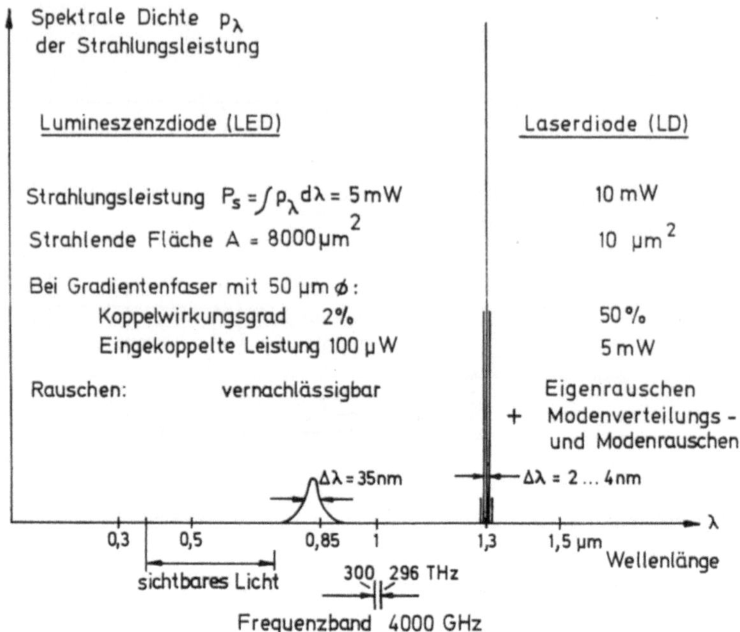

Abb. 18. Typische Werte für eine Lumineszenzdiode bei $\lambda = 0{,}83\ \mu m$ und eine Laserdiode bei $\lambda = 1{,}3\ \mu m$

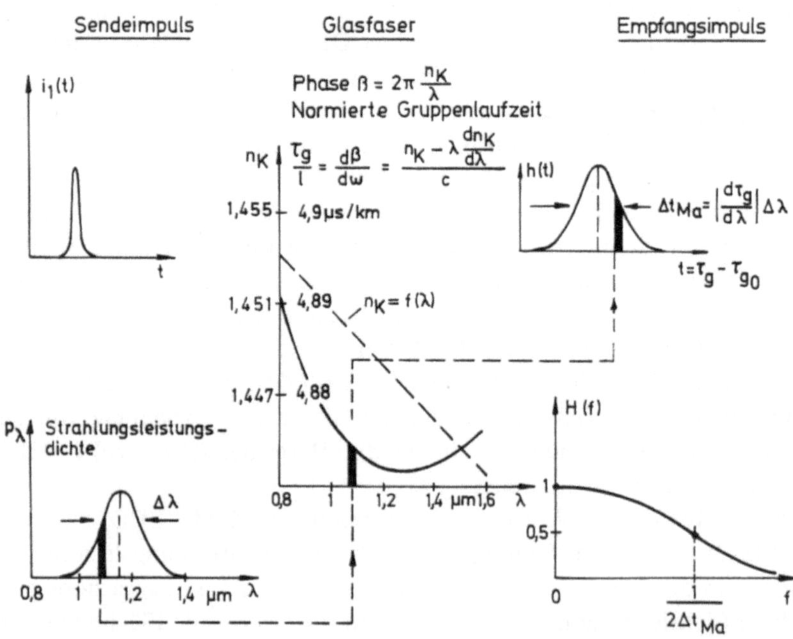

Abb. 19. Materialdispersion durch die Abhängigkeit der Brechzahl n_K von der Wellenlänge λ

spektrale Dichte p_λ der Strahlungsleistung eine geringe Breite $\Delta\lambda = 2 \cdots 4\,\text{nm}$ auf. Auch lassen sich Laserdioden bis zu 2 GHz und mehr modulieren.

Im Gegensatz hierzu haben Lumineszenzdioden einen etwa um den Faktor 10 breiteren spektralen Verlauf der Strahlungsleistungsdichte und wegen der spontanen, ungebündelten Emission von Licht einen sehr viel geringeren Koppelwirkungsgrad. Abb. 18 zeigt beispielhaft auch die enorme Breite des für die optische Übertragung nutzbaren Frequenzbereichs.

Neben der Modendispersion Δt_{Mo} gibt es auch noch eine *Materialdispersion* Δt_{Ma}, die durch die Abhängigkeit der Brechzahl n_K von der Wellenlänge λ hervorgerufen wird. Wegen $n_K = c/v$ ist damit auch die Fortpflanzungsgeschwindigkeit v eine Funktion von λ. Wie Abb. 19 zeigt, ergeben sich für eine Strahlung mit verschiedenen Wellenlängen λ unterschiedliche Werte für die Gruppenlaufzeit τ_g, die dazu führen, daß aus dem zeitlich sehr kurzen Sendeimpuls ein Empfangsimpuls mit der angenäherten Dauer Δt_{Ma} entsteht. In der Nähe von $\lambda = 1,3\ \mu\text{m}$ hat die Tangente an die Gruppenlaufzeitkurve die Steigung 0, so daß dort die Materialdispersion verschwindet. Die Materialdispersion wird um so größer, je breiter das Spektrum der Strahlungsleistungsdichte p_λ ist. Sie ist daher für Lumineszenzdioden mit ihren Spektralbreiten $\Delta\lambda = 20 \cdots 40\,\text{nm}$ besonders groß.

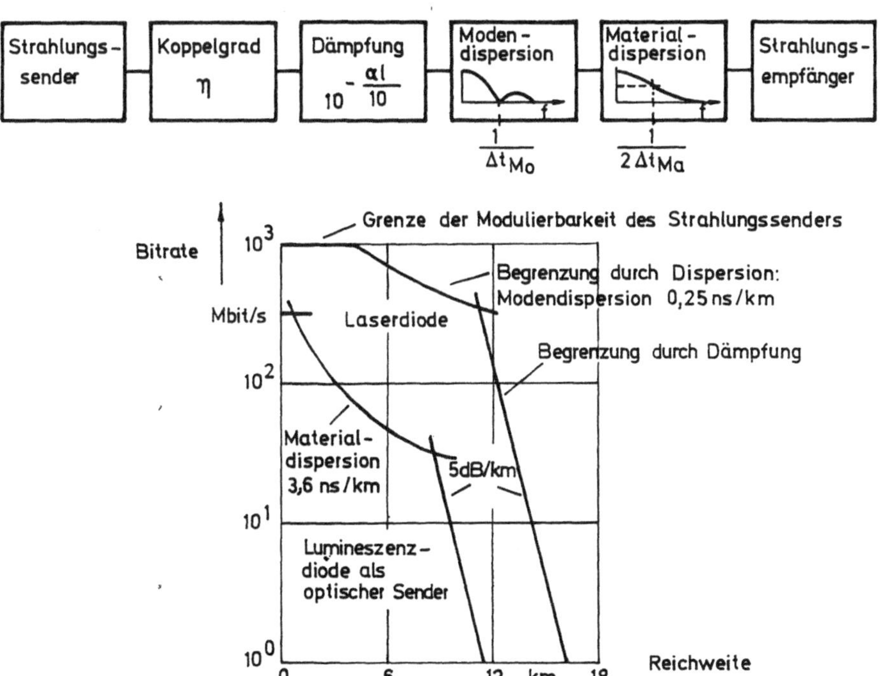

Abb. 20. Durch Dispersion und Dämpfung einer Gradientenfaser begrenzte Reichweite bei digitalem Übertragungssystem

Faßt man die geschilderten Effekte zusammen, so ergibt sich für ein digitales optisches Übertragungssystem das in Abb. 20 gezeigte Blockschaltbild. Das vom Sender abgestrahlte impulsförmige Lichtsignal wird mit dem Koppelwirkungsgrad η in die Gradientenfaser eingekoppelt, auf dem Übertragungsweg gedämpft und sowohl durch Moden- als auch Materialdispersion zu einem Signal mit breiteren, sich teilweise überlappenden Impulsen verformt, und dann im Strahlungsempfänger in ein elektrisches Signal zurückverwandelt. Die beiden Kurven in Abb. 20 zeigen für LED- bzw. LD-Systeme den Zusammenhang zwischen der Bitrate, d. h. der Zahl der Impulse je Sekunde, und der Reichweite in km, bestimmt durch die Dämpfung der Glasfaser, den Einfluß der Dispersion und die Grenze der Modulierbarkeit der Sendediode.

Für die Einkopplung von Licht in Monomodefasern kommen im allgemeinen nur Laserdioden in Betracht, so daß der Effekt der Materialdispersion hier vernachlässigbar klein ist. Abb. 21 zeigt die sich durch Moden- und Materialdispersion ergebenden Bandbreite-Länge-Produkte [6], die angenähert der Beziehung

$$BL \approx \frac{1}{2\sqrt{\Delta t_{Mo}^2 + \Delta t_{Ma}^2}}$$ gehorchen.

Neben den geschilderten Effekten ist beim Aufbau eines optischen Übertragungssystems auf weitere Punkte zu achten. So soll Abb. 22 veranschaulichen, daß Glasfasern mit hoher Präzision verbunden werden müssen, um Zusatzdämpfungen oder auch Modenumwandlungen zu vermeiden [7].

Die aus Abb. 1 erkennbare Bandbreite eines Lichtwellenleiters mit Gradientenindexprofil würde es erlauben, sehr viele Fernsehprogramme in Restseiten-

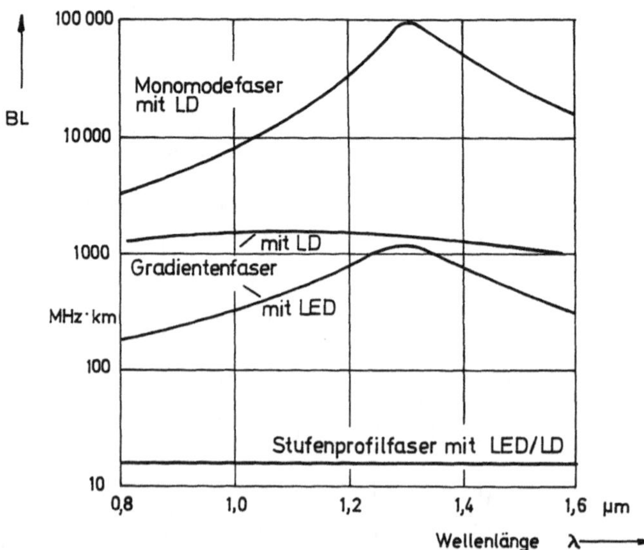

Abb. 21. Bandbreite-Länge-Produkt BL als Funktion der Wellenlänge bei den verschiedenen Arten von Glasfasern

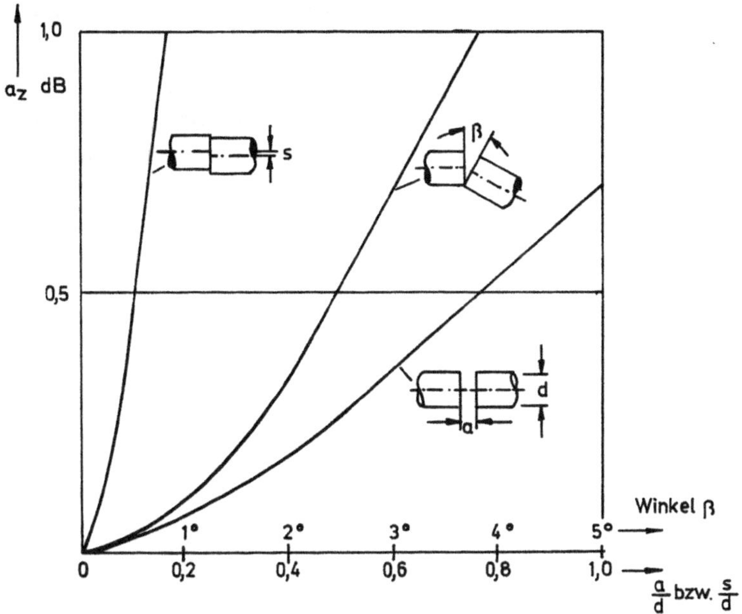

Abb. 22. Zusatzdämpfung a_z durch Fehler beim Verbinden von Glasfasern

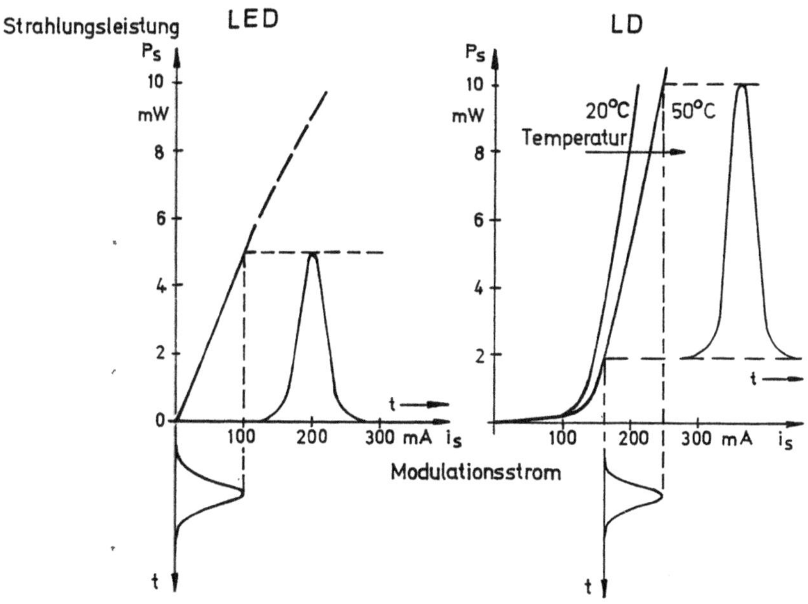

Modulationssteilheit:　　　50mW/A　　　　　90mW/A
Typ. Modulationsbandbreite:　300 MHz　　　　2 GHz

Abb. 23. Statische Modulationskennlinien von LED und LD

band-Amplitudenmodulation gleichzeitig zum Teilnehmer zu übertragen. Leider weisen die Kennlinien (Abb. 23) von Laserdioden, aber auch von Lumineszenzdioden, keine ausreichende Linearität auf und führen bei dieser Betriebsweise zu einer hohen Intermodulation d. h. zu einer gegenseitigen Beeinflussung der Fernsehsignale. Der funktionelle Zusammenhang zwischen der zur Ansteuerung dienenden Änderung des Modulationsstroms und der dadurch hervorgerufenen Änderung der Strahlungsleistung ist nicht in ausreichendem Maße linear. Die Kennlinie der Laserdiode ist darüber hinaus stark temperaturabhängig und zeigt, daß der Lasereffekt erst oberhalb eines Schwellstromes von etwa $100 \cdots 150$ mA einsetzt. Untersuchungen [8] haben gezeigt, daß eine Linearisierung der in einem derartigen Übertragungssystem als Lichtsender verwendeten Laserdiode durch eine Gegenkopplung wegen der viel zu großen Schleifenlaufzeit nicht möglich ist. Dagegen brachte eine Anordnung zur Vorverzerrung nach Abb. 24 eine Verbesserung der Klirrdämpfungswerte a_{k2} und a_{k3} um etwa 20 dB.

Bei geeigneter Einstellung der Hilfsnichtlinearität lassen sich damit bis zu 6 Fernsehsignale mit ausreichendem Intermodulationsabstand übertragen. Es zeigte sich jedoch auch, daß der analogen Übertragung in der ursprünglichen Restseitenbandlage enge Grenzen gesetzt sind und daß eine digitale Übertragung – allerdings mit sehr viel höherem Bedarf an Bandbreite – vorzuziehen ist.

Die aus heutiger Sicht erkennbaren Vor- und Nachteile der optischen Nachrichtenübertragung auf Lichtwellenleiter-Kabeln sind in Tabelle 6 aufgeführt.

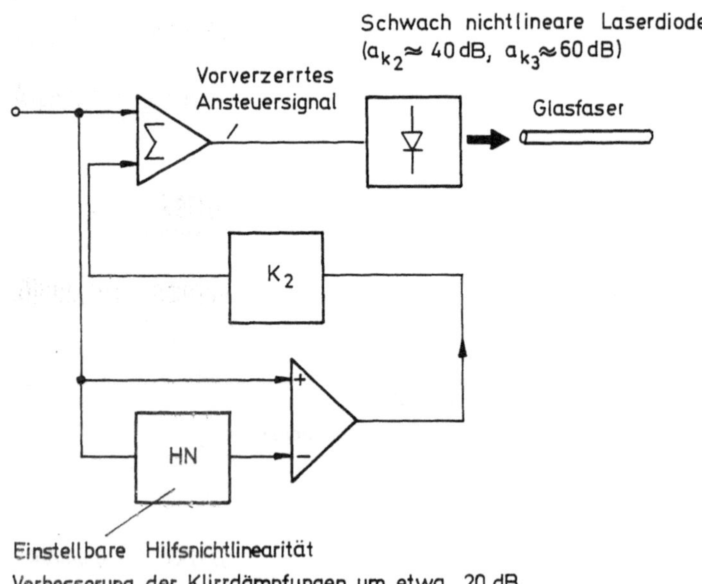

Abb. 24. Erhöhung der Linearität einer Laserdiode durch Vorverzerrung des Steuersignals

Tabelle 6. Vor- und Nachteile der optischen Nachrichtenübertragung

Vorteile:
- Geringe Dämpfung → wenige oder keine Zwischenverstärker
- Große Bandbreite → große Übertragungskapazität
- Geringes Gewicht und geringer Faserdurchmesser
- Unempfindlich gegenüber elektromagnetischen Störquellen
- Kein Übersprechen auf Nachbarfasern

Nachteile:
- Relativ hohe Kosten (teurer Herstellungsprozeß, elektro-optische Wandlung)
- Schwierigere Verbindungstechnik
- Fernspeisung praktisch nicht möglich

Besonders wichtig sind die geringe Dämpfung, die bewirkt, daß das eingekoppelte Licht unverstärkt über große Distanzen geleitet werden kann, und die große Bandbreite, die einen hohen Wert der Übertragungskapazität ergibt.

Nachteilig sind der zumindest heute noch teuere Herstellungsprozeß der Glasfaser, die technologisch schwierigere Verbindungstechnik und die zusätzlichen Kosten für die elektro-optischen und opto-elektrischen Wandler mit der zugehörigen Elektronik. Hier lassen aber technologische Weiterentwicklungen, die Fertigung großer Mengen und die Fortschritte in der Mikroelektronik eine deutliche Verbesserung der Situation erwarten. Gelegentlich wird auch das Fehlen der Möglichkeit, gleichzeitig elektrische Leistung zur Fernspeisung von Zwischenverstärkern und Endeinrichtungen übertragen zu können, als nachteilig empfunden.

Die Entwicklung der optischen Nachrichtenübertragung ist noch stark im Fluß, so daß ständig neue Erfolgsmeldungen über die ohne Verstärker überbrückbare Entfernung bzw. die erreichbare Übertragungsgeschwindigkeit zu verzeichnen sind. Daneben sind weltweit aber auch sehr intensive Bemühungen im Gange, die Kosten der optischen Nachrichtenübertragung durch die Verbesserung der Produktionstechnik für Massenfertigung weiter zu verringern.

Der heutige Stand optischer Übertragungssysteme ist in Tabelle 7 wiedergegeben. Im Weitverkehr kommen die wesentlichen Vorteile der optischen Nachrichtenübertragung, nämlich geringe Dämpfung der Lichtwellenleiter und große Bandbreite, voll zum Tragen. Daher sind optische Übertragungssysteme in der Fernebene bereits heute wirtschaftlicher als entsprechende Koaxialkabelsysteme.

Wegen der großen Bandbreite und des Bündelungseffekts verteilt sich der Aufwand beim schmalbandigen Fernsprechen auf viele Teilnehmer. Ganz anders werden die Verhältnisse, wenn Bildfernsprechsignale mit hohen Bitraten (z. B. 140 Mbit/s) übertragen werden müssen. Dann entfallen die Aufwendungen auf nur wenige Nutzer, so daß erwartet werden muß, daß eine kostengerechte Gebühr für Bildfernsprechen eine starke Entfernungsabhängigkeit aufweisen wird.

Tabelle 7. Stand optischer Übertragungssysteme

Fernebene:
- Heute schon wirtschaftlicher als entsprechende Kupferkabelsysteme
- Bau einer Glasfaser-„Autobahntrasse" von Hamburg nach München

Ortsebene:
- Mehrere Feldversuche mit unterschiedlicher Technik (BIGFON)
- Intensive Anstrengungen, um den Aufwand annähernd auf denjenigen herkömmlicher Kupfersysteme zu verringern
- Trend zu digitalen breitbandigen Teilnehmeranschlüssen mit einer Glasfaser pro Teilnehmer

---

Zur technischen Erprobung der für Breitband-Universalnetze notwendigen Technologien wurden Ende 83/Anfang 84 insgesamt 10 Prototypnetze eines Breitbandigen Integrierten Glasfaser-Fernmelde-Ortsnetzes (BIGFON) in Betrieb genommen, in denen neben allen schmalbandigen Telekommunikationsformen und Fernsehen sowie Hörfunk einigen wenigen Teilnehmern auch die Möglichkeit zum Bildfernsprechen geboten wird. Dabei wird die übliche Fernsehnorm angewandt, so daß der Teilnehmer das in seiner Wohnung aufgestellte Fernsehgerät auch zum Bildfernsprechen verwenden kann. Die BIGFON-Versuchsanlagen haben bereits jetzt gezeigt, daß Breitband-Universalnetze mit Integration aller Dienste technisch möglich sind; sie sind jedoch noch wesentlich zu aufwendig. Daher konzentriert sich die derzeitige Entwicklung, wie im nächsten Abschnitt beschrieben wird, auf eine Erweiterung des zukünftigen ISDN zum Breitband-ISDN.

Zur Verbindung der in den Städten Berlin, Düsseldorf, Hamburg, Hannover, München, Nürnberg und Stuttgart installierten BIGFON-Versuchsanlagen und weiterer zukünftiger Breitbandnetze wird derzeit unter Verwendung von optischen 140 Mbit/s-Weitverkehrsstrecken ein Fernnetz errichtet, das es gestattet, eine bundesweite Nutzung von Bildfernsprechen und anderen Breitbandkommunikationsformen (z. B. Videokonferenzen) zu erproben. Die Trassenführung dieser Glasfaser-„Autobahn" in ihrem geplanten Ausbau bis Ende 1986 zeigt Abb. 25. Die erste Strecke zwischen Hamburg und Hannover, für die ein Kabel mit 60 Fasern verwendet wurde, ging vor kurzem in Betrieb.

In der optischen Nachrichtenübertragung sind derzeit die in Tabelle 8 angegebenen Entwicklungsperspektiven erkennbar. Neben den Bestrebungen, die Übertragungskapazität sowie die Verstärkerabstände durch den Einstaz von Monomode-Lichtwellenleitern mit geeigneten optischen Komponenten zu erhöhen, ist man bei der weiteren Entwicklung der optischen Nachrichtenübertragung auch bemüht, die Lichtwellenleiter mehrfach zu nutzen, z. B. durch Einsatz der Wellenlängenmultiplextechnik.

Abb. 25. Glasfaser-„Autobahn"

Tabelle 8. Entwicklungsperspektiven der optischen Nachrichten-Übertragung

- Erhöhung der Übertragungskapazität
- Erhöhung des Verstärkerabstandes
- Verringerung der Kosten
- Wellenlängen-Multiplex
- Kohärente Detektion (Heterodyn-Empfang)
- Elektrooptische Komponenten
- Integrierte Optik (Lichtverstärker)

Durch die gleichzeitige Einkopplung von Lichtstrahlen unterschiedlicher Wellenlänge in die Faser — beim sichtbaren Licht entspräche dies unterschiedlichen Farben — kann die Übertragungskapazität einer Glasfaser erhöht werden. Insbesondere kann, wie Abb. 26 zeigt, durch die Verwendung von zwei Wellenlängen λ_1 und λ_2 erreicht werden, daß die Nachrichtensignale in der Richtung vom Teilnehmer zum Netz (λ_1) getrennt von den Signalen in der umgekehrten Richtung (λ_2) übertragen werden können, so daß eine einzige Glasfaser je Teilnehmer für den Zweirichtungsverkehr ausreicht. Die unterschiedlichen Wellenlängen werden auf beiden Seiten durch eine geeignete optische Weiche voneinander getrennt.

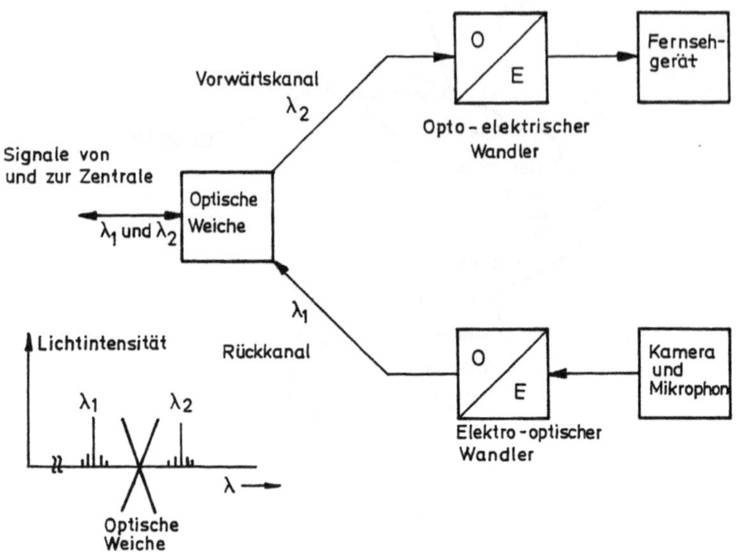

Abb. 26. Wellenlängenmultiplex zur Richtungstrennung auf der Teilnehmeranschlußleitung

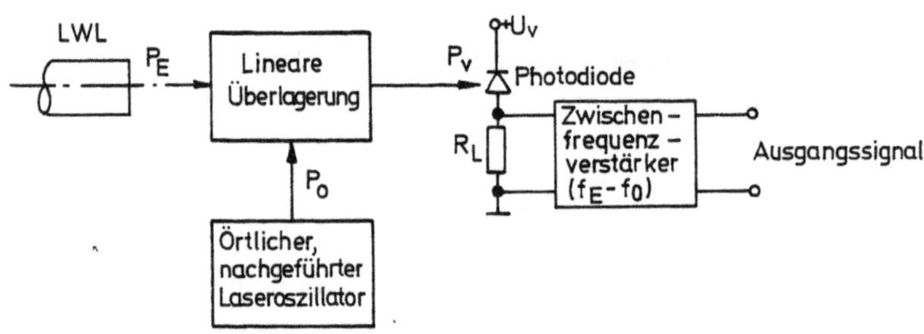

Momentane Strahlungsleistung $P_E = e_E^2(t)$ mit frequenz- und phasenkohärenter

Empfangsstrahlung $e_E(t) = \hat{e}_E(t)\cos(\omega_E t + \varphi_E)$

Örtlich zugeführte Strahlungsleistung $P_0 = \hat{e}_0^2 \cos^2(\omega_0 t + \varphi_0)$

Momentane Strahlungsleistung der linear überlagerten Strahlungen

$P_V(t) = (e_E + e_0)^2 = \hat{e}_E(t) \cdot \hat{e}_0 \cos\left[(\omega_E - \omega_0)t + (\varphi_E - \varphi_0)\right] +$ weitere Glieder

Photodiodenstrom $i_p \sim P_V \sim \hat{e}_0$

Abb. 27. Heterodynempfang bringt verbesserten Störabstand und Selektivität

Von besonderem Interesse für die Mehrfachnutzung sind die Forschungsanstrengungen, den Heterodynempfang einsatzreif zu machen. Abb. 27 zeigt das Prinzip der kohärenten und selektiven Detektion der ankommenden Lichtstrahlen. Entsprechend dem in Rundfunkempfängern üblichen Überlagerungsempfang findet in einem „Mischer" eine Überlagerung der Empfangsstrahlung $e_E(t)$ mit der einem örtlichen Laseroszillator entnommenen Strahlung $e_o(t)$ statt. Die momentane Strahlungsleistung $P_v(t)$ der linear überlagerten kohärenten Strahlung enthält einen Signalanteil mit der Differenzfrequenz $f_E - f_o$, der nach optoelektrischer Wandlung in einer Zwischenfrequenz-Stufe verstärkt den weiteren Stufen zugeleitet werden kann. In Versuchsanordnungen wurde bereits gezeigt [9], daß dieses Empfangsprinzip technisch möglich ist. Der optische Überlagerungsempfänger ist hoch selektiv und wesentlich empfindlicher als der Direktempfänger. Allerdings sind hier noch viele Forschungsfragen offen, so z. B. die zweckmäßige Art der Abstimmung des örtlichen Laseroszillators auf die gewünschte Empfangsstrahlung.

Auch das Gebiet der integrierten Optik bis hin zu dem Aspekt der optischen Vermittlung von Lichtstrahlen befindet sich heute noch eindeutig im Forschungsstadium, gibt aber zu großen Hoffnungen Anlaß.

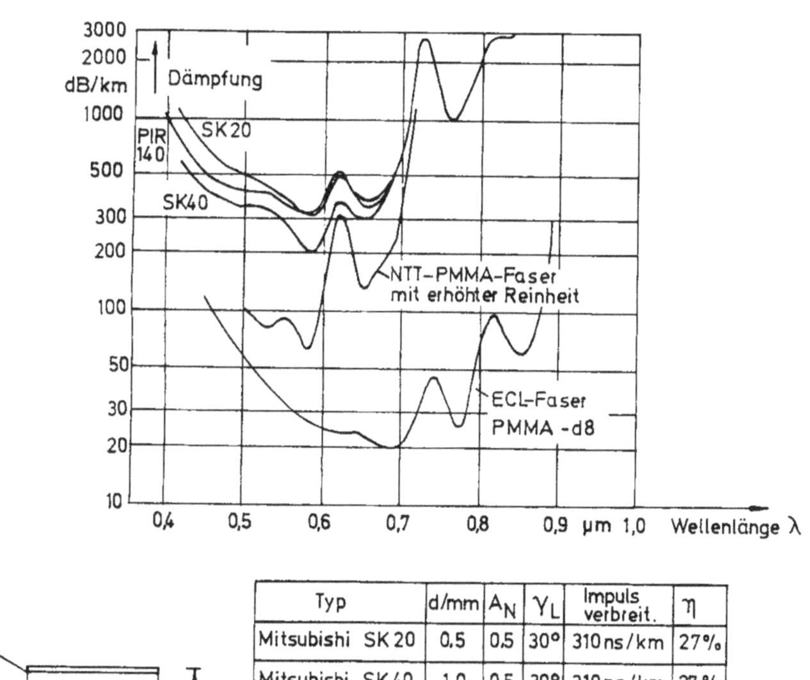

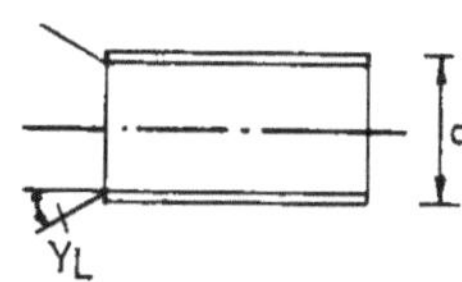

Typ	d/mm	A_N	Y_L	Impuls verbreit.	η
Mitsubishi SK 20	0,5	0,5	30°	310 ns/km	27%
Mitsubishi SK 40	1,0	0,5	30°	310 ns/km	27%
Dupont PIR–140	0,4	0,53	35°	333 ns/km	28%
ECL	0,65	0,48	29°	264 ns/km	23%

Abb. 28. Eigenschaften von Lichtwellenleitern aus Plastikmaterial

Für den Einsatz der optischen Nachrichtenübertragung im Teilnehmeranschlußnetz ist die Wirtschaftlichkeit von entscheidender Bedeutung. Da in einem
Sternnetz jeder Teilnehmer ein eigens für ihn installiertes, optisches Übertragungssystem bestehend aus Lichtwellenleiter, Sendewandler und Empfangswandler — jeweils mit zugehörigen Elektronikschaltungen — nutzt, müssen die
Forschungs- und Entwicklungsanstrengungen für diesen Bereich dahin gehen, alle Möglichkeiten zur Verringerung des Aufwands auszuschöpfen. Eine Verbesserung der Situation ergibt sich auch, wenn zumindest auf dem Abschnitt zwischen
dem Kabelverzweiger und der Ortsvermittlungsstelle die Lichtwellenleiterstrecke
durch eine elektrische Multiplexanordnung mehrfach genutzt werden kann.

Werden die digitalen Signale nur über kurze Strecken übertragen, so erreicht
man auch mit einfacheren Wandlern und Lichtwellenleitern eine in vielen Fällen
ausreichende Übertragungskapazität. Abb. 28 zeigt den Dämpfungsgang leicht
zu handhabender Lichtwellenleiter aus Plastikmaterial. Wie Simulationsrechnungen [10] gezeigt haben, bieten auch solche Lichtwellenleiter die Möglichkeit,
über wenige hundert Meter Bitraten bis zu 34 Mbit/s zu übertragen, sofern geeignete Sendelemente zur Verfügung stehen. Es ist anzunehmen, daß auf diesem Gebiet weitere Fortschritte erzielt werden.

Entwicklungsstufen der Individualkommunikation

Aufbauend auf den Fortschritten in der Mikroelektronik und der Technik der
optischen Nachrichtenübertragung wird sich die Entwicklung zur Breitbandkommunikation aus heutiger Sicht in folgenden Stufen vollziehen:
1. Im bisherigen Fernsprechwählnetz werden die Signale in analoger Form übertragen und in elektromechanischen Vermittlungen in Raummultiplextechnik
durchgeschaltet. Nachdem seit einigen Jahren die Übertragungseinrichtungen
zunehmend auf die digitale PCM-Technik umgestellt werden und in den Systemen EWSD bzw. System 12 nun auch digitale, rechnergesteuerte Zeitmultiplex-Vermittlungssysteme für den weiteren Ausbau zur Verfügung stehen,
stellt die Deutsche Bundespost das Fernsprechwählnetz Zug um Zug auf digitale Verbindungstechnik um.

   In diesem Netz sind dann, wie in Abb. 29 gezeigt wird, die Fernsprechteilnehmer zunächst in der bisher üblichen Analogtechnik an die digitale Vermittlungsstelle angeschlossen, wobei die Analog/Digital- und die Digital/Analog-
Wandlung am teilnehmerseitigen Eingang der Vermittlungsstelle erfolgen. Die
digitale Art der Übertragung und Vermittlung ursprünglich analoger Signale
erlaubt häufig sehr wirtschaftliche Lösungen, ist besonders gut für die optische Nachrichtenübertragung geeignet und weist eine hohe Sicherheit gegen
äußere Störungen auf, da man am Empfangsort ja lediglich das Vorhandensein von Impulsen erkennen, also eine Ja-Nein-Entscheidung vornehmen
muß. Allerdings bedingt der Vorgang des Abtastens und Codierens einen

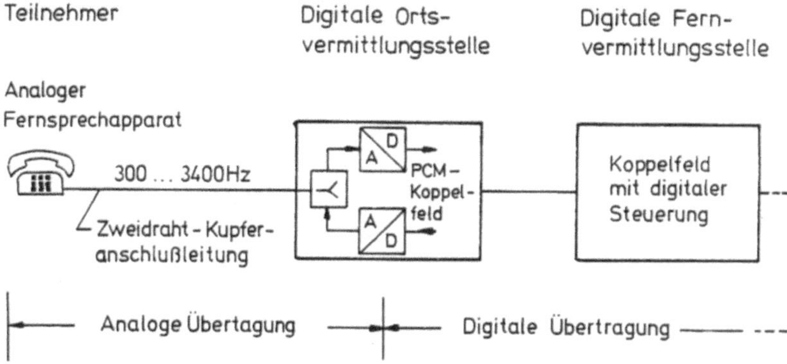

Abb. 29. Teilnehmeranschluß in Analogtechnik am digitalen Fernsprechnetz

ziemlichen Aufwand, so daß ein Einsatz dieses vor bereits mehr als vierzig Jahren erfundenen Verfahrens erst durch die Mikroelektronik möglich wurde.

2. Die großen Fortschritte auf dem Gebiet der Mikroelektronik werden es in Zukunft erlauben, die Analog/Digital- und die Digital/Analog-Wandlung mit wirtschaftlich vertretbarem Aufwand in die Teilnehmerstationen zu verlegen und damit auch die Teilnehmeranschlußleitung in Digitaltechnik zu betreiben. Da dann aber Sprachsignale in Form von Daten übertragen werden, liegt der Schritt nahe, auch andere digitale Signale, insbesondere für die Daten- und Textkommunikation, in eine integrierte Gesamtlösung einzubeziehen. Durch eine derartige Erweiterung der Zugangsmöglichkeiten beim Teilnehmer und eine digitale Verbindungsführung von Teilnehmer zu Teilnehmer kommt man zu einem neuen, universellen Nachrichtennetz, dem *Integrierten Sprach- und Datennetz ISDN (Integrated Services Digital Network)*.

Entsprechend den internationalen Vereinbarungen sieht der Basisanschluß für einen Teilnehmer in diesem ISDN-Netz in beiden Richtungen je zwei 64-kbit/s-Kanäle (B-Kanäle) und einen 16-kbit/s-Signalisierungskanal (D-Kanal) vor (Abb. 30), was zu einer Gesamtnutzbitrate von 144 kbit/s führt. Für die Übertragung dieses Bitstroms in beiden Richtungen genügen, wie intensive Untersuchungen gezeigt haben, noch die heutigen zweidrähtig geführten Teilnehmeranschlußleitungen in Kupferkabeln. Der Netzabschluß NT 12 besitzt die Schnittstelle (Kommunikationssteckdose) S, an die eine große Zahl verschiedenartiger Geräte bzw. Gerätekombinationen angeschlossen werden kann.

Zwar wird auch in diesem Netz Fernsprechen die dominierende Form der Telekommunikation sein, aber die beiden 64-kbit/s-Kanäle erlauben einen Verbund mehrerer Kommunikationsformen. Insgesamt ergeben sich für den Teilnehmer u. a. folgende Vorteile:

- Die relativ hohe Bitrate von 64-kbit/s stellt dem Teilnehmer kostengünstig einen wesentlich schnelleren Übertragungskanal als bisher zur Verfügung,

W. Kaiser

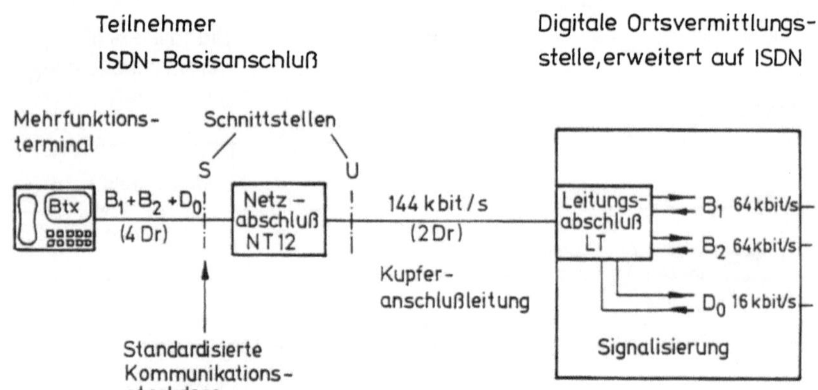

Abb. 30. Digitaler Teilnehmeranschluß mit Mehrfunktionsterminal am integrierten Sprach- und Datennetz (ISDN)

was sich bei Daten-, Text- und Informationsdiensten sowie Fernkopieren vorteilhaft auswirkt. So wird das „Blättern" in Bildschirmtextseiten mit sehr viel geringerem Zeitaufwand erfolgen können. Neben einer schnelleren Übertragung bei diesen Diensten werden weitere Dienste überhaupt erst sinnvoll, wie z. B. die Langsam-Bewegtbildübermittlung.

— Der Signalisierungskanal (D-Kanal mit 16 kbit/s) ermöglicht viele zusätzliche Dienstmerkmale und kann außerdem für die Übermittlung von Daten (Telemetrie, paketorientierte Daten) genutzt werden. Beispiele für neue Dienstmerkmale sind Benutzerführung, Anzeige der Rufnummer anrufender oder wartender Teilnehmer, Anzeige von Informationen über den Verbindungsaufbauzustand, Funktionstasten zum einfachen Benutzen von Dienstmerkmalen.

— An der einheitlichen Schnittstelle S werden alle bisherigen und künftigen Schmalbanddienste in gleicher Art und Weise behandelt, was wiederum zahlreiche Vorteile bietet. So kann der Teilnehmer in einer Verbindung die Endgeräte, d. h. die Kommunikationsform, wechseln, er kann gleichzeitig auf beiden Kanälen mit einem oder mit zwei Diensten zum gleichen Partner kommunizieren (z. B. Fernsprechen und Telefax), oder er kann gleichzeitig zwei unterschiedliche Kommunikationsbeziehungen unterhalten (z. B. Fernsprechen und Bildschirmtext). Auch lassen sich neue Dienste oder Varianten der Nutzung besonders einfach einführen.

Es wird erwartet, daß die Möglichkeit gleichzeitiger Nutzung mehrerer Dienste vor allem für die Bürokommunikation von großem Vorteil sein wird. Daher muß die Teilnehmerschnittstelle S den Zugang mehrerer Endgeräte oder eines Mehrfunktionsterminals zu den beiden B-Kanälen und dem D-Kanal bieten.

In den Jahren 1986 und 1987 erprobt die Deutsche Bundespost die für das ISDN zusätzlich erforderlichen Netzkomponenten in zwei Pilotprojekten, in

Stuttgart und Mannheim, mit je etwa 400 Basisanschlüssen, die insbesondere für die geschäftliche Kommunikation vorgesehen sind. Der Serieneinsatz des ISDN kann dann ab 1988 erfolgen.

3. Durch Hinzufügen breitbandiger Übertragungs- und Vermittlungseinrichtungen kann das eben beschriebene digitale Netz mit Integration der schmalbandigen Dienste (ISDN) zu einem *Breitband-ISDN* erweitert werden, das dann auch Bewegtbilder übertragen kann und damit neben dem Fernsprechen, der Daten- und Textkommunikation auch für Bildfernsprechen und die Videokonferenz geeignet ist. Da Bewegtbildsignale Bandbreiten von etwa 5 MHz für die Übertragung in Analogtechnik bzw. Bitraten in der Größenordnung von 34 ... 140 Mbit/s für die digitale Übertragung benötigen, sind spätestens in dieser Phase der Entwicklung Lichtwellenleiterkabel im Teilnehmeranschlußnetz nötig.

Abb. 31 zeigt das auf die Breitband-ISDN-Version erweiterte Blockschaltbild eines Teilnehmeranschlusses. Die ISDN-Ortsvermittlungsstelle ist durch einen Breitband-Leitungsabschluß und ein Breitbandkoppelfeld ergänzt, das von der ISDN-Steuerung her mitgesteuert wird. Beim Teilnehmer gibt es entsprechend einen Breitband-Netzabschluß. Außerdem muß selbstverständlich die für ISDN ausreichende Kupfer-Teilnehmeranschlußleitung durch eine Glasfaserverbindung mit den zugehörigen opto/elektrischen Wandlern und Multiplexer/Demultiplexern ersetzt werden.

Durch das Aufsetzen auf der ISDN-Infrastruktur können wesentliche Grundfunktionen, z. B. die Signalisierung, übernommen werden. Wie beim ISDN soll auch beim Breitband-ISDN eine universelle Teilnehmerschnittstelle eine freizügige Nutzung ermöglichen, wobei zunächst nur die verschiedenen Formen der Individualkommunikation, z. B. für den geschäftlichen Bereich,

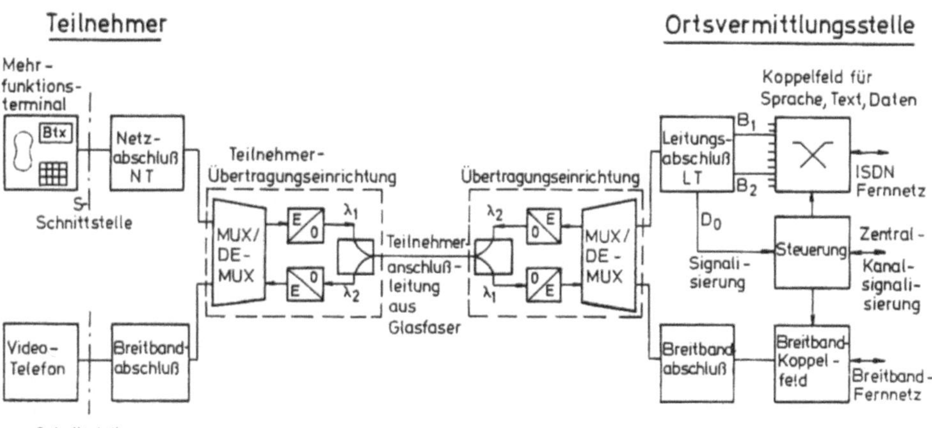

Abb. 31. Prinzipbild der Erweiterung eines ISDN-Teilnehmeranschlusses zu einem Breitband-ISDN-Anschluß

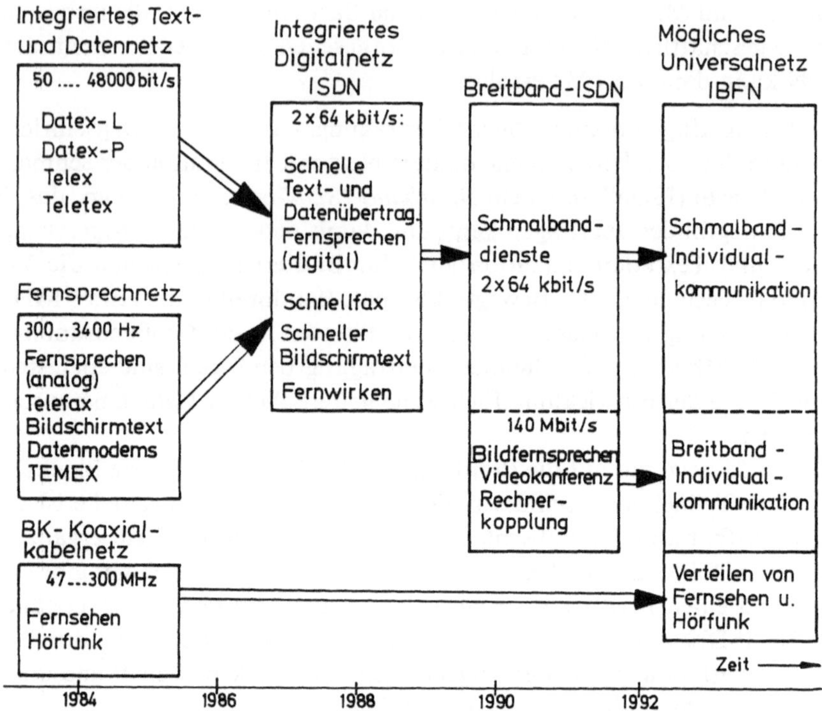

Abb. 32. Entwicklungsstufen der Telekommunikationsnetze

realisiert werden sollen. Nach dem derzeitigen Planungsstand sollen erste Breitband-ISDN-Anlagen Ende der achtziger Jahre in Betrieb gehen.

Das Verwenden der ISDN-Infrastruktur als Basis für das Breitband-ISDN läßt hoffen, daß, insbesondere auch durch weitere technologische Fortschritte, der erhöhte Aufwand für die Breitbandübertragung und -vermittlung im Gegensatz zu den Erfahrungen mit den BIGFON-Anlagen so weit reduziert werden kann, daß die Gebühr für einen Breitband-ISDN-Hauptanschluß nicht mehr als das etwa Zweifache der Fernsprechgebühr beträgt.

Die erwartete Weiterentwicklung der Telekommunikationsnetze ist in Abb. 32 dargestellt. Sie läßt sich in vier Zeitabschnitte oder Phasen einteilen, die aus Gründen des Investitions- und Arbeitsumfangs an verschiedenen Orten jedoch zeitlich versetzt ablaufen werden.

Die bedeutendste Nutzungsform in dem etwa ab 1990 in Phase 3 eingeführten Breitband-ISDN wird vermutlich Bildfernsprechen (und zwar in Farbe) sein, dessen vielseitige Einsatzformen für die geschäftliche, aber auch für die private Telekommunikation heute aus Mangel an Erfahrungen noch nicht abgeschätzt werden können. Dazu kommen verschiedene Formen der Bild-Telekonferenz und des schnellen Austausches von Daten, z. B. für Computer-Graphik.

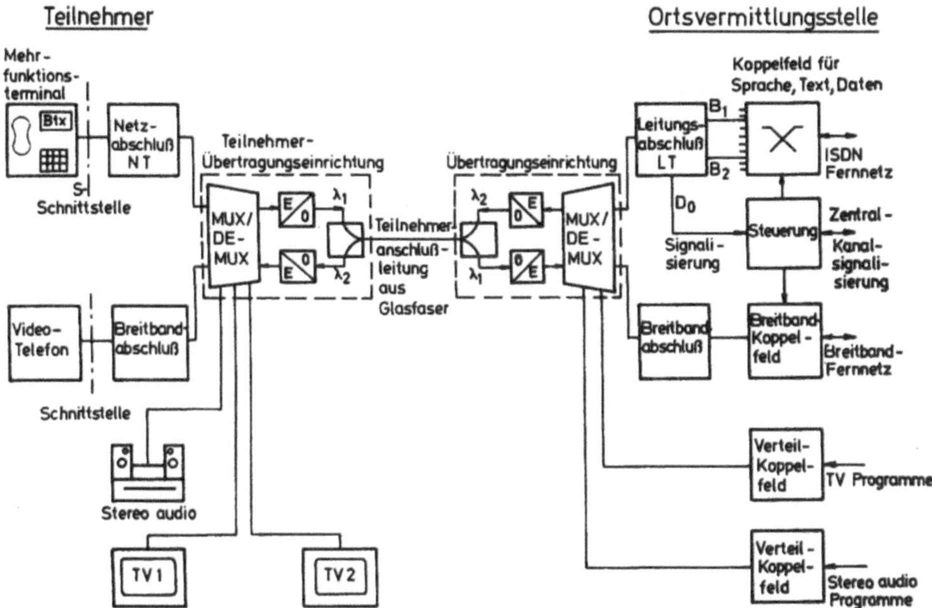

Abb. 33. Erweiterung eines Breitband-ISDN-Teilnehmeranschlusses auf die zusätzliche Verteilung von Fernseh- und Hörfunkprogrammen

Auch andere Formen der Videokommunikation, z. B. der individuelle Abruf bewegter Bilder, können in der Zukunft eine große Bedeutung erlangen. Die individuelle Breitbandkommunikation wird eine Innovation darstellen, deren vielfältige Nutzungsmöglichkeiten sich erst im Laufe der Zeit herausbilden werden.

4. Beginnend ab etwa 1992 könnte dann in Phase 4 auch die Verteilkommunikation in ein derartiges Glasfaser-Ortsnetz einbezogen und damit der Schritt vom Breitband-ISDN zum Breitband-Universalnetz IBFN gemacht werden. Bis dahin werden die Koaxialkabel(BK)-Netze, wie bisher, die Verteilung von Fernseh- und Hörfunkprogrammen übernehmen müssen. Abb. 33 zeigt die Baugruppen, die für die Verteilung von Fernseh- und Hörfunkprogrammen zusätzlich notwendig sind.

Beim derzeitigen Stand der digitalen optischen Nachrichtenübertragung können auf einer einzigen Glasfaser nur etwa drei bis vier Fernsehsignale gleichzeitig übertragen werden. Die Fernseh- und Stereoprogramme werden daher in einem IBFN-System verteilvermittelt an die Teilnehmer weitergegeben. Damit ist gemeint, daß der Teilnehmer über seinen Rückkanal Steuerbefehle an die Ortsvermittlungsstelle gibt, worauf dann die Verteilkoppelfelder so eingestellt werden, daß die gewünschten Programme in den relativ wenigen Vorwärtskanälen zum Teilnehmer übertragen werden.

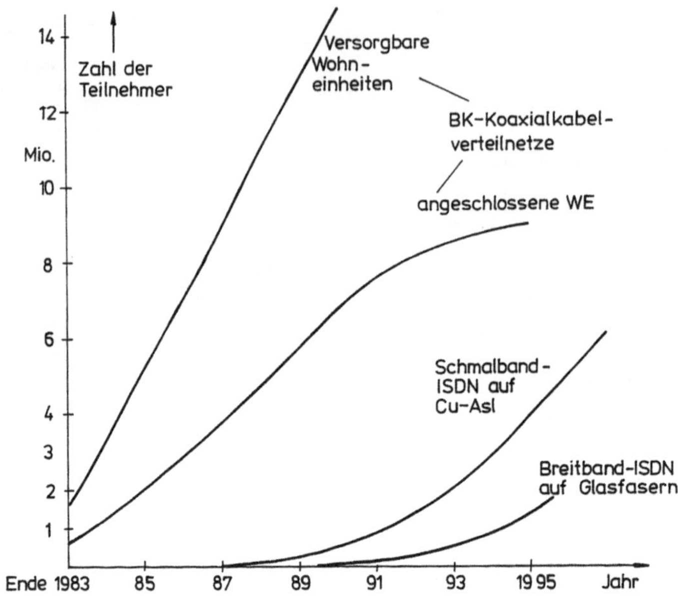

Abb. 34. Erwartete Zahl der Teilnehmer in Koaxialkabel(BK)-Verteilnetzen sowie im ISDN und Breitband-ISDN

In Abb. 34 soll abschließend gezeigt werden, wie sich die Teilnehmerzahlen in den verschiedenen Netzen bis hin zum Breitband-ISDN nach heutigen Vermutungen im Laufe der Jahre entwickeln könnten. Da die Verbreitung von Bildfernsprechen und anderen Breitbanddiensten noch unsicher ist und sicherlich einer gewissen Anlaufphase bedarf, andererseits aber Lichtwellenleiter das Übertragungsmedium der Zukunft darstellen, sollte bei der Neuinstallierung von Teilnehmeranschlußkabeln alles versucht werden, zu einem möglichst frühen Zeitpunkt Lichtwellenleiterkabel anstatt der bisherigen Kupferkabel zu verlegen, selbst wenn die daran angeschlossenen Teilnehmer zunächst nur am Fernsprechdienst teilnehmen wollen. Natürlich müssen die verlegten Lichtwellenleiterkabel eine spätere Erweiterung auf Breitbanddienste ermöglichen. Zum ausschließlichen Verteilen von Fernseh- und Hörfunkprogrammen stellen Koaxialkabel noch für eine Reihe von Jahren die wirtschaftlichste Lösung dar.

Breitbandige kabelgebundene Übertragungswege bilden grundsätzlich auch eine Basis für die Einführung einer Bewegtbildübertragung höherer Qualität und damit höherer Bandbreite. Über erdgebundene Funkausstrahlung ist aus heutiger Sicht wegen des Mangels an verfügbaren Frequenzen die Realisierung einer Verteilung von Fernsehbildern, die eine erhöhte Auflösung haben, nicht möglich. Dagegen bieten Glasfaserstrecken, insbesondere bei Nutzung neuer, noch in der Forschung befindlicher Prinzipien, gute Chancen für Systeme mit erhöhter Bildqualität.

Es steht außer Frage, daß die telekommunikative Welt von morgen sehr viel mehr Möglichkeiten bieten und stärker auf die individuellen Wünsche der Teilnehmer ausgerichtet sein kann und wird. Im Mittelpunkt all dieser Betrachtungen muß jedoch der Mensch stehen und wichtiger als die Faszination durch die Technik ist die Befriedigung seiner Kommunikationsbedürfnisse und damit ein Beitrag zur Verwirklichung seiner Persönlichkeit.

Literatur

1. Bühlmaier L (1983) Untersuchung von Verfahren zur Kabeltextübertragung. Dissertation, Stuttgart
2. Kaiser W et al. (1982) Interaktive Breitbandkommunikation. Springer
3. Kommission für den Ausbau des technischen Kommunikationssystems (KtK) (1976) Telekommunikationsbericht mit 8 Anlagebänden. Dr. Hans Heger, Bonn
4. Scholz R (1984) Verfahren für schmalbandige Rückkanäle in Breitbandverteilnetzen. Dissertation Stuttgart
5. Kaiser W, Lohmar U (1980) Kommunikation über Satelliten. Springer
6. Fasshauer P (1984) Optische Nachrichtensysteme. Hüthig, Heidelberg
7. Baues P (1981) Siemens Publikation bt 014 Optoelektronik
8. Saupe H (1984) Beiträge zur Gestaltung von Sendern und Empfängern für die analoge optische Übertragung. Dissertation, Stuttgart
9. Baack C (1985) Optische Nachrichtentechnik und Integrierte Optik — Basistechnologien eines zukünftigen Breitband-ISDN. In: Kaiser W (Hrsg) Integrierte Telekommunikation, Springer
10. Hein J (1985) Interner Bericht, Institut für Nachrichtenübertragung, Universität Stuttgart

Sitzungsberichte der Heidelberger Akademie der Wissenschaften
Mathematisch-naturwissenschaftliche Klasse

Die Jahrgänge bis 1921 einschließlich erschienen im Verlag von Carl Winter, Universitätsbuchhandlung in Heidelberg, die Jahrgänge 1922–1933 im Verlag Walter de Gruyter & Co. in Berlin, die Jahrgänge 1934–1944 bei der Weißschen Universitätsbuchhandlung in Heidelberg. 1945, 1946 und 1947 sind keine Sitzungsberichte erschienen.

Ab Jahrgang 1948 erscheinen die „Sitzungsberichte" im Springer-Verlag.

Sitzungsberichte der Heidelberger Akademie der Wissenschaften
Mathematisch-naturwissenschaftliche Klasse
Erschienene Jahrgänge (s. auch 3. Umschlagseite)

Inhalt des Jahrgangs 1983:

1. H. Maier-Leibnitz. Die Verantwortungen des Naturwissenschaftlers. DM 8,–.
2. F. Cramer. „Denn nur also beschränkt war je das Vollkommene möglich…". Eine wissenschaftstheoretische Interpretation von Goethes Gedicht „Metamorphose der Tiere". DM 8,80.
3. H. Schaefer. Über die Wirkung elektrischer Felder auf den Menschen. DM 37,–.
4. W. Doerr. Altern – Schicksal oder Krankheit? DM 13,50.
5. F. Kirchheimer. Die Jubiläumsmedaillen 1686 und 1786 der Universität Heidelberg. DM 19,80.
6. H. Mohr. Evolutionäre Erkenntnistheorie – ein Plädoyer für ein Forschungsprogramm –. DM 8,80.

H. Wellmer. Dengue Haemorrhagic Fever in Thailand. Supplement. Geb. DM 52,–.

H. Schipperges. Historische Konzepte einer Theoretischen Pathologie. Supplement. Geb. DM 69,–.

Inhalt des Jahrgangs 1984:

1. R. Lüst. Extraterrestrische Astronomie. DM 17,–.
2. F. Leonhardt. Zu den Grundfragen der Ästhetik bei Bauwerken. DM 12,–.
3. Ch. Rüchardt. Die Bindung zwischen Kohlenstoffatomen, das Rückgrat der Organischen Chemie, und ihre Grenzen. DM 12,80.
4. J. Peiffer. Zur Neuropathologie der Nebenwirkungen nervenärztlicher Therapie. DM 18,–.
5. F. Linder. Geistige Grundlagen der chirurgischen Therapie. DM 14,–.

Medizinische Anthropologie. Herausgegeben von E. Seidler. Supplement. Geb. DM 76,–.

W.-W. Höpker. Mißbildungen. Interrelationen, Assoziationen und diagnostische Validität. Supplement. Geb. DM 74,–.

Inhalt des Jahrgangs 1985:

1. H. A. Staab. Zur Entstehung des Neuen in den Naturwissenschaften – dargestellt an einem Beispiel der Chemiegeschichte. DM 16,50.
2. S. Sambursky. Proklos, Präsident der platonischen Akademie, und sein Nachfolger, der Samaritaner Marinos. DM 13,–.
3. R. Haas. AIDS – Ein Virusinfekt des Immunsystems. DM 21,50.
4. F. Räbiger. Beiträge zur Strukturtheorie der Grothendieck-Räume. DM 39,50.
5. W. Kaiser. Entwicklungslinien der Breitbandkommunikation. DM 22,–.

Pathogenese. Herausgegeben von H. Schipperges. Supplement. Geb. DM 88,–.

E. Hinz. Human Helminthiases in the Philippines. Supplement. Geb. DM 98,–.

Preisänderungen vorbehalten

Springer-Verlag Berlin Heidelberg New York Tokyo